高职高专院校“十二五”规划教材

实用电工技术

●主编 杨波 乔明
●主审 于三义

哈爾濱工業大學出版社
HARBIN INSTITUTE OF TECHNOLOGY PRESS

内容简介

本书是根据高等职业教育电气类、机电类专业培养目标对电工技能的要求编写，突出了实用性、适用性和先进性。全书共分六章，主要包括电工基本操作技术、常用低压电器、照明控制电路及故障排除、室内配线技术、电动机控制箱装配技术、三相异步电动机拆装与检修。

本书可作为高等职业技术院校、技师学院、电大、职业培训机构、中专学校、职业高中的电气类及机电类专业的教材，也可作为从事电气、机电、自动化工作的工程技术人员的参考书。

图书在版编目(CIP)数据

实用电工技术/杨波，乔明主编. —哈尔滨：哈尔滨工业大学出版社，2015.6

ISBN 978-7-5603-5329-6

Ⅰ.①实…　Ⅱ.①杨…　②乔…　Ⅲ.①电工技术-高等职业教育-教材　Ⅳ.①TM

中国版本图书馆 CIP 数据核字(2015)第 079580 号

策划编辑　杜　燕
责任编辑　李长波
出版发行　哈尔滨工业大学出版社
社　　址　哈尔滨市南岗区复华四道街 10 号　邮编 150006
传　　真　0451-86414749
网　　址　http://hitpress.hit.edu.cn
印　　刷　哈尔滨久利印刷有限公司
开　　本　787mm×1092mm　1/16　印张 11.25　字数 260 千字
版　　次　2015 年 6 月第 1 版　2015 年 6 月第 1 次印刷
书　　号　ISBN 978-7-5603-5329-6
定　　价　23.80 元

前　言

本书根据高等职业教育电气类、机电类专业培养目标对电工技能的要求，将理论与实践、知识与技能有机地融于一体，重视操作技能的培养，突出电工基本操作，体现职业教育的性质、任务和培养目标，坚持以就业为导向、以能力培养为本位的原则，突出教材的实用性、适用性和先进性。

全书从应用的角度出发，深入浅出地介绍了电工基本操作技术、常用低压电器、照明控制电路及故障排除、室内配线技术、电动机控制箱装配技术、三相异步电动机拆装与检修。书中所介绍的知识和实例，具有代表性、典型性和新颖性，以图片、表格的形式展现知识点，可读性强，突出内容的实用性，参照一些学校实训设备和实训项目，便于各学校教学的开展。

本书可作为高等职业技术院校、技师学院、电大、职业培训机构、中专学校、职业高中的电气类、机电类专业的教材，也可作为从事电气、机电、自动化工作的工程技术人员的参考书。

本书在编写过程中得到了哈尔滨电力职业技术学院院长王宏伟、电力工程系主任杨光宇、发电教研室主任李俊等领导的大力支持；由电力工程系高级工程师于三义担任主审，在审稿过程中提出了宝贵建议；同时得到了李向前老师、高海鹏老师的热心指导和帮助，并参考了大量的文献资料，在此对领导及同仁、相关文献资料的作者一并表示衷心的感谢。

由于作者水平所限，书中疏漏和不足之处在所难免，恳请广大同行和读者给予批评指正。

编　者

2015 年 1 月

目 录

第 1 章

电工基本操作技术

对电气工作人员而言，能否熟悉和掌握电工工具，电工仪表，导线的结构、性能、使用方法与操作规范，将直接影响工作效率、工作质量以及人身安全。在电气线路和用电设备的安装、使用与维修过程中，电工基本操作起着极为重要的作用。

1.1 电工工具操作技术

电工操作离不开工具，工具质量不好或使用方法不当，会直接影响操作质量和工作效率，甚至会造成生产事故。专业电工在工作中，正确选用电工工具是保障人身安全和工程质量的前提。掌握电工工具的使用是专业电工基本的技能之一。

1.1.1 低压验电器

1. 低压验电器的规格及结构

低压验电器又称测电笔、试电笔。按其结构形式不同可分为钢笔式和螺钉旋具式两种，如图 1.1 所示，按其显示元件不同分为氖管发光指示式和数字显示式两种。氖管发光指示式验电器由氖管、电阻、弹簧、笔身和笔尖等部分组成。

(a) 低压验电器外形图

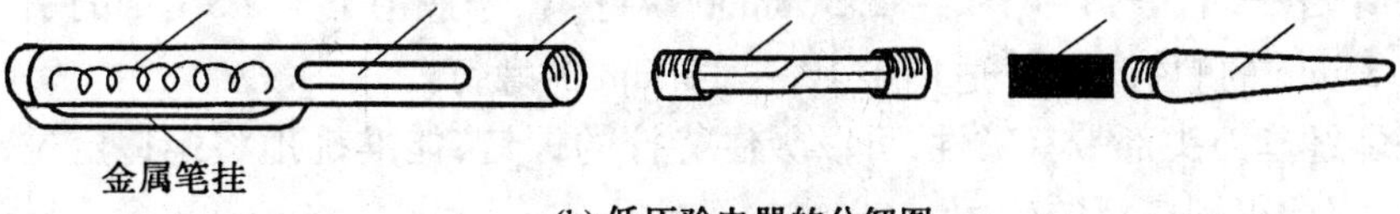

(b) 低压验电器的分解图

图 1.1 低压验电器

2. 低压验电器的使用

(1) 使用低压验电器必须姿势正确，用食指触及笔尾的金属体，笔尖触及被测物体，使氖管小窗背光朝向测试者，握笔姿势如图1.2所示。当被测物体带电时，电流经带电体、电笔、人体到大地构成通电回路。只要带电体与大地之间的电位差超过60 V，电笔中的氖管就发光，电压越高发光越亮。

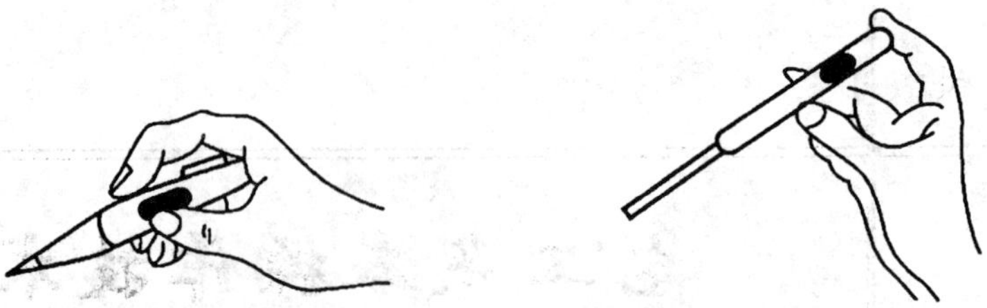

(a) 正确

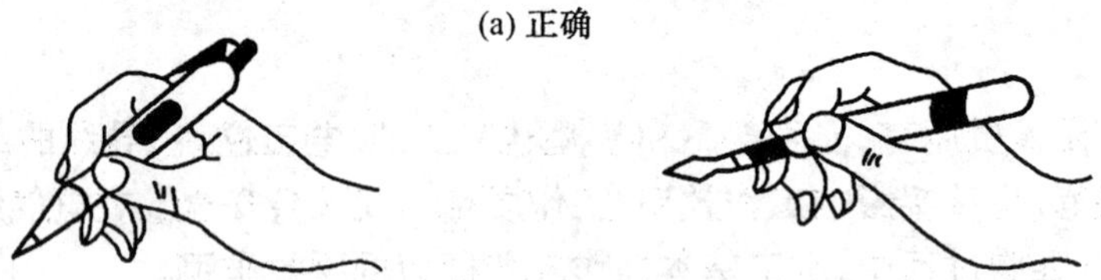

(b) 错误

图1.2　低压验电器的握笔姿势图

(2) 使用数字显示式验电器验电，其握笔的方法与氖管指示式相同，带电体与大地间的电位差在2 ~ 500 V之间时，数字显示式验电器都能显示出来。

1.1.2　螺丝刀

1. 螺丝刀的规格及结构

螺丝刀又称起子、改锥等，用来紧固或拆卸自攻螺钉、螺丝等。按照螺丝刀头部形状不同，可分为一字螺丝刀和十字螺丝刀，其外形如图1.3所示。

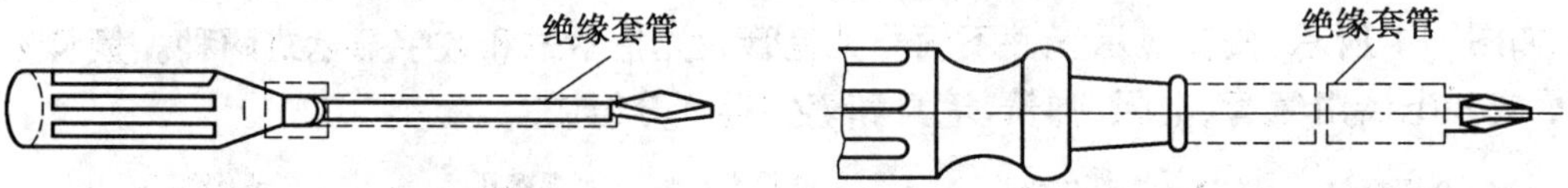

(a) 一字螺丝刀　　(b) 十字螺丝刀

图1.3　常用的螺丝刀

一字螺丝刀的规格有50 mm，100 mm，150 mm，200 mm，300 mm等多种。十字螺丝刀的常用规格有四个：Ⅰ号适用于2 ~ 2.5 mm的螺钉，Ⅱ号适用于3 ~ 5 mm的螺钉，Ⅲ号适用于5 ~ 8 mm的螺钉，Ⅳ号适用于10 ~ 12 mm的螺钉。

目前很多螺丝刀头部带有磁性，可以吸住待拧的螺钉，能准确地将螺钉定位，使用起来十分方便，因此得到广泛的应用。

2. 螺丝刀的使用

(1) 使用螺丝刀拆卸或紧固带电的螺钉时，手不得触及螺丝刀的金属杆，以免发生触电事故，为了避免螺丝刀的金属杆触及皮肤或带电体，应在螺丝刀的金属杆上套绝缘管。

(2) 电工不得使用金属杆直通柄顶的螺丝刀，否则容易发生触电事故。

(3) 使用大规格螺丝刀时，除用拇指、食指和中指夹住手柄外，手掌还要顶住手柄的末端，以防止螺丝刀转动时滑脱，如图 1.4(a) 所示。

(4) 使用小规格螺丝刀紧固小螺钉时，可用食指顶住手柄的末端捻转，如图 1.4(b) 所示。

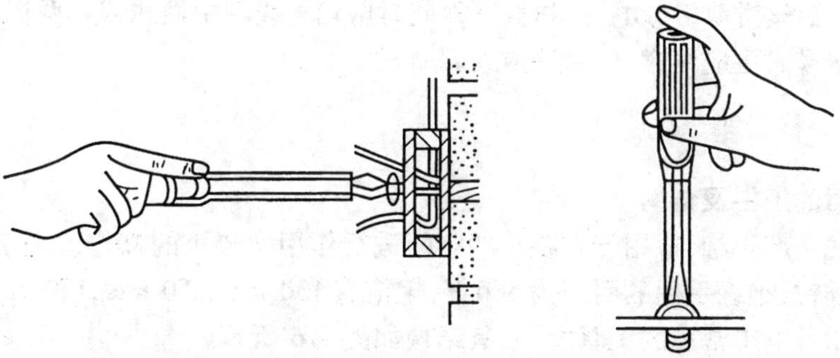

(a) 大螺丝刀　　(b) 小螺丝刀

图 1.4　螺丝刀的使用方法

1.1.3　钢丝钳

1. 钢丝钳的规格及结构

带绝缘手柄的钢丝钳是电工使用最频繁的工具，一般采用碳素结构钢制造，常用规格有 150 mm，175 mm，200 mm 三种，绝缘手柄的耐压应在 500 V 以上，主要用于剪切、弯绞、夹持金属导线。

钢丝钳主要由钳头和钳柄两部分组成。钳头由钳口、齿口、刀口和铡口四部分组成，其中钳口用来钳夹、绞绕、弯曲线头；齿口用来紧固、松动小型螺母；刀口用来切断导线；铡口用来铡切钢丝等较硬的金属丝。钢丝钳的结构和使用方法如图 1.5 所示。

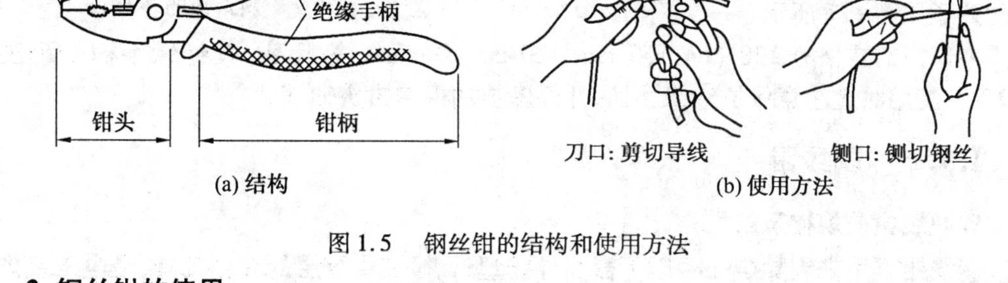

(a) 结构　　(b) 使用方法

图 1.5　钢丝钳的结构和使用方法

2. 钢丝钳的使用

(1) 使用前必须认真检查绝缘手柄的绝缘是否完好，使用时注意保护绝缘手柄，不得乱抛乱扔，以保证带电作业时的人身安全。如果手柄损坏，不得进行带电作业。

(2) 使用钢丝钳时，要使刀口朝向内侧，以便于控制剪切部位。

(3) 禁止使用钳头代替锤子作为敲打工具，也不能使用锤子或其他工具敲击钳头，以免损坏钢丝钳。钳头的轴销应经常加油，以保证使用灵活。

(4) 使用钢丝钳剪切带电导线时，不得同时剪切相线和中性线或者两根相线，剪切护套线或橡套电缆时更应注意，以免造成短路事故。

1.1.4 尖嘴钳

1. 尖嘴钳的规格及结构

尖嘴钳的头部尖细，适用于在狭小的空间进行作用力较小的操作。电工应使用带绝缘手柄的尖嘴钳，绝缘手柄的耐压为500 V，规格有130 mm，160 mm，180 mm，200 mm等几种。尖嘴钳是电工常用的工具之一，其结构如图1.6所示。

尖嘴钳主要用来夹持、剪切截面较小的单股或多股导线，夹持螺钉、垫圈等零件，其最大优点是在安装接线时，能将单股导线根据需要弯成各种形状，方便压接，增大接触面积，保证接触良好。

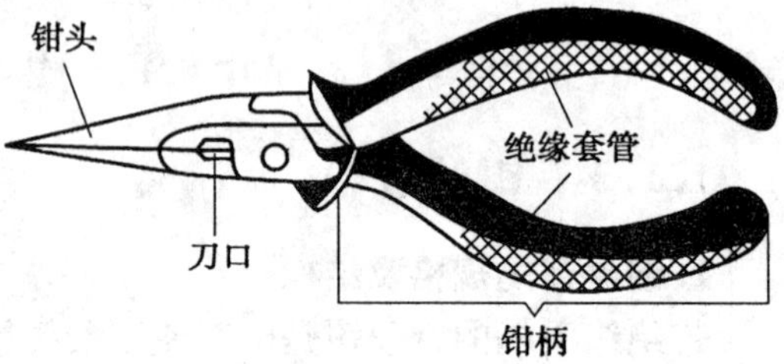

图1.6 尖嘴钳的结构

2. 尖嘴钳的使用

(1) 严格禁止使用绝缘手柄破损、开裂的尖嘴钳进行带电作业，以保证操作者人身安全。

(2) 因尖嘴钳钳头尖细，且经过热处理，不允许用尖嘴钳紧固、拆卸螺母，不宜用尖嘴钳夹持较硬、较粗大的物品，以免钳头弯曲变形、断裂。

(3) 使用时主要保护好绝缘手柄。钳头的轴销应经常加油，以保证使用灵活。

1.1.5 斜口钳

斜口钳又称嘴钳，是室内配线电工常用的剪切工具之一，且因其质量轻、使用方便、能准确控制剪切部位而受到电工喜爱。斜口钳的外形如图1.7所示。

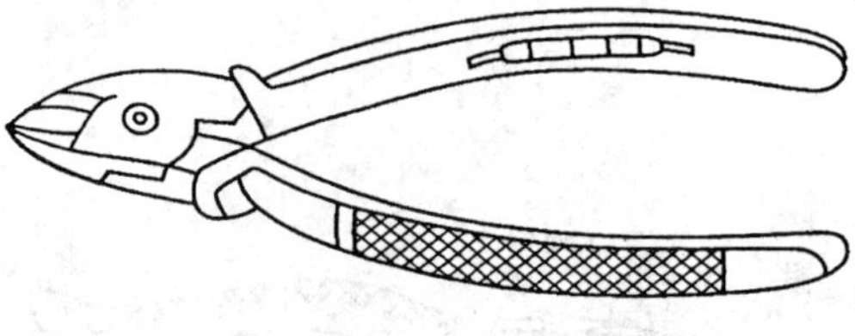

图1.7 斜口钳的外形

斜口钳的规格有130 mm，160 mm，180 mm，200 mm等几种，其绝缘手柄的耐压为500 V。使用时应注意保护绝缘手柄，并经常加油保养钳头轴销。

1.1.6 剥线钳

1. 剥线钳的规格及结构

剥线钳是用来剥除6 mm^{2}以下截面导线塑料、橡胶绝缘层的专用工具，是电工室内配线、电器修理常用工具之一，使用方便。剥线钳的规格有140 mm和180 mm两种。剥线钳由刀口、压线口和钳柄组成，其结构如图1.8所示。

2. 剥线钳的使用

(1) 剥线钳在使用时应根据导线线芯的直径选择相应的刀口,应该选择比导线截面稍大点的刀口孔径,否则将伤及线芯。

(2) 使用自动剥线钳时,将需要剥削的绝缘长度用标尺定好后,即可将导线放入相应的刀口中。紧握剥线钳手柄后随即松开,导线绝缘层即被剥离,且自动弹出。

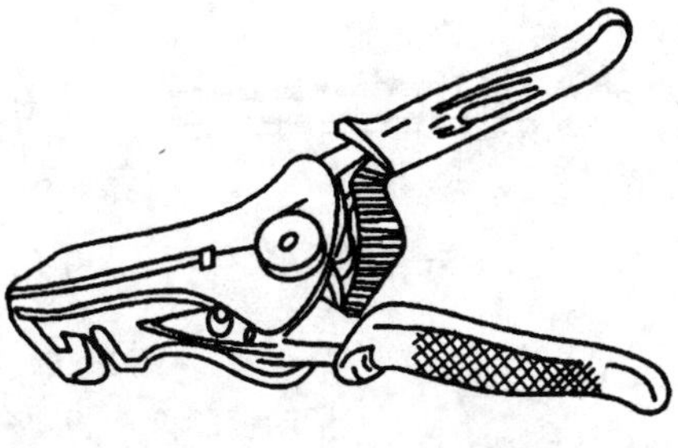

图1.8　剥线钳的结构

(3) 使用手动剥线钳时,按上面方法选择刀口,紧握手柄将导线夹紧,再用力,使导线的绝缘层脱离线芯。

1.1.7　电工刀

1. 电工刀的规格及结构

电工刀为剥削工具,常用来剥削绝缘导线的绝缘层和削制木楔等。普通的电工刀由刀片、刀刃、刀柄和刀挂组成;多用途电工刀除此之外,还有锯片、锥针、螺丝刀等,扩大了电工刀的使用范围。电工刀如图1.9所示。

图1.9　电工刀

2. 电工刀的使用

(1) 电工刀刀柄无绝缘保护,不得用于带电操作,以免触电。

(2) 电工刀使用时,应将刀口向外部削。

(3) 电工刀使用完毕,应及时将刀片折入刀柄,不得传递未折进刀柄的电工刀。

(4) 保护好电工刀的刀刃。刀刃要磨得锋利才好剥削导线,但也不能太锋利,太锋利容易伤及线芯。要保持刀刃的锋利,避免在硬物上乱磨乱划。

1.1.8　活动扳手

1. 活动扳手的规格及结构

活动扳手简称活扳手,是一种用来紧固和松开有角螺母的工具。活动扳手由头部和柄部组成,头部由活动扳唇、固定扳唇、蜗轮和轴销等构成,旋动蜗轮可调节扳口的大小,以适应不同大小的螺母。活动扳手规格用长度(mm)×最大开口宽度(mm)表示。电工常用的活动扳手有150×19[6 in(英寸,1 in≈2.54 cm)],200×24(8 in),250×30(10 in),300×36(12 in)四种规格。活动扳手的结构如图1.10(a)所示。

2. 活动扳手的使用

(1) 按照螺母的大小选用适当规格的扳手,以免活动扳手伤及螺母或螺母过大损伤活动扳唇。扳口的调节应使扳唇正好夹紧螺母,否则扳口就会打滑,不仅伤及螺母,还有可能碰伤手指。

(2) 扳动大螺母时,扭矩要大,因此手应握住手柄尾部,握法如图1.10(b)所示。

(3) 扳动较小螺母时,由于螺母较小,易打滑,所以应握住靠近头部的位置,并用拇指

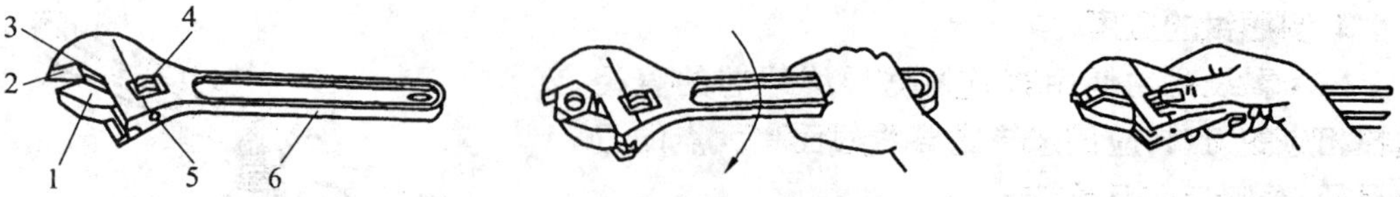

(a) 活动扳手的结构　　(b) 扳动较大螺母的握法　　(c) 扳动较小螺母的握法

图 1.10　活动扳手的结构和使用方法

1— 活动扳唇;2— 扳口;3— 固定扳唇;4— 蜗轮;5— 轴销;6— 手柄

随时调节蜗轮,收紧活动扳唇,防止打滑,握法如图 1.10(c) 所示。

(4) 活动扳手不可反用,以免损坏活动扳唇。不能采用钢管套在手柄上的方法增加扳动扭矩,也不得将活动扳手当撬棒或锤子使用。

1.1.9　电烙铁

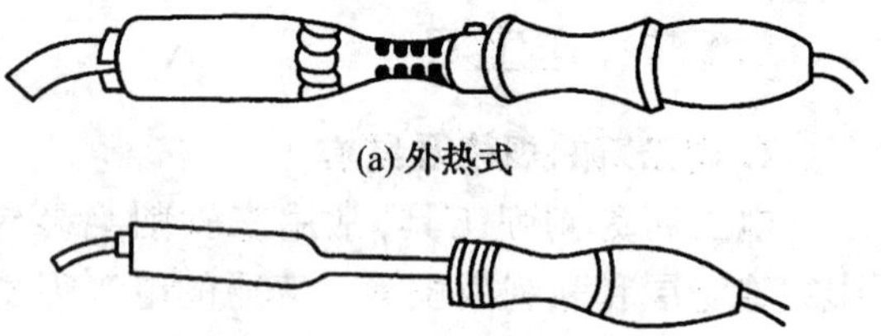

(a) 外热式

(b) 内热式

图 1.11　电烙铁外形图

电烙铁是烙铁锡焊的热源,通常以电热丝为热元件,分内热式和外热式两种,其外形如图 1.11 所示。通常的规格有 11 W,25 W,33 W,45 W,75 W 等多种。焊接弱电元件时,宜采用25 W 和45 W 两种规格;焊接强电元件时,需用45 W 以上规格。电烙铁的功率应选用适当,若过大,既浪费电力又容易烧毁元件;若过小,会因热量不够而影响焊接质量。

电烙铁用毕,要及时拔去电源插头,以节约电力,延长电烙铁使用寿命。在导电地面(如混凝土和泥土地面)使用时,电烙铁的金属外壳必须妥善接地,以防漏电时触电。

1.2　常用电工仪表操作技术

电工测量所用的仪器仪表统称为电工仪表,电工使用电工仪表进行电流、电压和电阻等电工量的测量,以便掌握电气设备的特性、运行情况和检查电气元件的质量情况。电工仪表的种类很多,在这里仅介绍常用的万用表、钳形电流表和兆欧表。

1.2.1　万用表

万用表是一种多功能、多量程的便携式仪表。常用的万用表有指针式(模拟式) 和数字式两种。万用表一般都能测直流电流、直流电压、交流电流、交流电压和直流电阻,有的万用表还能测量功率、电容、电感及晶体三极管的 h_{FE} 值等。万用表的类型很多,使用方法也有些不同,但基本原理是一样的。

1. 指针式万用表

(1) 指针式万用表的结构。

万用表由表头、测量电路、转换开关三个主要部分组成。MF30 型指针式万用表的面盘如图 1.12 所示。

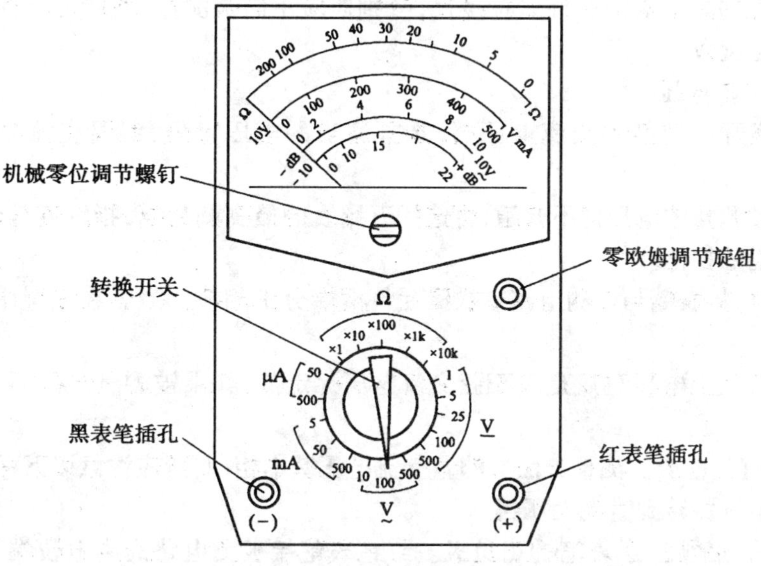

图1.12　MF30型指针式万用表

① 表头。表头是一只高灵敏度的磁电式直流电流表,万用表的主要性能指标基本上取决于表头的性能。表头的灵敏度是指表头指针满刻度偏转时流过表头的直流电流值,这个值越小,表头的灵敏度越高。测量电压时的内阻越大,其性能就越好。表头有四条刻度线,它们的功能如下:第一条(从上到下)标有Ω,指的是电阻值,转换开关在欧姆挡时,即读此条刻度线。第二条标有V和mA,指的是直流电压和直流电流值,当转换开关在直流电压和直流电流挡时,即读此条刻度线。第三条标有10 V,当转换开关在交流电压挡时,即读此条刻度线。第四条标有dB,指的是音频电平。

② 测量线路。用来把各种测量量转换成适合表头测量的微小直流电流的电路,它由电阻、半导体元件及电池组成。它能将各种不同的被测量(如电压、电流、电阻等)经过一系列的处理(如整流、分流、分压等),统一变成一定量程的微小直流电流送入表头进行测量。

③ 转换开关。转换开关用来选择各种不同的测量线路,以满足各种不同种类和不同量程的测量要求。

(2) 指针式万用表的使用方法。

① 使用前的准备:

a. 用万用表测量电压、电流前,先要调整机械零点,把万用表水平放好,看万用表指针是否指在电压刻度零点,如不指零,则应旋动机械零位调节螺钉,使表针准确指在零点上。

b. 用万用表测量电阻前,应先调整欧姆零点,将两表笔短接,看表针是否指在欧姆刻度零点上,若不指零,应转动零欧姆调节旋钮,使表针指在零点。每次变换倍率挡后,应重新调零。

c. 万用表有红色和黑色两支表笔(测试棒),使用时插入表下方标有"+""-"的两个孔内,红色表笔插入"+"插孔,黑色表笔插入"-"插孔。

d. 万用表的刻度盘上有许多标度尺，分别对应不同被测量，测量时应在与被测量相应的刻度线上读数。

② 测量交流电压：

a. 将转换开关转换到交流电压挡，选择适当的电压量程，测量交流电压时不分正负极。

b. 如果被测量的电压值不知道，可选用万用表的最高测量挡，指针若偏转很小，再逐级调低到合适的挡位。

c. 测量时，将表笔与被测电路或被测元件两端分别相接。严禁在测量中拨动转换开关选择量程。

d. 由于表盘上电压刻度是按正弦交流电压标定的，如果被测量电路不是正弦量，误差会较大。

③ 测量直流电压。测量方法与测量交流电压基本相同，当应注意以下两点：

a. 将转换开关转到直流电压挡。

b. 测量时，必须注意表笔的正负极。红色表笔接被测电路的高电位端，黑色表笔接被测电路的低电位端。若表笔接反，表头指针会反打，容易打弯指针。如果不知道被测点电位高低，可将表笔轻轻地试触一下被测点。若指针反偏，说明表笔极性反了，交换表笔即可。

④ 测量直流电流：

a. 将转换开关旋转到直流电流挡“mA”“μA”上，选择适当的电流量程。

b. 将表笔串联到被测电路中；测量时需注意正负极必须正确，应按电流从正到负的方向，即由红色表笔流入，黑色表笔流出。

⑤ 测量电阻：

a. 将转换开关旋到欧姆挡上，选择适当的电阻倍率，使指针指示在中值附近。

b. 调整欧姆零点。

c. 测量时用红黑两表笔接在被测电阻两端进行测量，测量值由表盘欧姆刻度线上读数。

$$被测电阻值 = 表盘欧姆读数 \times 挡位倍数$$

d. 不能带电测量电阻，若带电测量相当于在测量回路中又增加另外一电源，这不仅使测量结果无效，而且可能烧坏表头。所以测量电阻电路时，首先应断开电源。

e. 被测电阻不能有并联支路，否则测得的电阻值将不是被测电阻的实际阻值，而是某一等效电阻值。

f. 测量电阻时，不要双手同时接触表笔的金属部分，否则，人体电阻与被测电阻并联，影响测量的准确度，在测量阻值较高的电阻时，尤其要注意。

（3）注意事项。

① 转换开关的位置应选择正确。选择测量种类时，要特别细心，若用电流挡或电阻挡测电压，轻则表针损坏，重则表头烧毁。选择量程也要适当，测量时最好使指针在量程 1/2 ～ 2/3 范围内，读数较为准确。在无法预测测量电压或电流值时，应选择最高量程，然后再逐步选择较小量程。

② 端钮或插孔要选择正确。红色表笔应插入标有"+"的插孔内,黑色表笔应插入标有"-"的插孔内。

③ 当测量线路中的某一电阻时,线路必须与电源断开,不能在带电的情况下测量电阻值,否则会烧坏万用表。

④ 在测量大电流或高电压时,禁止带电转换量程开关。

⑤ 测量直流电流时,正负极性应正确,接反会导致表针反向偏转,引起仪表损坏。在不能分清正负极时,可选用大量程的挡位试测,一旦发生指针反偏,应立即更正。

⑥ 正确读数。读数时应首先分清各类标尺,再从垂直于表盘中心的位置正确读数。

⑦ 测量完毕,应将转换开关拨到最高交流电压挡。若仪表长期不用时,应取出内部电池,以防止电解液流出损坏仪表。

2. 数字式万用表

(1) 数字式万用表的结构。

数字式万用表是性能稳定、可靠性高且具有高度防振的多功能、多量程测量仪表。它可用于测量交、直流电压,交、直流电流,电阻,电容,二极管,晶体管,音频信号频率等。DT890B 型数字式万用表如图 1.13 所示。

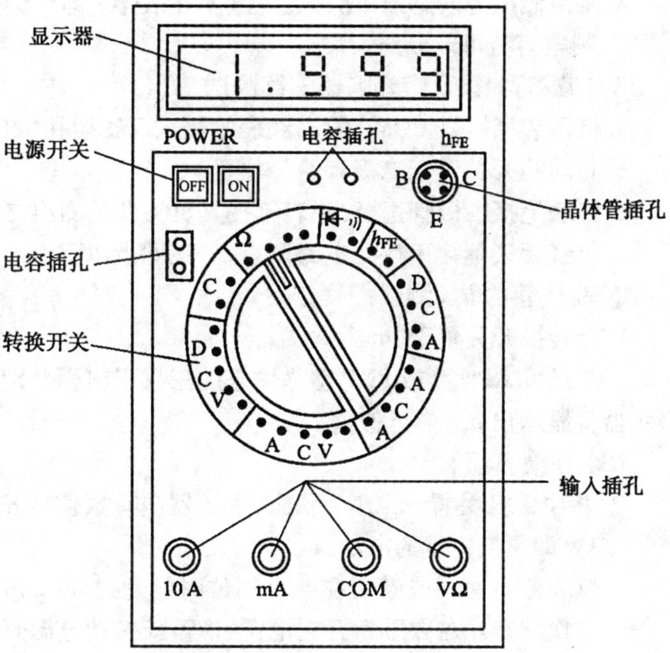

图 1.13　DT890B 型数字式万用表

(2) 数字式万用表的使用方法。

① 直流电压的测量:

a. 将黑表笔插入 COM 插孔,红表笔插入 VΩ 插孔。

b. 将转换开关(功能开关)置于"DCV"量程范围的合适挡位。

c. 表笔与被测电路并联,红表笔接被测电路高电位端,黑表笔接被测电路低电位端。

② 交流电压的测量:

a. 表笔接法与直流电压的测量时相同。

b. 转换开关置于"ACV"量程范围的合适挡位。

c. 测量时表笔与被测电路并联,且红、黑表笔不分极性。

③ 直流电流的测量:

a. 将黑表笔插入 COM 插孔,测量电路最大值不超过 200 mA 时红表笔插入"mA"插孔,测量 200 mA ~ 10 A 范围电流时,红表笔应插入"10 A"插孔。

b. 将转换开关置于“DCA”量程范围的合适挡位。

c. 将该仪表串入被测电路且红表笔接高电位端,黑表笔接低电位端。

④ 交流电流的测量:

a. 表笔接法与直流电流的测量时相同。

b. 将转换开关置于“ACA”量程范围的适当挡位。

c. 将该仪表串入被测电路,红、黑表笔不分极性。

⑤ 电阻的测量:

a. 将黑表笔插入 COM 插孔,红表笔插入 VΩ 插孔。

b. 将转换开关置于“Ω”量程范围的适当挡位。

c. 所测电阻值不乘倍率,直接按所选量程及单位读数。严禁被测电阻带电测量。

⑥ 电容的测量:

a. 将转换开关置于“C”量程范围的适当挡位。

b. 将待测电容两脚插入测试插孔(不用表笔)即可读数。如果挡位选择合适,而仍显示“1”,则电容有可能断路。

⑦ 二极管测试及带蜂鸣器连续测试:

a. 将黑表笔插入 COM 插孔,红表笔插入 VΩ 插孔(红表笔极性为“+”)。

b. 将转换开关置于二极管符号位置。

c. 红表笔接二极管正极,黑表笔接其负极即可测出二极管正向压降近似值。

d. 将红黑表笔接于待测电路两点,若该两点电阻值小于 70 Ω 时,蜂鸣器将发声。

⑧ 晶体管的 h_{FE} 测试:

a. 将转换开关置于“h_{FE}”位置。

b. 将已知 NPN 型或 PNP 型晶体管的三只引出脚分别插入仪表面板右上方对应插孔,显示器将显示出 h_{FE} 的近似值。

(3) 注意事项。

① 将电源开关置于“ON”状态,显示器应有数值或符号显示。若显示器出现低电压符号,应立即更换内置的电池。

该仪表停止使用或停留在一个挡位时间超过 30 min 时,电源将自动切断,使仪表进入停止工作状态。若要重新开启电源,应重新按动电源开关。

② 测量时输入电流、电压不得超过量程规定值,否则将损坏内部测量线路。

③ 测量前转换开关应置于所需量程。测量交、直流电压,交、直流电流时,若不知被测数值的高低,可将转换开关置于最大量程挡,在测量中按需要逐步下降。

④ 若显示器只显示“1”,表示量程选择偏小,转换开关应置于更高量程。

⑤ 在较高电压线路上测量电流、电压时,应注意人身安全。

1.2.2 钳形电流表

常用的钳形电流表有指针式和数字式两种。指针式钳形表测量的准确度较低,通常为2.5 级和 5.0 级。数字式钳形表测量的准确度较高,用外接表笔和挡位转换开关相配合,还具有测量交/直流电压、电阻和工频电压频率的功能。

1. 钳形电流表结构

（1）指针式钳形电流表主要由铁芯、电流互感器、电流表及钳形扳手等组成。钳形电流表能在不切断电路的情况下进行电流的测量，因为它具有一个特殊的结构：可张开和闭合的活动铁芯。当捏紧钳形电流表手柄时，铁芯张开，被测电线可穿入铁芯；放开手柄时，铁芯闭合，被测电线作为铁芯的一次线圈。图1.14所示为其测量机构示意图。

（2）数字式钳形表测量机构主要由具有钳形铁芯的电流互感器（固定钳口、活动钳口、活动钳把及二次绕组）、测量功能转换开关（或量程转换开关）、数字显示屏等组成。图1.15所示为数字式钳形电流表的版面示意图。

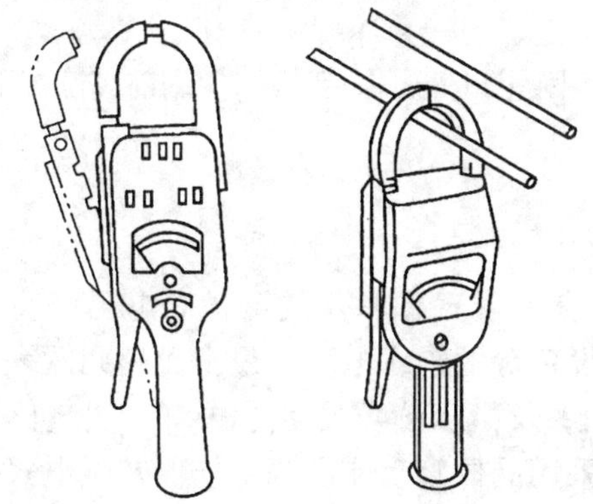

图1.14　指针式钳形电流表测量机构示意图

图1.15　数字式钳形电流表的版面示意图

2. 钳形电流表的使用方法

（1）根据被测电流的种类和线路的电压，选择合适型号的钳形电流表，测量前首先必须调零（机械式调零）。

（2）检测钳口表面应清洁无污物、无锈蚀。钳口闭合时应密合，无缝隙。

（3）选择合适的量程，先选大量程，后选小量程或看铭牌值估算。更换量程时，应先张开钳口，再转动旋转开关。

（4）测量电流时，按动扳手，打开钳口，将被测导线置于钳口的中央，然后松开扳手，使钳口闭合紧密，在表盘（指示窗口）上读取被测电流值。

（5）测量完毕，要将转换开关放在最大量程处。

3. 注意事项

（1）应注意钳形电流表的电压等级，不得将低压表用于测量高压电路的电流。

（2）每次只能测量一根导线的电流，不可将多根导线都夹入钳口测量。被测导线应置于钳口中央，否则将引起很大误差（大于5%）。当导线夹入钳口时，若发现有震动或碰撞声，应将仪表扳手手动转动几下，或重新开合一次，直到没有噪声才能读取电流值。测量电流后，如果接着测小电流，应开合钳口数次，以消除铁芯中的剩磁。

（3）在测量过程中不得切换量程，以免造成二次瞬间开路，感应出高电压而击穿绝缘。必须变换量程时，应先将钳口打开。

（4）若被测导线是裸导线，则必须事先将临近各相用绝缘板隔离，以免钳口张开时出现相间短路。

(5) 测量时,如果附近有其他载流导线,所测值会受到载流体的影响而产生误差。此时,应将钳口置于远离其他导线的一侧。

(6) 每次测量后,应把调节电流量程的切换开关置于最高挡位,以免下次使用时因未选择量程就进行测量而损坏仪表。

(7) 有电压测量挡的钳形表,电流和电压要分开测量,不得同时测量。

(8) 测量5 A以下电流时,为获得较为准确的读数,若条件允许,可将导线多绕几圈放进钳口测量,此时实际电流值为钳形表的指示值除以所绕导线圈数。

(9) 测量较高电压导线的电流时应戴绝缘手套,站在绝缘垫上。读数时要注意安全,切勿触及其他带电部分。

(10) 钳形电流表应在干燥的室内保管和使用,钳口处应保持清洁,使用前应擦拭干净。

1.2.3　兆欧表

1. 兆欧表的结构

(1) 兆欧表又称绝缘电阻表(俗称摇表),是一种简便常用的测量高电阻的直读式仪表,一般用来测量电路、电机绕组、电缆、电气设备等的绝缘电阻。最常见的兆欧表是由作为电源的高压手摇发电机(交流或直流发电机)及指示读数的磁电式双动圈流比计所组成。新型的兆欧表有用交流电作为电源的或采用晶体管直流电源变换器及磁电式仪表来指示读数的。两种常见的兆欧表外形图如图1.16(a)所示。

(2) 用交流发电机或直流发电机作为电源的兆欧表测量电阻的原理电路图如图1.16(b)和图1.16(c)所示。固定在同一轴上的2个线圈,其中1个线圈与附加电阻R_1串联,另一个线圈与附加电阻R_2串联。

(3) 兆欧表上有3个分别标有接地(E)、电路(L)和保护环(G)的接线柱。

2. 兆欧表的使用方法

兆欧表的使用方法如图1.17所示。

(1) 检查兆欧表。将兆欧表平稳放置,先使“L”“E”两个端子开路,摇动手柄,使发电机的转速达到额定转速,这时的指针应该指在标尺的无穷大位置上;然后将“L”“E”两个端子短路,缓慢摇动手柄,这时的指针应该指在标尺的零位置上。

(2) 测量电路绝缘电阻时,可将被测量端接于“L”的接线柱上,以良好的地线接于“E”的接线柱上,如图1.17(a)所示。

(3) 在测量电机绝缘电阻时,将电机绕组接于“L”的接线柱上,机壳接于“E”的接线柱上,如图1.17(b)所示。

(4) 测量电缆的缆芯对缆壳的绝缘电阻时,除将缆芯和缆壳分别接于“L”和“E”接线柱外,再将电缆壳芯之间的内层绝缘物接“G”,以消除因表面漏电而引起的误差,如图1.17(c)所示。

(5) 线接好后,摇动手柄,应由慢渐快至额定转速120 r/min,在表盘上读取数值。

3. 注意事项

(1) 测量绝缘电阻必须在被测设备和线路停电的状态下进行。对含有大电容的设备,测

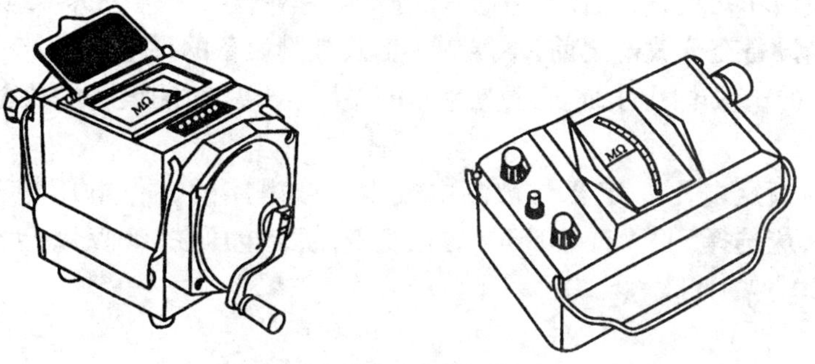

(a) 兆欧表外形

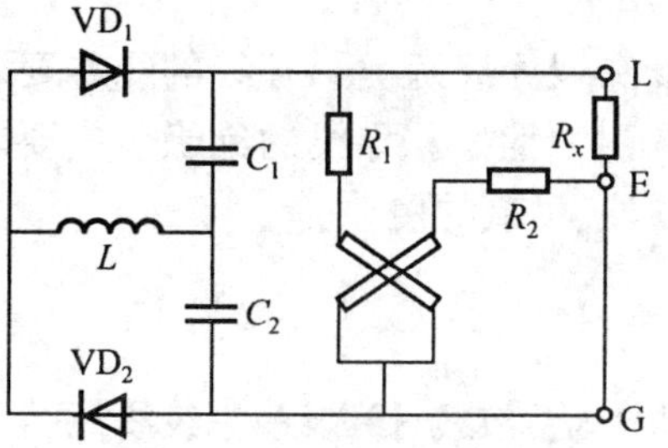

(b) 交流发电机作为电源

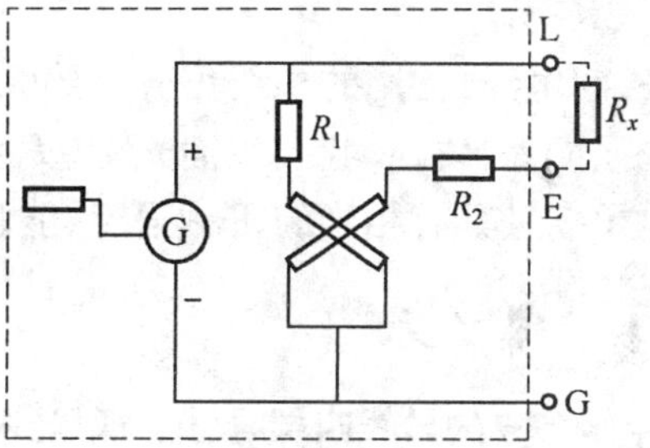

(c) 直流发电机作为电源

图 1.16　兆欧表及其测量原理

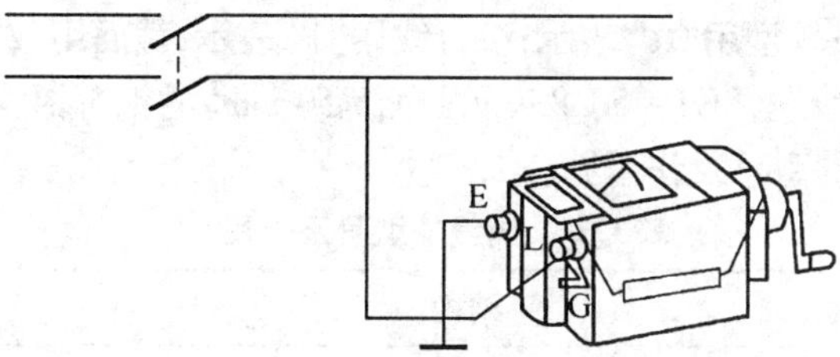

(a) 测量电路绝缘电阻时接法

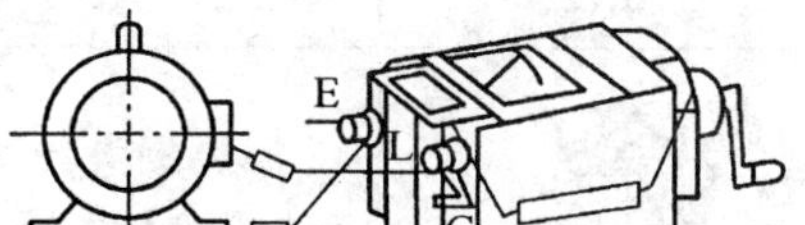

(b) 测量电机绝缘电阻时接法

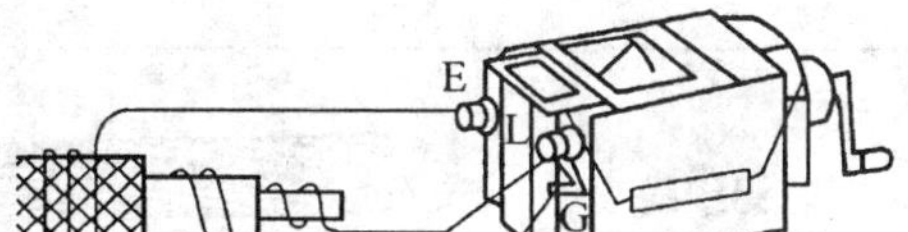

(c) 测量电缆绝缘电阻时接法

图 1.17　兆欧表的使用方法

量前应先进行放电，测量后也应及时放电，放电时间不得小于 2 min，以保证人身安全。

（2）兆欧表与被测设备之间的连接导线不能用双股绝缘线或绞线，应用单股线分开单独连接，以避免线间电阻引起的误差。

（3）摇动手柄时，应由慢渐快至额定转速 120 r/min。在此过程中，若发现指针指零，说明被测绝缘物发生短路事故，应立即停止摇动手柄，避免表内线圈因发热而损坏。

（4）测量具有大电容设备的绝缘电阻时，在读数后不能立即停止摇动兆欧表，以防止充电的设备放电而损坏兆欧表;应在读数后一边降低手柄转速,一边去拆接地线。在兆欧表停止转动和被测设备充分放电之前,不能用手触及被测设备的导电部分。

(5) 测量设备的绝缘电阻时,应记下测量时的温度、湿度、被测设备的状态等,以便于分析测量结果。

(6) 兆欧表的额定电压一定要与被测电气设备或电路的工作电压相适应。测量500 V以下的设备,应选择500 V或1 000 V的兆欧表;额定电压在500 V以上的设备,应选择1 000 V或2 500 V的兆欧表。

1.3 导线选择技术

导线又叫电线,常用的导线可分为绝缘导线和裸导线两类。导线的线芯要求导电性能好、机械强度大、质地均匀、表面光滑、无裂纹、耐蚀性好。导线的绝缘包皮要求绝缘性能好,质地柔韧且具有相当的机械强度,能耐酸、油、臭氧的侵蚀。

1.3.1 裸导线

没有绝缘包皮的导线叫裸导线。裸导线一般分为铜绞线、铝绞线、钢绞线,是由多根单线绞合在一起的。铝绞线又分带钢芯和不带钢芯的,带钢芯的又有单芯和多芯之分。铜绞线一般用在低压架空线,铝绞线一般用在高压架空线,钢绞线一般用在高压架空线的屏蔽线(避雷线)及电杆拉线。裸导线的材料、形状常用符号:铜用字母"T"表示;铝用"L"表示;钢用"G"表示;硬型材料用"Y"表示;软型用"R"表示;绞合线用"J"表示;截面用数字表示。例如,LJ－35表示截面为35 mm^2 的铝绞线,LGJ－50/8表示截面为50 mm^2 的钢芯铝绞线(50是指铝芯截面,8是指钢芯截面)。绞线的型号及作用见表1.1。

表1.1　绞线的型号及作用

型号	名称	结构	主要用途
LJ	硬铝绞线		低压及高压架空输电用
LGJ	钢芯铝绞线	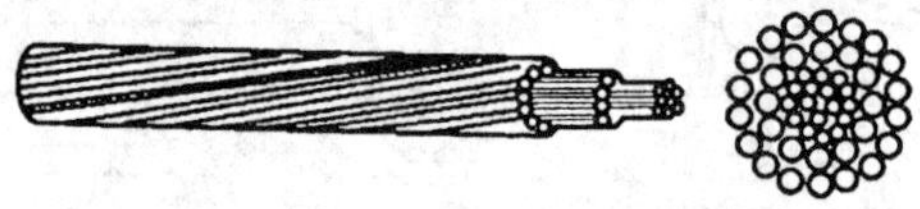	需要提高拉力强度的架空输电用
TJ	硬铜绞线		低压及高压架空输电用

1.3.2 绝缘导线

绝缘导线种类很多,常用的有塑料硬线、塑料软线、塑料护套线、橡皮线、棉线编织橡皮软线(即花线)、橡套软线和漆包线,以及各种电缆。

1. 绝缘导线的结构和型号

具有绝缘包层的电线称为绝缘导线。绝缘导线按其芯线材料分为铜芯和铝芯；按股数分单股和多股；按线芯分单芯、双芯、三芯、四芯、五芯和多芯；按绝缘分橡皮(X)绝缘和塑料(V)绝缘。

例如，BV－1.5表示截面是1.5 mm^2的塑料铜芯线；BVVR－3×2.5表示三芯、截面为2.5 mm^2的铜芯塑料软护套线；BLV－6表示截面为6 mm^2的铝芯塑料线。

2. 橡皮绝缘导线

橡皮绝缘导线是由橡皮作为绝缘层，再包一层棉纱或玻璃纤维作为保护层的导线。单股用作室内敷设，多股多用于低压架空线。由于塑料绝缘线的优势与推广，橡皮绝缘线基本被取代。

3. 塑料绝缘导线

塑料绝缘导线用聚氯乙烯作为绝缘包层，又称塑料线，具有耐油、耐酸、耐腐蚀、防潮、防霉等特点，常用作500 V以下室内照明线路，也可直接敷设在空心板或墙壁上。

各种导线如图1.18所示。

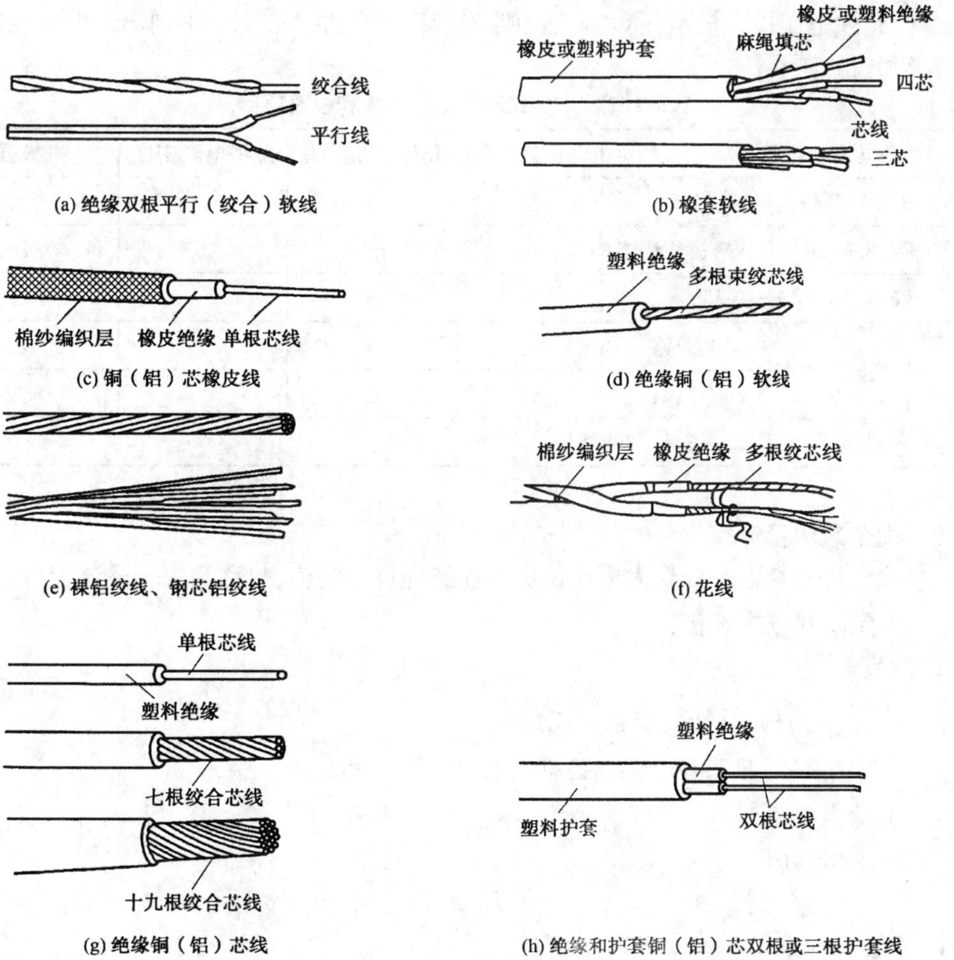

图1.18　各种导线

4. 电磁线

电磁线按绝缘材料分,可分为漆包线、丝包线、丝漆包线、纸包线、玻璃纤维包线和纱包线等;按截面的几何形状分,可分为圆形和矩形两种;按导线线芯的材料分,可分为铜芯和铝芯两种。

1.3.3 导线截面的选择

1. 选择原则

(1) 选择导线的基本原则。在潮湿或有腐蚀性气体的场所,可选用塑料绝缘导线,以提高导线绝缘水平和抗腐蚀能力;在比较干燥的场所内,可采用橡皮绝缘导线;对于经常移动的用电设备,宜采用多股软导线等。

合理选择导线截面,应能达到安全运行、降低电能损耗、减少运行费用的效果。导线截面的选择可由安全载流量、线路电压降、机械强度、与开关整定值相配合四个方面加以确定。

(2) 电缆截面的选择原则。电缆截面的选择按允许载流量、经济电流密度选择,按机械强度、允许电压损失校验,同时满足短路稳定度的条件。表 1.2 中列出了电力线路截面的选择和校验项目。

表 1.2　电力线路截面的选择和校验项目

电力线路的类型		允许载流量	允许电压损失	经济电流密度	机械强度
35 kV 及以上电源进线		△	△	★	△
无调压设备的 6 ~ 10 kV 较长线路		△	★		△
6 ~ 10 kV 较短线路		★	△		△
低压线路	照明线路	△	★		△
	动力线路	★	△		△

注:△— 校验的项目,★— 选择的依据

2. 安全载流量计算

导线允许长期通过的最大电流值称为连续允许电流值,也称为安全载流量(I_{al})。

(1) 照明和电热设备:

$$I_{al} \geqslant \sum I_N$$

式中　I_{al}—— 进户导线的安全载流量;

$\sum I_N$—— 照明和电热设备总的额定电流之和。

(2) 动力负荷。

① 单台电动机:

$$I_{al} \geqslant I_N$$

式中　I_{al}—— 导线的安全载流量;

I_N—— 电动机的额定电流。

② 多台电动机：

$$I_{a1} \geqslant \sum I_N \times 最高利用率 \times 1.2(裕度)$$

常用绝缘导线在常温下的参考载流量见表1.3。

表1.3　绝缘导线在常温下的参考载流量

线芯截面积／mm^2	橡皮绝缘电线安全载流量／A		聚氯乙烯绝缘电线安全载流量／A	
	铜芯	铝芯	铜芯	铝芯
0.75	18	—	16	—
1.0	21	—	19	—
1.5	27	19	24	18
2.5	33	27	32	25
4	45	33	42	32
6	58	45	55	42
10	85	65	75	59
16	110	85	105	80

3. 与熔体额定电流或开关整定值相配合

导线安全载流量应与保护该线路的熔断器熔体的额定电流或开关整定值相配合，当发生过负荷或短路时，熔断器内的熔体应能迅速熔断，或开关脱扣器迅速脱扣断开，而不损坏导线。

1.4　导线绝缘层的去除与绝缘恢复技术

电工常常会进行导线连接，导线绝缘层的剖削是导线连接的第一步。导线连接后，必须恢复绝缘。恢复后的绝缘强度不应低于原有绝缘层。通常用黄蜡带、涤纶薄膜带和黑胶带作为恢复绝缘层的材料，一般选用20 mm宽的黄蜡带和黑胶带，包缠方便。

1.4.1　导线绝缘层的去除

当绝缘导线间接头或接线桩连接时，其线头的绝缘层必须去除，线头的长短根据实际需要留取。由于绝缘导线的结构和线径粗细的差异，应分别采用不同的剖削工具和剖削方法。剖削线头时，剖削工具不可割伤线芯，否则，不仅会降低其机械强度，而且会减小导线的截面积。剖削后的线头绝缘层断面应平齐。

1. 塑料线头的剖削

塑料线分塑料硬线和塑料软线两种，如图1.19所示。塑料硬线线芯由线径为1～2.5 mm等14种规格的单根或多根铜线或铝线绞合而成；软线线芯由线径为0.39～0.68 mm等多种规格的多根铜丝绞合而成。塑料线仅有塑料绝缘层，没有保护层。塑料线头的剖削方法如图1.20所示。

(1) 导线截面积大于4 mm^2 的塑料硬线，可用电工刀剖削绝缘层，如图1.20(a)

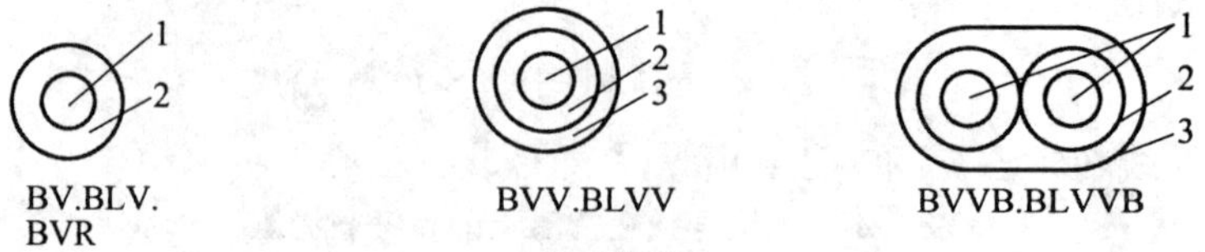

(a) 塑料硬线

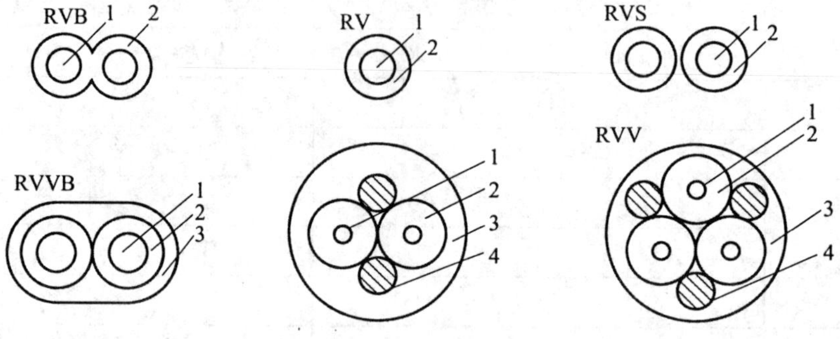

(b) 塑料软线

图 1.19　塑料线

1— 导线;2— 绝缘层;3— 保护层;4— 线绳

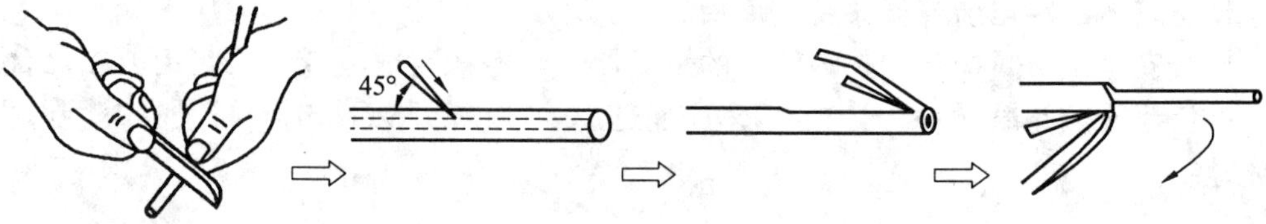

(a) 用电工刀剖削

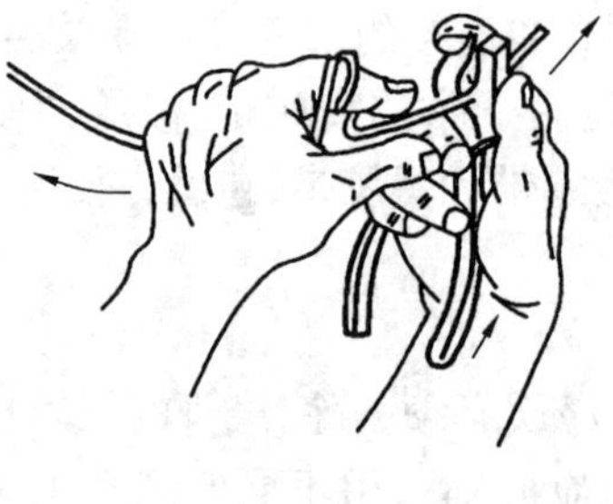

(b) 用钢丝钳剖削

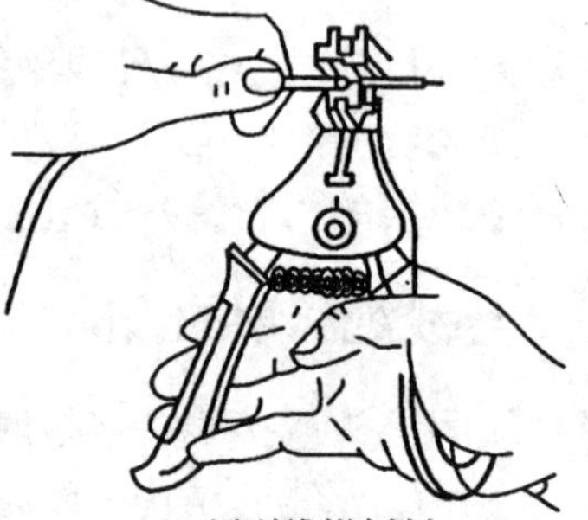

(c) 用剥线钳剖削

图 1.20　塑料线头的剖削方法

所示。

(2) 导线截面积为 4 mm^2 及以下的塑料硬线和塑料软线，可用钢丝钳或剥线钳剖削。

① 用钢丝钳剖削绝缘层的方法如图 1.20(b) 所示，用左手捏住电线(捏不住时可在食指上绕一圈)，然后用右手握住钢丝钳钳头，沿线头绝缘层圆周轻切一圈(不可伤线芯)，然后用力向外勒去绝缘层。

② 用剥线钳剖削绝缘层的方法如图1.20(c)所示,为避免伤线芯,必须把电线放在大于线芯直径的刀口上,用手将钳柄一握,电线的绝缘层即被割断而自动弹出。

2. 护套线线头的剖削

护套线按绝缘层的材质,一般可分为塑料护套线和橡套电缆两种。

(1) 塑料护套线分双芯和三芯两种。线芯有铜芯或铝芯,线芯之间及护套层之间全用塑料绝缘,塑料护套线线头的剖削方法如图1.21所示。

(2) 橡套电缆有单芯、双芯、三芯、四芯四种,每股线芯由多根铜丝绞合而成,线芯之间及其护套层全用橡胶来绝缘,其线头剖削方法与塑料护套线相同。

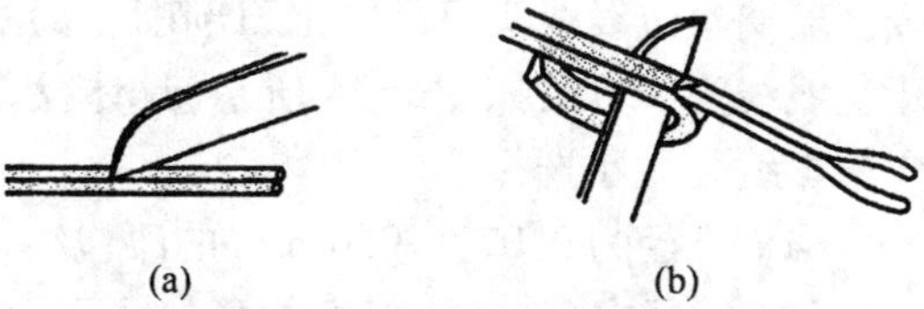

图1.21　塑料护套线的剖削方法

(3) 剖削护套线的护套层时,不能割伤线芯绝缘层,以防线芯之间短路。塑料护套线线芯的绝缘层可用电工刀剖削,也可用钢丝钳或剥线钳剖削,但橡套电缆线芯的绝缘层则必须用钢丝钳或剥线钳剥除。

3. 橡皮线橡套的剖削

橡皮线俗称皮线,其线芯由单根或多根铜丝或铝丝组成,绝缘层是橡胶,保护层是浸过沥青并涂有蜡的棉纱或玻璃丝织物。橡套软线(橡套电缆)的剖削方法如图1.22所示。线头的剖削方法和塑料护套线相同。

4. 花线线头的剖削

花线线芯由多根细铜丝绞合而成,线芯用棉纱包绕后用橡胶绝缘,最外面一层是棉纱编织物。花线的剖削方法如图1.23所示,该剖削方法和橡套电缆相同,但线芯露出后必须割除其表面的棉纱线头。

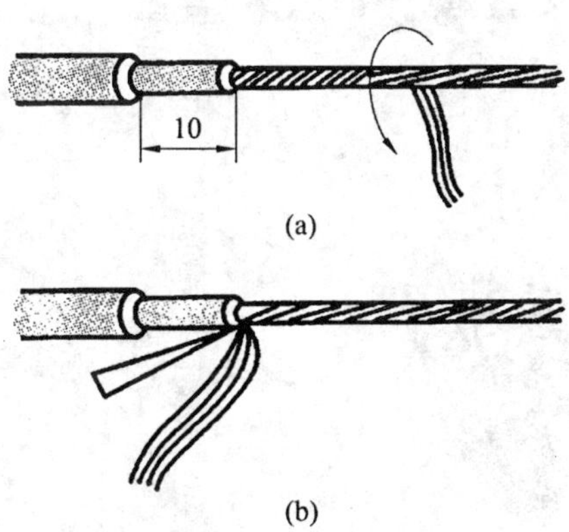

图1.22　橡套软线(橡套电缆)的剖削方法

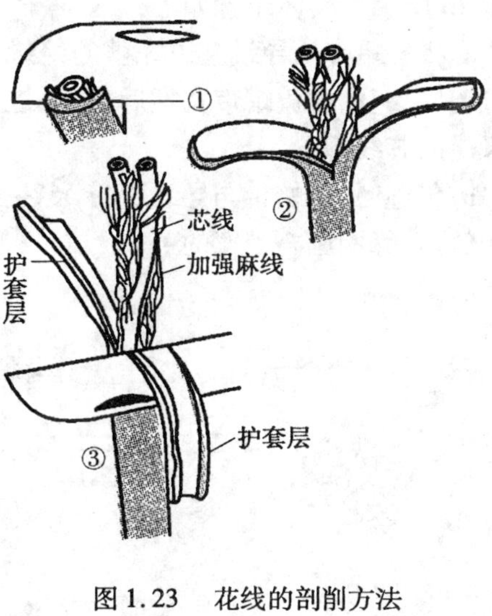

图1.23　花线的剖削方法

5. 电磁线线头的剖削

电磁线是用来绕制线圈的绝缘导线，按其表面的绝缘材料可分为纱包线、漆包线和玻璃丝包线等几种。线芯为单根铜或铝导线。玻璃丝包线线头可用电工刀剖削。剖削漆包线线头的方法如图 1.24 所示，具体操作应根据线径大小选择。

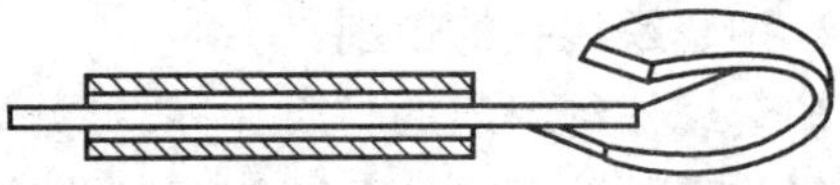

图 1.24　剖削漆包线线头的方法

(1) 线径为 0.07 ~ 0.6 mm 的漆包线，宜用细砂布擦去绝缘层。

(2) 线径在 0.6 mm 以上的漆包线可用电工刀或专用刮线工具刮去绝缘层，但不能用力过猛，以防损伤线芯。

(3) 线径在 0.07 mm 以下的特细漆包线采用上述方法均会使导线断裂，只能用打火机或火柴烧除绝缘层，然后将线头垫在橡皮垫上，用细砂布轻擦其表面四周。

1.4.2　导线绝缘层的恢复

1. 导线绝缘恢复的基本方法

(1) 使用压线帽。在现代的电气照明安装及电器接线工作中，可使用专用压线帽完成导线线头的绝缘恢复，通常是借助于压线钳来完成的，如图 1.25 所示，注意压线帽的正确使用方法。

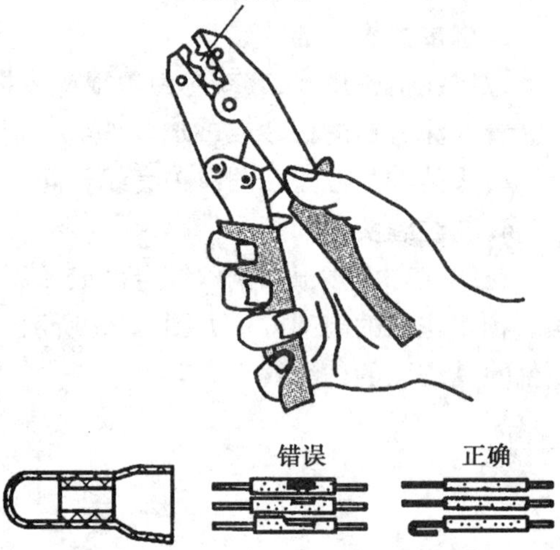

图 1.25　用压线帽恢复导线绝缘

(2) 使用绝缘带包缠。

① 直线连接接头的绝缘恢复常采用绝缘带的包缠方法，使用绝缘带包缠的方法如图 1.26 所示。具体步骤如下：

a. 将黄蜡带从导线左边完整的绝缘层开始包缠，包缠两根黄蜡带宽度后，方可进入无绝缘层的芯线部分。

b. 包缠时，黄蜡带与导线保持 45° ~ 55° 的倾斜角，每圈压叠带宽的 1/2。

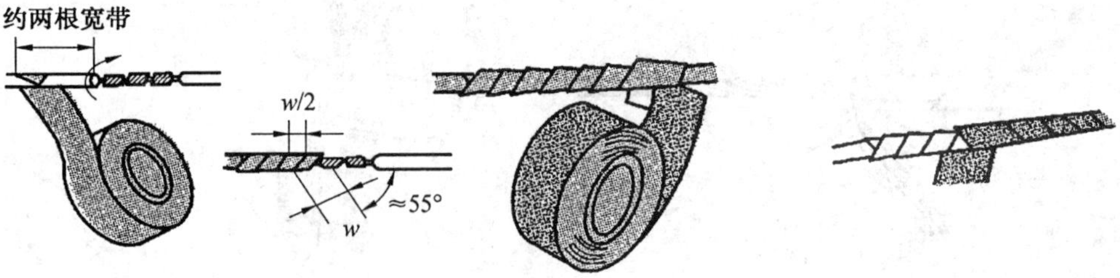

图 1.26　直线连接接头用绝缘带包缠恢复绝缘

c. 包缠一层黄蜡带后，将黑胶布接在黄蜡带的尾端，按另一斜叠方向包缠一层黑胶布，也要每圈压叠带宽的1/2，两端捏住做反方向的扭旋（封住端口）。

②T形连接接头的绝缘恢复包缠方法如图1.27所示，具体步骤如下：

a. 首先将黄蜡带从接头左端开始包缠，每圈叠压带宽的1/2左右，如图1.27(a)所示。

b. 缠绕至支线时，用左手拇指顶住左侧直角处的带面，使它紧贴于转角处芯线，而且要使处于接头顶部的带面尽量向右侧斜压，如图1.27(b)所示。

c. 当围绕到右侧转角处时，用手指顶住右侧直角处带面，将带面在干线顶部向左侧斜压，使其与被压在下边的带面形成X状交叉，然后把黄蜡带再回绕到左侧转角处，如图1.27(c)所示。

d. 使黄蜡带从接头交叉处开始在支线上向下包缠，并使黄蜡带向右侧倾斜，如图1.27(d)所示。

e. 在支线上绕至绝缘层上约两个带宽时，黄蜡带折回向上包缠，并使黄蜡带向左侧倾斜，绕至接头交叉处，使黄蜡带围绕过干线顶部，然后开始在干线右侧芯线上进行包缠，如图1.27(e)所示。

f. 包缠至干线右端的完好绝缘层后，再接上黑胶带，按上述方法包缠一层即可，如图1.27(f)所示。

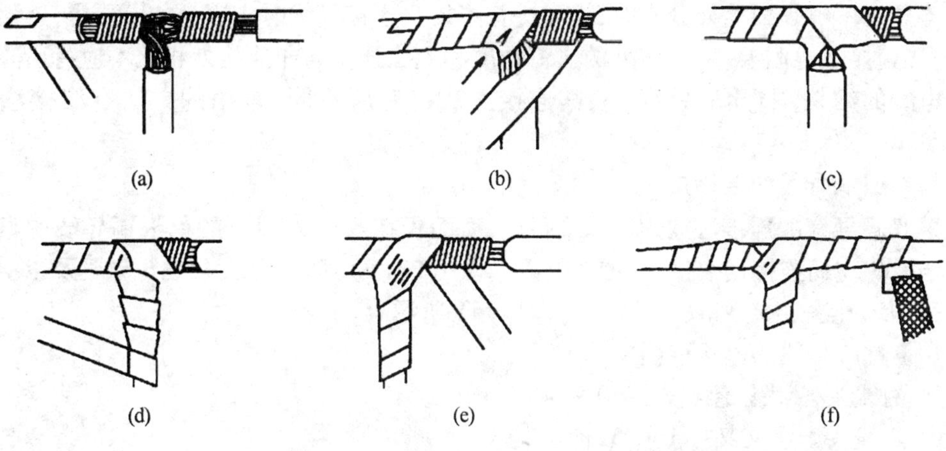

图1.27　T形连接接头用绝缘带包缠恢复绝缘

（3）导线绝缘恢复的注意事项如下：

① 在380 V线路上恢复导线绝缘时，先包缠1～2层黄蜡带，然后包缠1层黑胶布。

② 在220 V线路上恢复导线绝缘时，先包缠1层黄蜡带，再包缠1层黑胶布，或只包缠两层黑胶布。

③ 绝缘带包缠时，不能过疏，更不允许露出芯线，以免造成触电或短路事故。

④ 绝缘带存放应避免高温，也不可接触油类物质。

2. 绝缘常规检测方法

（1）外观检查。外观检查主要是绝缘物理性能的观察和检查，包括是否受潮，表面有无粉尘、纤维或其他污物，有无裂纹或放电痕迹，表面光泽是否减退，有无脆裂，有无破损，弹性是否消失，运行时有无异味等检查项目。

(2) 绝缘电阻测量。绝缘电阻用兆欧表测量。

3. 绝缘指标的常规检测

常温下电动机、配电装置和配电线路的绝缘电阻值不小于0.5 MΩ;低压电器和二次回路一般不小于1 MΩ,在比较潮湿的环境下不小于0.5 MΩ;对运行中的线路,相与相之间的绝缘电阻应不小于0.38 MΩ;相与地之间的绝缘电阻应不小于0.22 MΩ;特低电压线路的绝缘电阻不小于0.22 MΩ;二次小母线的绝缘电阻不小于10 MΩ;携带式电气设备的绝缘电阻不小于2 MΩ;手持式日用电器的绝缘电阻不小于7 MΩ。

1.5 导线连接操作技术

电气设备安装或配线过程中,常常需要把一根导线和另一根导线连接或将导线与电气设备的端子连接,这些连接处不论是机械强度还是电气性能,均是电路的薄弱环节,安装的电路能否安全可靠地运行,很大程度上取决于导线接头的质量。因此,接头的制作是电气安装和布置中一道非常重要的工序,必须按标准和规程操作。

1.5.1 铜芯导线的连接

当导线不够长或需要分支时,就要进行连接。连接导线时应符合如下要求,连接要紧密,连接处接触电阻要小,连接处的机械强度和绝缘强度与非连接处相比不应有所降低。由于电线的结构、材质有差异,故其连接方法也有所不同,常用的方法有绞接法和绑扎法。

1. 单股铜导线的连接法

单股铜导线的连接法如图1.28所示。截面积在6 mm^2以下的单根铜导线的直线形和T字形分支的连接用绞接法,如图1.28(a),1.28(b)所示;截面积在6 mm^2及以上的导线常采用绑扎法连接,如图1.28(c),1.28(d)所示。

(1) 单股导线的直线连接要领:

① 两线头各剥去绝缘皮层30 ~ 40 mm。

② 两线头十字交叉拧1 ~ 3个“X”。

③ 两线头分别紧密缠绕3 ~ 5圈,剪去余头,并压紧毛刺。

④ 两线头缠好后距绝缘层约5 mm,这样易于包扎绝缘。

(2) 单股导线的分支连接要领:

① 干线剥去皮层15 ~ 30 mm,支线剥去皮层30 ~ 50 mm。

② 支线在干线上打一个大钩,承受拉力,然后在干线上紧密缠绕3 ~ 5圈。

③ 剪去余头,压紧毛刺,连好的支线距干线绝缘层左右不要超过5 mm。

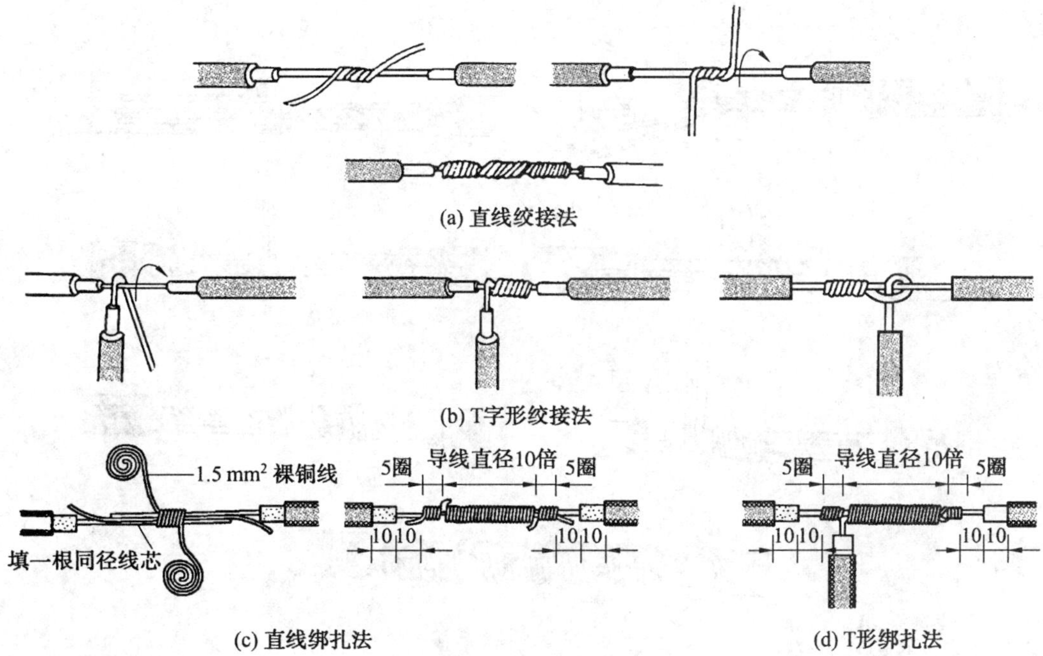

图 1.28　单股铜导线的连接法

2. 多股铜导线的连接法

多股铜导线的连接法如图 1.29 所示。当多股铜导线比较细软时,其直线和分支连接方法采用如图 1.29(a) 所示的绞接法,当多股铜导线比较粗大而难于弯制时,宜采用图 1.29(b) 所示的绞接法。

(1) 多股导线(绝缘导线、裸导线) 的直线连接要领:

① 多股导线的平行缠绕法。将两根多股铜或铝导线,用砂纸打磨去掉氧化物,再将两根导线平行并拢,用相同材质的绑线从中间或一端缠绕,缠绕 150 ~ 200 mm,剪去余头和辅线拧成小辫(约 3 个花)。

② 多股导线的交叉缠绕法。将两根导线去氧化物,拉直并分开成伞骨状,把伞骨状的线头隔开对插,再并拢捏平。在并拢线的中间扳起一根线芯,按顺时针方向缠绕 3 ~ 5 圈,再扳起一根线芯并与前根十字交叉,压平剪去前根的余头,继续缠绕,如此方法缠绕到最后一根线芯,剪去余头拧成小辫。

③ 多股导线的绑扎法。先将线芯依次分根钳直并剪除中心股。为减少接触电阻,必须用砂布擦去每根线芯表面的氧化层,再将两线头做成 30° 伞状交叉对插,并将线捏平。然后取一根适当粗细的裸铜线,剪一段填在接头上作为辅助线,再用该裸铜线从接头中间开始,分头用钢丝钳缠绕,绑线头收尾时与辅助线头拧在一起,如图 1.29(c) 所示。

(2) 多股导线(绝缘导线、裸导线) 的分支连接要领:

一种方法是先剥去干线绝缘皮层约 300 mm,支线 500 mm,将支线分成两组(七根的导线一组三根,一组四根) 叉套在干线上,将两组支线分别紧密缠绕在干线上并压紧线头毛刺。另一种方法是将分支线头做直角弯曲,并在其端部稍做弯曲,然后将两股线头合

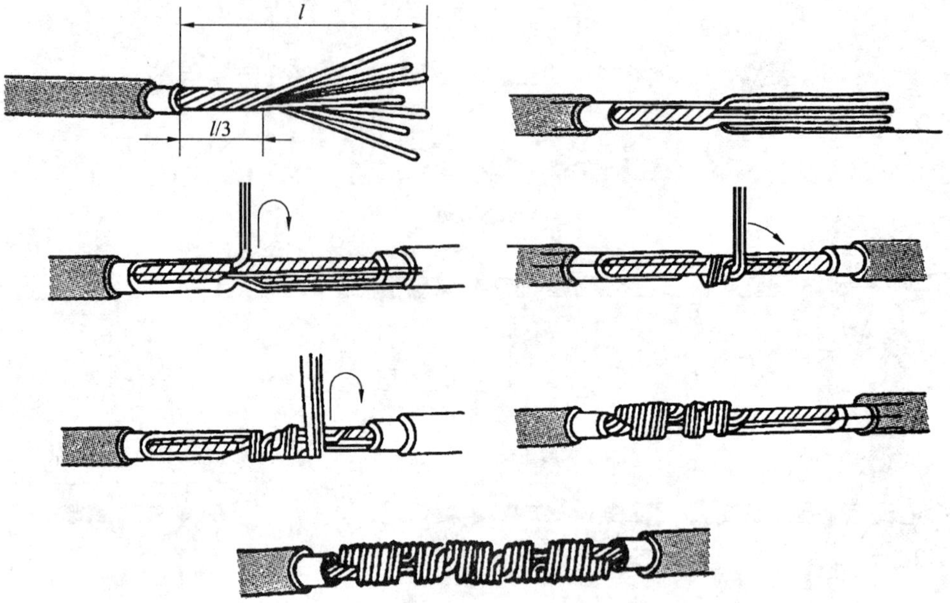

(a) 直线连接绞接法

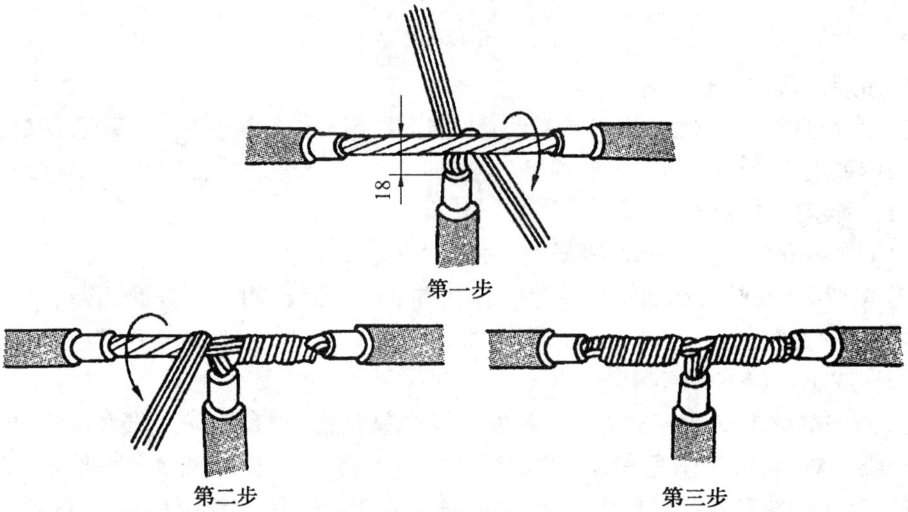

(b) T字形分支连接绞接法

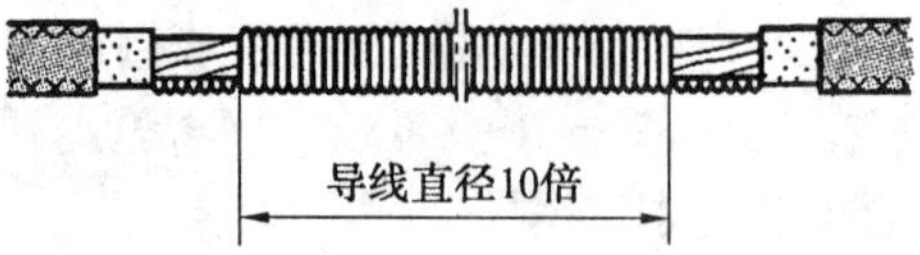

(c) 直线连接绑扎法

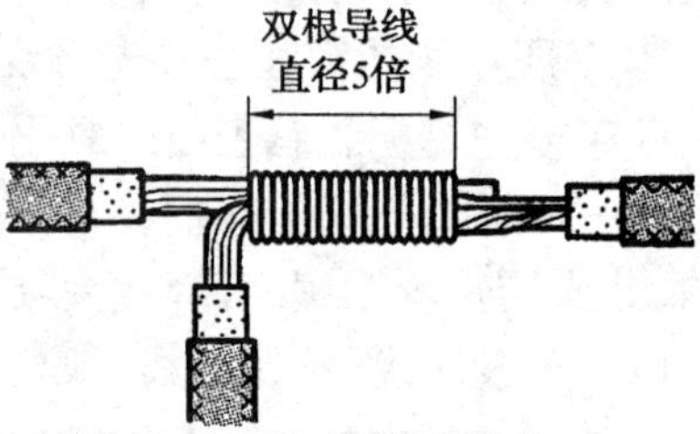

(d) T字形分支连接绑扎法

图 1.29　多股铜导线的连接法

并，用裸导线从分支处开始紧密缠绕，如图 1.29(d) 所示。

3. 粗细不等的单股铜导线的连接法

把细线头在粗线头上紧密缠绕5 ~ 6圈后，弯折粗线头端部，使它压在缠绕层上，再把细线头缠绕3 ~ 4 圈后，剪去余端，钳平切口即可。

4. 导线的挂锡

铜导线连接之后为了防止接头氧化，保证良好的接触，还需要进行电烙铁挂锡、锡锅蘸锡、锡锅浇锡等操作，如图 1.30 所示。无论哪种挂锡方法，导线都要清除氧化物并要加焊剂(焊膏、松香、稀酸)，电烙铁使用前要检查电源线有无破损、漏电。烙铁头要放在金属支架上。蘸锡、浇锡时要戴手套，防止锡爆烫伤。

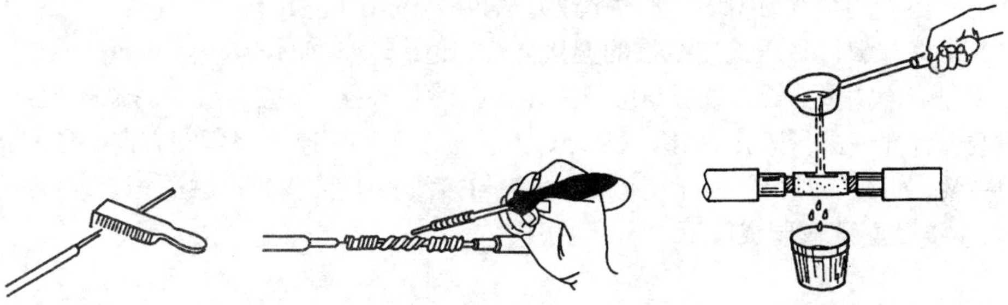

(a) 清除氧化物　(b) 电烙铁挂锡　(c) 锡锅浇锡

图 1.30　导线的挂锡

1.5.2　铝导线的连接

1. 螺钉连接法

清除剥去绝缘层的线头上的铝氧化膜，涂上中性凡士林，直接插入瓷接头或相关电器的接线桩，旋紧压接螺钉进行连接。T 字形连接必须采用瓷接头进行连接。

2. 压接管连接法

铝芯导线压接管连接法如图 1.31 所示，步骤如下：

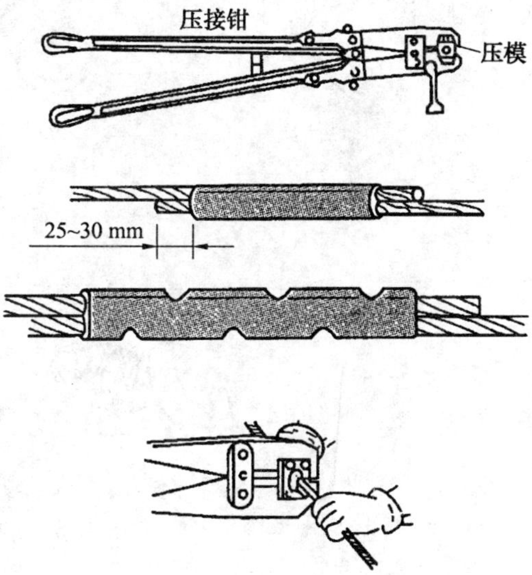

图 1.31　铝芯导线压接管连接法

(1) 根据多股铝芯线规格选用铝压接管。

(2) 清除剥去绝缘层的线头上的铝氧化膜，涂上中性凡士林。

(3) 将两根铝芯线头相对穿入压接管，并将线端穿出压接管 25 ~ 30 mm。

(4) 压接时第一道压坑应在铝芯线头一侧。

1.5.3 导线与接线桩的连接

1. 导线与接线桩连接的基本要求

电线进入接线盒、熔断器及其他电气装置时，必须与电气装置的接线桩进行连接。电线与接线桩连接时应符合如下要求：

(1) 线头与接线桩接触必须紧密，而且应有足够的接触面积，使接触电阻最小。

(2) 连接牢固，以防松动、脱落。

2. 导线与接线桩连接的方法

常见的接线桩有螺钉平压式、针孔式和瓦形三种接线桩。由于各种接线桩及与之连接的线头结构差别很大，因此连接的作业方法也各不相同。

(1) 线头与螺钉平压式接线桩的连接方法，如图 1.32 所示。

① 单股芯线(包括铝芯线) 与螺钉平压式接线桩连接时，应将线头弯制出连接圈(俗称羊眼圈) 后方可进行连接，如图 1.32(a) 所示。连接时，连接圈弯制方向必须与螺钉旋紧方向一致，如图 1.32(b) 所示，为保证线头与接线桩有足够的接触面积、日久不会松动或脱落，连接圈必须弯制成圆形。

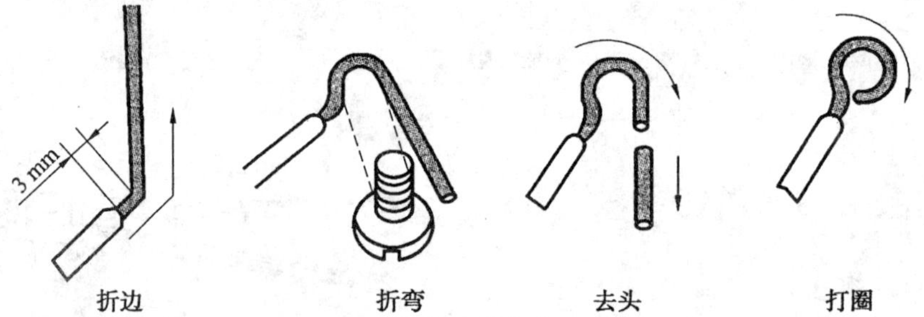

(a) 压接圈弯制方法

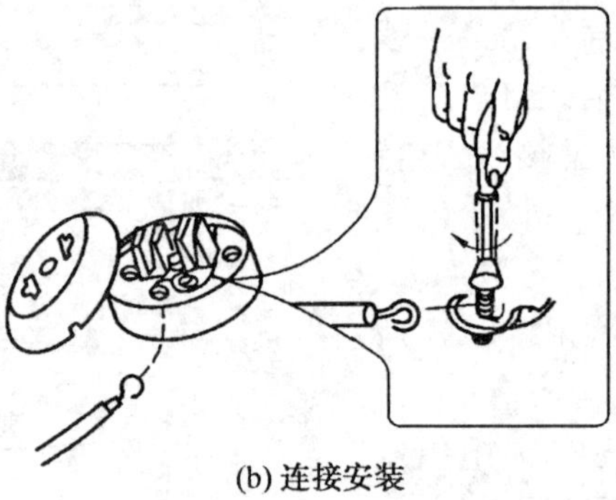

(b) 连接安装

图 1.32 线头与螺钉平压式接线桩的连接方法

图 1.33 所示为八种不规范的压接圈。

② 多股芯线与螺钉平压式接线桩连接方法，视导线的股数、截面积大小、线芯材质及芯线软硬程度而定，多股芯线必须拧紧。多股线线头压接圈弯制方法如图 1.34 所示。

a. 图 1.34(a) 所示是线芯截面积为 6 mm^2 及以下的多股铜芯软线与平压式接线桩的连接方法。

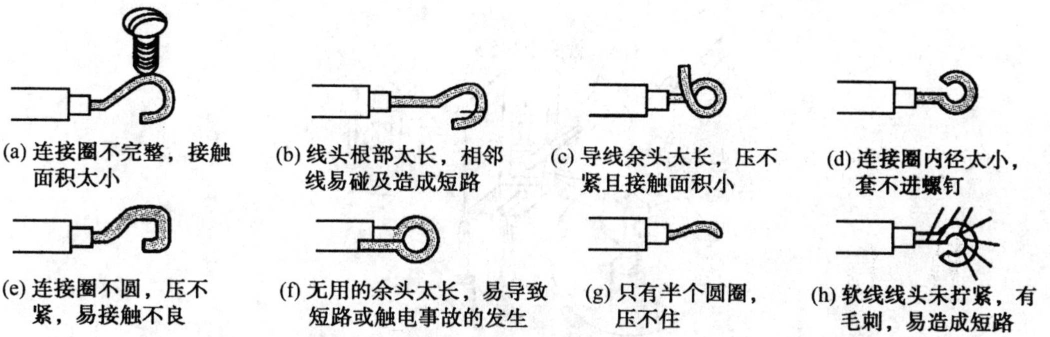

图 1.33　不规范的压接圈

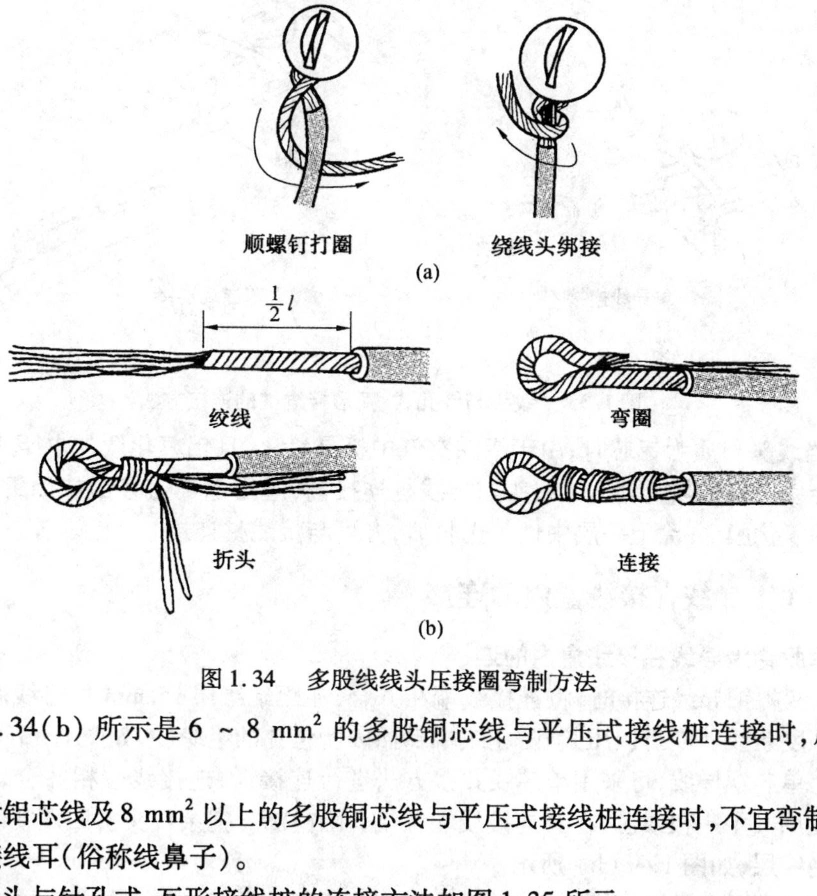

图 1.34　多股线线头压接圈弯制方法

b. 图 1.34(b) 所示是 6 ~ 8 mm^2 的多股铜芯线与平压式接线桩连接时,压接圈的做法。

c. 多股铝芯线及 8 mm^2 以上的多股铜芯线与平压式接线桩连接时,不宜弯制压接圈,而应加装接线耳(俗称线鼻子)。

(2) 线头与针孔式、瓦形接线桩的连接方法如图 1.35 所示。

具体操作应掌握以下要点:

① 与针孔式接线桩连接时,线芯直径小于针孔的,将线头折成双股插入针孔内,也可在线头上并排绕一层导线,然后插入针孔。多股线头直径大于针孔的,可剪断几股,绞紧后插入针孔。

② 与瓦形接线桩连接时,将线头弯成略大于瓦形垫圈螺钉直径的“U”形,螺钉穿过“U”形孔位后压紧连接。双线连接应注意叠放位置。

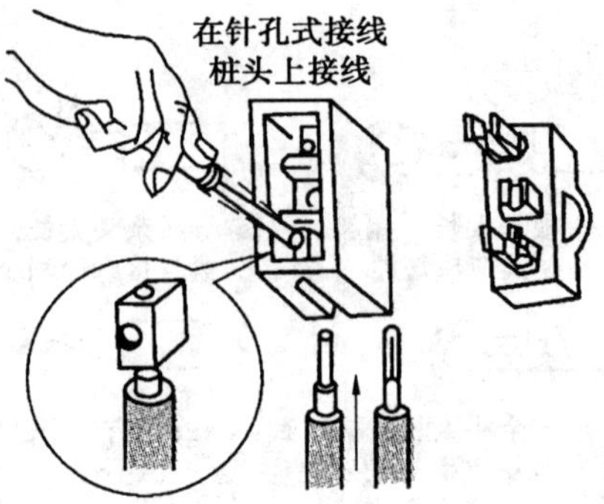

(a)

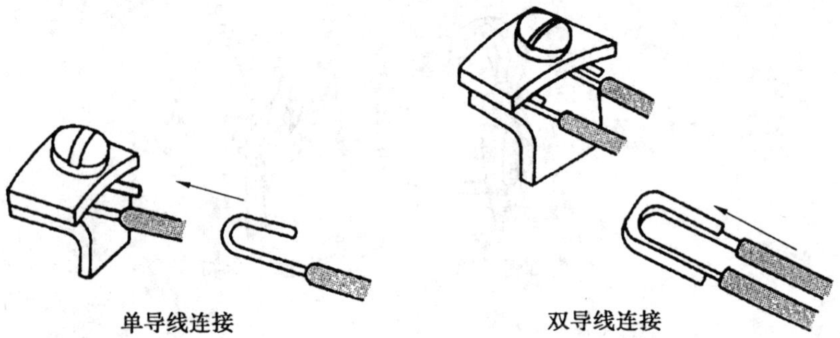

(b)

图 1.35　线头与针孔式、瓦形接线桩的连接方法

③ 当线头材质为铝芯时，由于铝在空气中极易氧化，且铝氧化膜的电阻率较高，带电运行时会使接点过热，因此，铝线头与接线桩连接前，应用电工刀轻刮或用钢丝刷除去铝线表面的氧化膜，并涂上一层中性凡士林后，方可与接线桩连接。

1.5.4　导线在接线盒内的连接

1. 单股绝缘导线在接线盒内的连接

(1) 两根铜导线连接时，将连接线端相并合，在距绝缘层 15 mm 处将线芯捻绞 2 圈，留适当长度余线剪断折回压紧，防止线端部插破所包扎的绝缘层，如图 1.36(a) 所示。三根及以上单芯铜导线，可采用单芯线并接方法进行连接，将连接线端相并合，在距绝缘层 15 mm 处用其中一根线芯，在其连接线端缠绕 5 圈剪断。把余线头折回压在缠绕线上，并应包扎绝缘层，如图 1.36(b) 所示。

(2) 对不同直径铜导线接头，如软导线与单股粗线连接，应首先进行挂锡处理；然后将软导线端部在单股粗线上距离绝缘层 15 mm 处交叉，向粗线端缠绕 7 ~ 8 圈，最后将粗线端头折回，压在软导线上，如图 1.36(c) 所示。

(3) 两根铝导线剥削绝缘层一般为 30 mm，将导线表面清理干净，根据导线截面积和连接根数，选用合适的端头压接管，把线芯插入适合线径的铝管内，用端头压接钳将铝管、线芯压实两处，如图 1.36(d) 所示。单股铝导线端头除用压接管并头连接外，还可采用锡焊的方法将导线并头连接。单股铝导线端头熔焊时，其连接长度应根据该导线截面积大

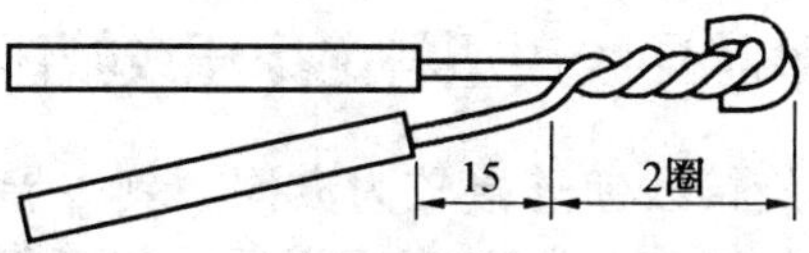

(a) 单芯两根铜导线并接头

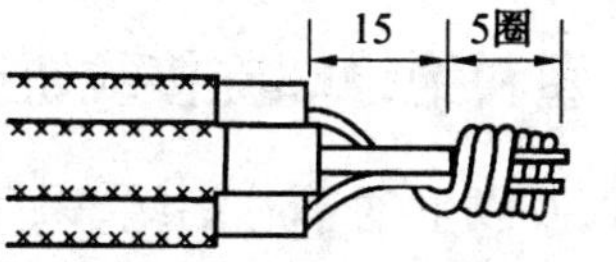

(b) 单芯三根及以上铜导线并接头

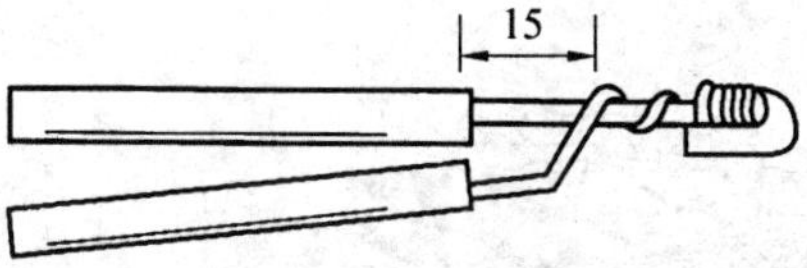

(c) 单芯不同线径铜导线并接头

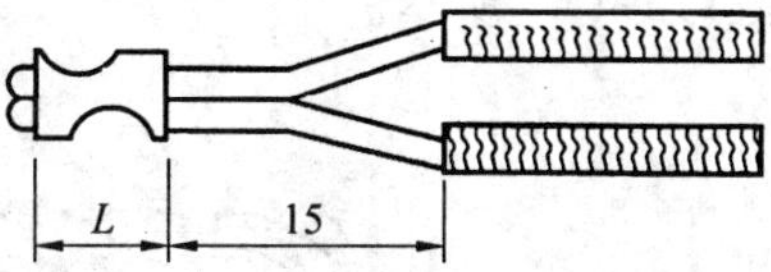

(d) 单股铝导线并头管压线

图 1.36　单股绝缘导线在接线盒内的连接

小确定。

2. 多股绝缘绞线在接线盒内的连接

(1) 铜绞线并接时,将绞线破开顺直并合拢,用多芯导线分支连接缠卷法弯制绑线,在合拢线上缠卷。其缠卷长度(L 尺寸) 应为双根导线直径的5倍,如图1.37(a) 所示。

(2) 气焊是多股铝导线在接线盒内并头连接时采用的方法,如图1.37(b) 所示。焊接前,应在靠近导线绝缘层部分缠以浸过水的石棉绳,以避免焊接时烧坏绝缘层。焊接时加热焊点,待熔化时加入铝焊粉(焊药),借助焊粉的填充和搅动,使端面的金属线芯熔合并连接起来,接头焊好后,要趁热用棉纱蘸水清除残渣和焊粉,防止残留的焊粉对铝本身产生腐蚀作用。

3. 盒内分支电线的连接

在接线过程中,导线需要分支时,应在器具中、盒内连接,其方法可利用盒内导线分支或开关和吊线盒及其他电器中的接线桩头分支,如图1.38 所示。导线利用接线桩头分支,其导线分支不宜过多,导线直径也不宜太大,且分支(路) 电流应与总电流相匹配(导体载流量)。

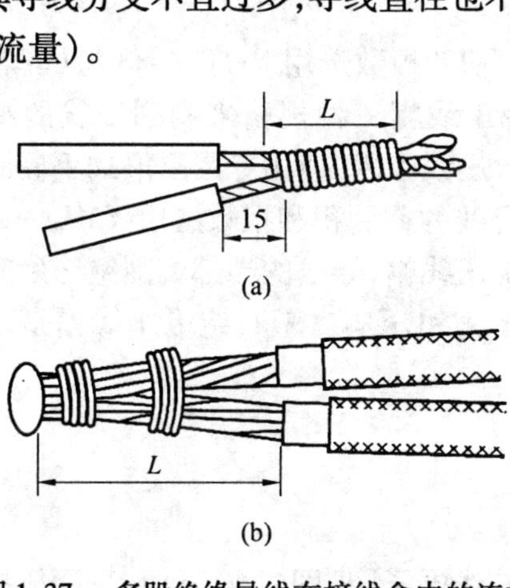

图 1.37　多股绝缘导线在接线盒内的连接

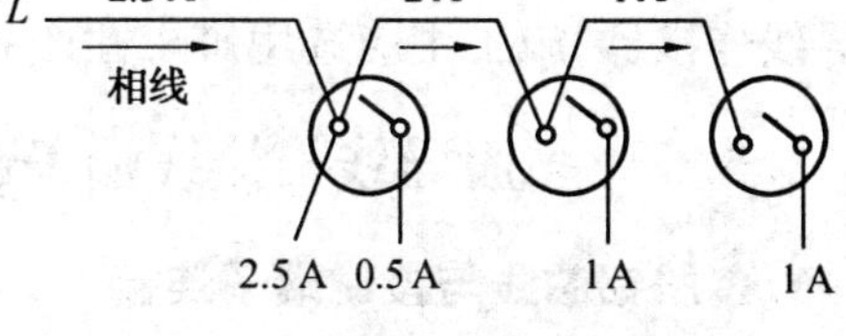

图 1.38　盒内分支电线的连接

1.5.5 塑料绝缘螺旋接线钮连接和单芯导线用塑料绝缘压线帽压接

(1)6 mm^2 及以下的单芯铝线，采用塑料螺旋接线钮连接较为方便。剥去导线绝缘后，将连接线芯并齐捻绞，保留线芯的15 mm左右剪去前端，然后根据导线截面积选用相应型号(1,2,3号)的接线钮，顺时针方向旋紧，要把导线绝缘部分拧入接线钮的导线空腔内，如图1.39(a)所示。

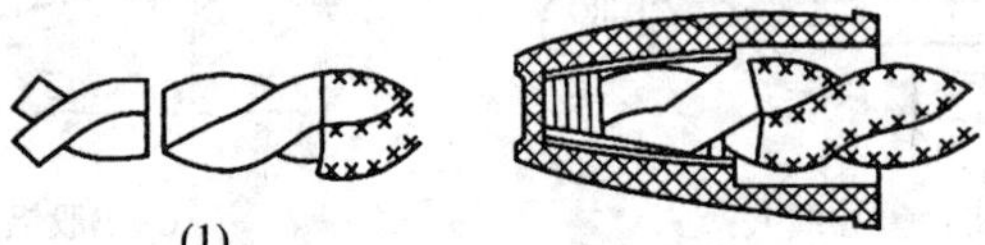

(1)　(2)

(a) 塑料绝缘螺旋接线钮连接

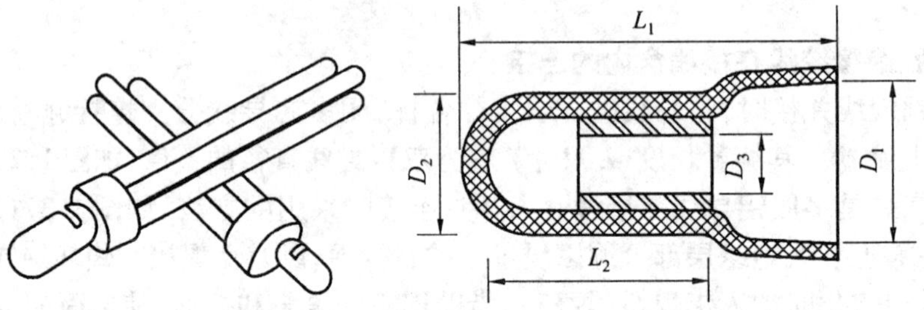

(1)　(2)

(b) 单芯导线用塑料绝缘压线帽压接

图1.39　塑料绝缘螺旋接线钮连接和单芯导线用塑料绝缘压线帽压接

(2)单芯导线采用塑料绝缘压线帽，是将导线连接套管(铜芯线用镀银紫铜管，铝芯线用铝合金套管)和绝缘包缠复合为一体的接线器件，外壳用尼龙注塑成形，如图1.39(b)所示。

1～4 mm^2 铜导线的连接，可根据导线的截面积和根数选用YMT1～3型(套管材质为镀银紫铜管)塑料绝缘压线帽。根据塑料绝缘压线帽三种规格来剥削导线的端部绝缘，分别露出线芯长度13 mm,15 mm,18 mm，插入压线帽内，使用专用阻尼式手握压力钳压实。2.5 mm^2 和4 mm^2 铝导线的连接，可根据导线的截面积和根数选用YML－1型和YML－2型(套管材质为铝合金套管)的塑料绝缘压线帽，导线的端部剥削绝缘后露出长18 mm线芯，插入压线帽内使用专用阻尼式手握压力钳压实。塑料绝缘压线帽是一种新型导线连接器，施工中应选用难燃性产品。

1.5.6 多股导线与接线端子连接

1. 多股铝芯线与接线端子连接

可根据导线截面积选用相应规格的DL系列接线端子[见图1.40(a)]，采用压接方法进行连接。剥削导线端头绝缘长度为接线端子内孔的深度加上5 mm，除去接线端子内壁和导线截面积的氧化膜，涂以中性凡士林油墨膏，将线芯插入接线端子内进行压接。开始在接线端子处靠近导线绝缘压接一个坑,后压另一个坑,压接深度以上、下模接触为宜,如图 1.40(b) 所示。

多股铝导线与铜导体连接,常采用DTL系列铜铝接线端子[见图1.40(c)],铝芯导线采用冷压连接方法压接。

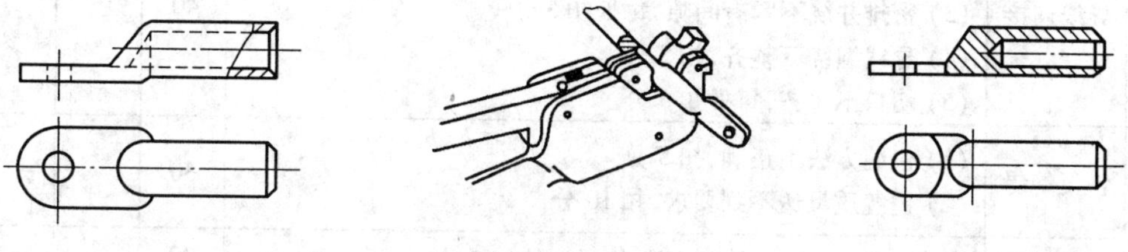

(a)　(b)　(c)

图 1.40　接线端子及压接

2. 2.5 mm² 以上的多股铜芯线与端子连接

可根据导线截面积选用相应规格的 DT 系列铜接线端子,外形结构如图 1.40(a) 所示。将铜导线端头和铜接线端子内表面涂上焊锡膏,放入熔化好的焊锡锅内挂满焊锡,将导线插入端子孔内,冷却即可。面对截面积较大的多股铜芯线与接线端子相连,可采用压接的方法进行连接。对一般用电场所,可在接线端子处压一个坑;对电流较大、承受拉力要求高的场所,可在接线端子处压两个坑。其压接顺序为先在端子的导线侧压一个坑,再在端子侧压一个坑。

技能训练　电工基本操作

一、训练目的

(1) 了解各种导线的特点,掌握各种导线的连接方法。

(2) 掌握万用表、兆欧表的使用方法。

二、实训内容

(1) 铜芯导线的连接。

(2) 导线与接线桩的连接。

(3) 多股导线与接线端子连接。

(4) 用万用表测连接导线通断。

(5) 用兆欧表测连接导线绝缘电阻。

三、实训器材

电工工具一套; 万用表、兆欧表各一块; 连接导线若干根。

四、考核配分及评分标准

考核配分及评分标准见表 1.4。

表 1.4　考核配分及评分标准

序号	项目内容	评分标准	配分	扣分	得分
1	导线连接	(1) 剖削绝缘导线方法不正确,扣 5 分 (2) 缠绕方法不正确,扣 5 分 (3) 密排并绕不紧有间隙,每处扣 5 分 (4) 导线缠绕不整齐,扣 5 分 (5) 切口不整齐,每处扣 5 分	40		
2	恢复绝缘	(1) 包缠方法不正确,扣 5 分 (2) 包缠质量达不到要求,扣 10 分	30		
3	测量过程	测量过程中,操作步骤错误,每错 1 处扣 5 分	20		
4	安全生产	违反安全生产规程,扣 10 分	10		
5	工时( )	不准超时			
合计			100		

第 2 章

常用低压电器

低压电器是电气控制系统中的基本组成元件，控制系统的优劣与所用的低压电器直接相关。电气技术人员只有掌握低压电器的基本知识和常用低压电器的结构和工作原理，并能准确选用、检测和调整常用低压电气元件，才能够分析设备电气控制系统的工作原理，处理一般故障。

2.1 控制按钮

控制按钮是一种主令电器，主要用于 50 Hz 交流电压为 380 V、直流电压 440 V 及以下、额定电流不超过 5 A 的控制电路中。一般情况下，按钮不直接操纵主电路的通断，而是在控制电路中发出"指令"，去控制接触器、继电器等自动电器，再由它们去控制主电路。

2.1.1 控制按钮的用途和结构

一般控制按钮是由一对常开触点、一对常闭触点及带有公用的桥式动触点组成。当按下按钮时，常闭触点先断开，常开触点后接通；当松开按钮时，靠复位弹簧的作用复归原始位置。控制按钮外形、控制按钮结构与图形符号如图 2.1、图 2.2 所示。

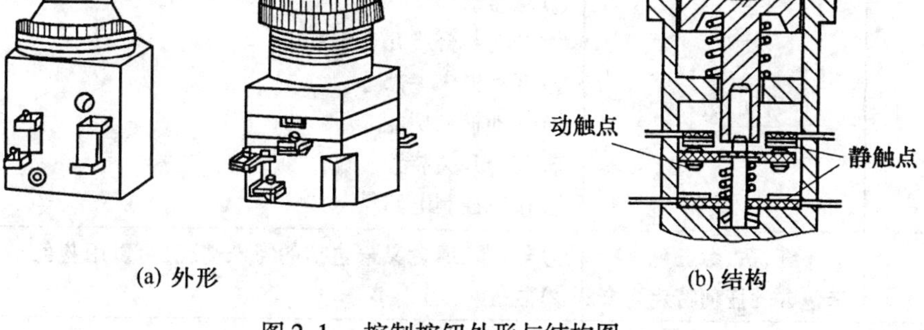

(a) 外形　　(b) 结构

图 2.1　控制按钮外形与结构图

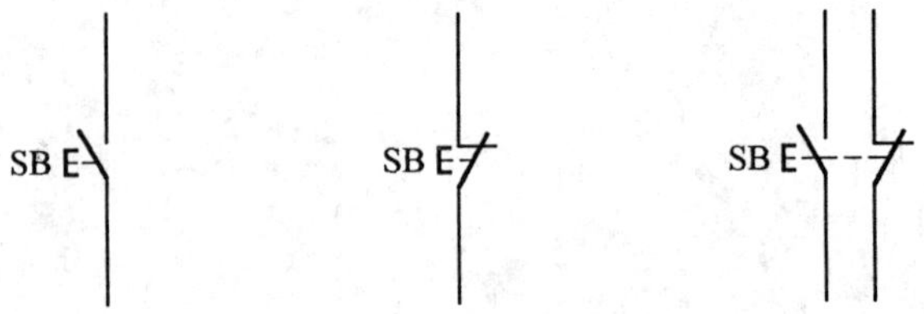

图 2.2　按钮开关图形符号

2.1.2　控制按钮的选用

选用按钮应根据它的作用,从触点数、颜色和形状等方面综合考虑。常见按钮有 LA 系列和 LAY1 系列。LA 系列按钮的额定电压为交流 500 V、直流 440 V,额定电流为5 A;LAY1 系列按钮的额定电压为交流 380 V、直流 220 V,额定电流为 5 A。选用的按钮额定电压、电流值应大于工作电压、电流值。为防止误操作,按钮应采用不同颜色用以识别不同用途。国标 GB 2682—1981 对按钮采用的色标有明确规定,分为绿、红、黄、蓝、黑、白、灰,其中颜色标记、含义见表 2.1。

表 2.1　按钮颜色及其含义

颜色	颜色含义	典型应用
红	急情出现时动作	急停
红	停止或断开	① 总停 ② 停止一台或几台电动机 ③ 停止机床的一部分 ④ 停止循环 ⑤ 断开开关装置 ⑥ 兼有停止作用的复位
黄	干预	排除反常情况或避免不希望的变化,当循环尚未完成时,把机床部分返回到起始点,按压黄色按钮,可以超越预选的其他功能
绿	启动或接通	① 总启动 ② 开动一台或几台电动机 ③ 开动机床一部分 ④ 开动辅助功能 ⑤ 闭合开关装置 ⑥ 接通控制电路
蓝	红、黄、绿三色 未包含的任何特定含义	① 红、黄、绿含义未包括的特殊情况,可以用蓝色 ② 复位
黑、灰、白	无专门指定功能	除专用“停止” 功能按钮外,可用于任何功能,如黑色为点动,白色为控制与工作循环无直接关系的辅助功能

按钮在出厂时，在其上印有型号，含义如图2.3所示。

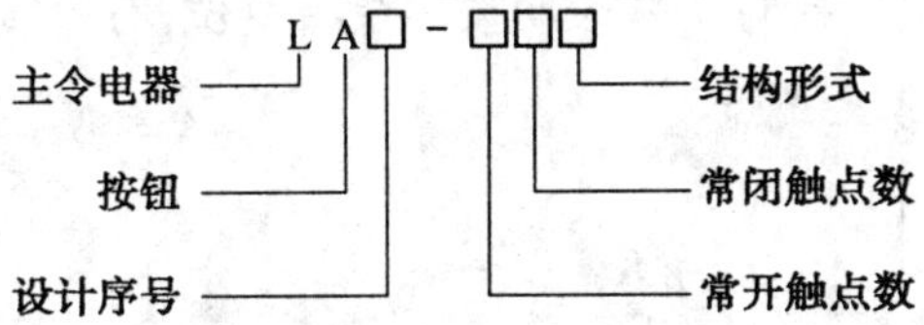

图2.3　按钮开关的型号、含义

不同结构形式的按钮，分别用不同的字母表示，如：K—开启式；S—防水式；H—保护式；F—防腐式；J—紧急式；X—旋钮式；Y—钥匙式；D—带指示灯式；DJ—紧急式带指示灯式。

按钮安装时要根据控制要求，合理布局，整齐排列。根据控制对象的起停，工作的先后顺序，从上到下或从左到右依次排列。如果控制对象有几种工作状况，如上、下，前、后，左、右，松、紧等，应使每一组相反状态的按钮相邻安装。

2.1.3　按钮使用前的检测

按钮使用前的检测步骤如下：

(1) 将万用表拨至 R × 100 电阻挡。

(2) 测量按钮常闭触点1号接线端子与2号接线端子电阻，如图2.4所示。阻值接近于零为正常，阻值无限大表明按钮常闭触点断路。

(3) 测量按钮常闭触点1号接线端子与常开触点3号接线端子电阻，如图2.5所示。阻值无限大为正常，阻值接近于零表明按钮1号与3号接线端子短路。

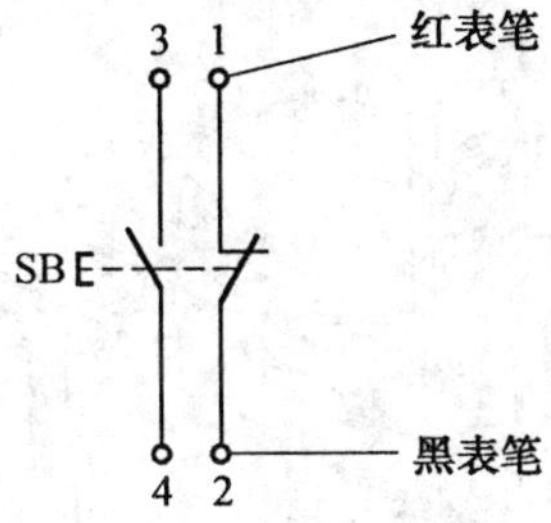

图2.4　按钮使用前的检测步骤(2)

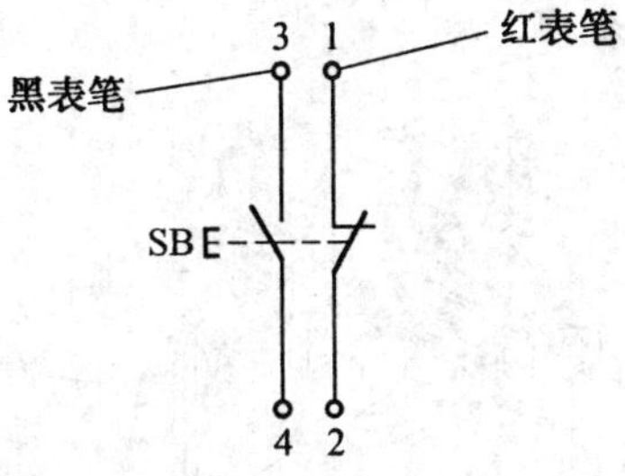

图2.5　按钮使用前的检测步骤(3)

(4) 按下按钮帽到底部，测量常开触点3号接线端子与4号接线端子电阻，如图2.6所示。阻值接近于零为正常，阻值无限大表明按钮常开触点断路。

(5) 按下按钮帽到底部，测量常开触点4号接线端子与常闭触点2号接线端子电阻，如图2.7所示。阻值无限大为正常，阻值接近于零表明按钮常开触点与2号接线端子短路。

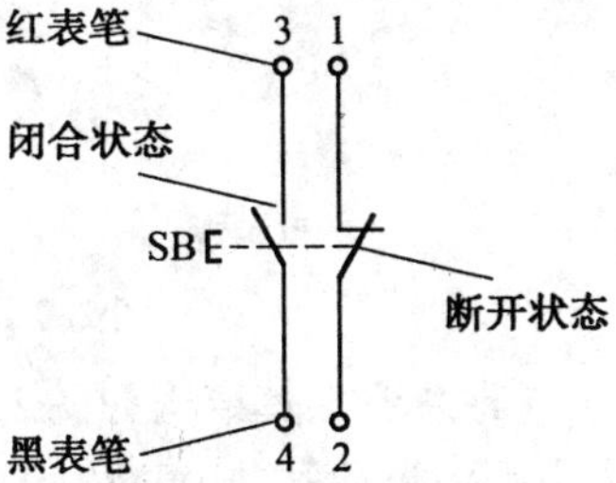

图2.6　按钮使用前的检测步骤(4)

(6) 松开按钮,测量按钮常开触点 3 号接线端子与 4 号接线端子电阻,如图 2.8 所示。阻值无限大为正常;阻值接近于零表明按钮没有复位,有短接故障。

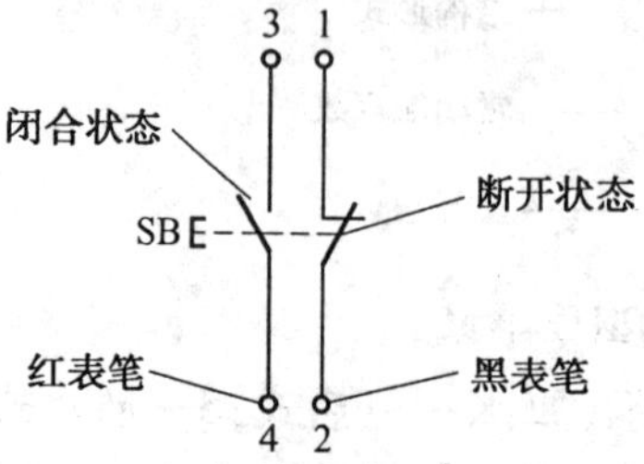

图 2.7　按钮使用前的检测步骤(5)

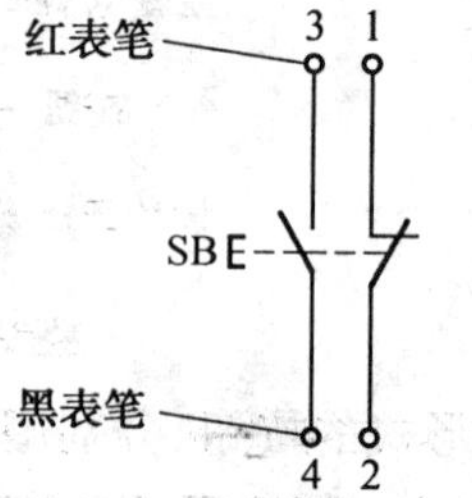

图 2.8　按钮使用前的检测步骤(6)

2.2　交流接触器

接触器是一种自动控制电器,它可以用来频繁地远距离接通或断开交、直流电路及大容量控制电路。它具有一定的过载能力和欠压释放保护、零压保护功能,但却不能切断短路电流,也不具备过载保护能力。它主要是用作电力拖动与控制系统中的执行电器。

2.2.1　接触器的结构和工作原理

1. 交流接触器结构

交流接触器由电磁机构、触点系统和灭弧装置组成,其结构与工作原理如图 2.9 所示。

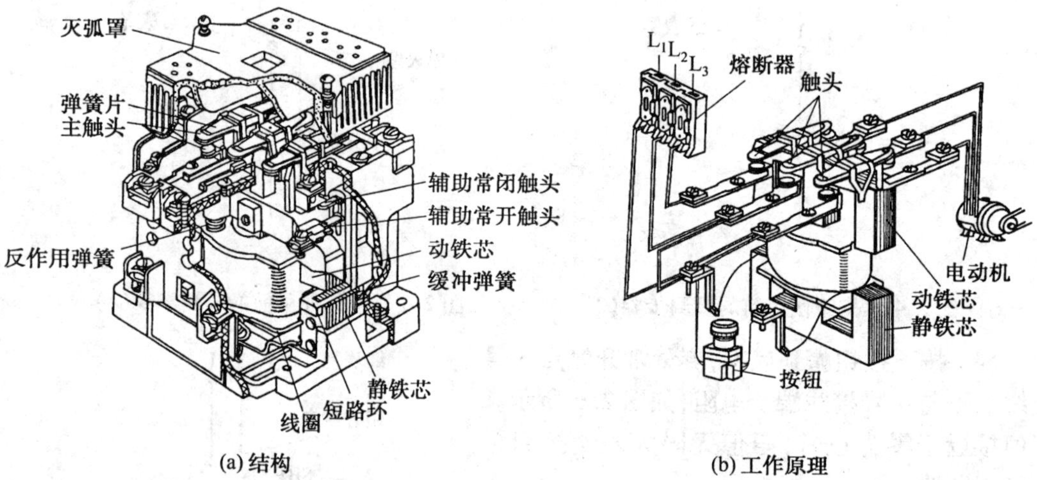

图 2.9　交流接触器结构与工作原理图

(1) 电磁系统。其结构如图2.10所示。交流接触器的铁芯和衔铁由E形硅钢片叠压而成,防止因涡流而过热,铁芯上还装有短路环防止震动和噪声。短路铜环相当于变压器的一个副绕组,当电磁线圈中通入交流电流时,线圈电流产生磁通 Φ_1,短路环中产生感应电流形成磁通 Φ_2,由于线圈电流与短路环中产生感应电流的相位不同,故 Φ_1 与 Φ_2 的相位也不同，即 Φ_1 与 Φ_2 不同时为零。这样，在磁通 Φ_1 过零时，Φ_2 不为零而产生吸力，使衔铁始终被铁芯吸附。

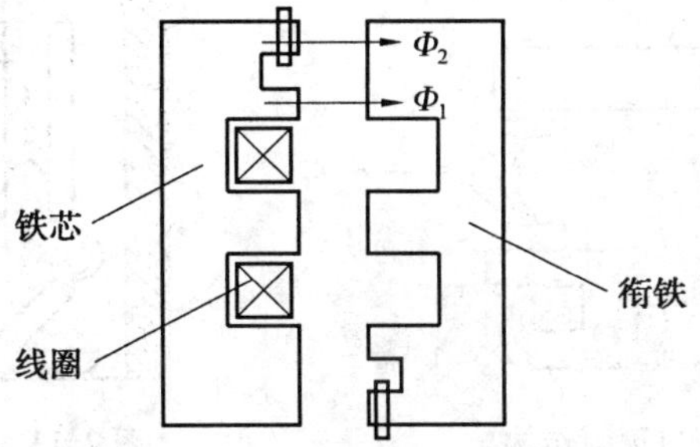

图 2.10　交流电磁铁

(2) 触头系统。接触器的触点分为主触点和辅助触点两种，主触点通常有三对，用于通断主电路，辅助触点又分为常开辅助触点和常闭辅助触点，用在控制电路中起电气自锁和互锁作用。根据触头形状的不同，分为桥式触头和指形触头，其形状分别如图 2.11(a)，2.11(b) 所示。

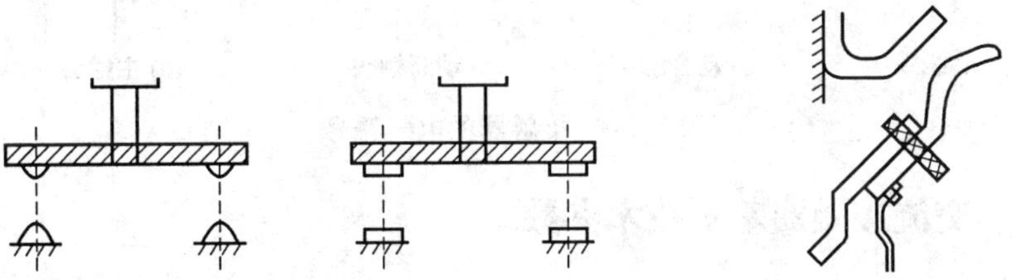

(a) 桥式触头　　(b) 指形触头

图 2.11　接触器的触头结构

(3) 灭弧装置。交流接触器在分断大电流或高电压时，其动、静触头间的元件在强电场作用下产生放电，形成电弧。常用的灭弧方法有下面几种：

① 双断口灭弧。将整个电弧分成两段，利用电弧本身的电磁力把电弧拉长，电弧热量在拉长的过程中散发冷却，电动力将电弧迅速熄灭。它适用于桥式触头，其原理如图 2.12 所示。

② 栅片灭弧。其结构及原理如图 2.13 所示，主要由灭弧栅和灭弧罩组成。灭弧栅片由薄铁片制成，各片之间相互绝缘。当动触点与静触点分开时，触点间气体在强电场的作用下产生放电，从而形成电弧，电弧的周围产生磁场。由于薄铁片的磁阻比空气小得多，因此电弧上部的磁通容易通过栅片而形成闭合磁路，电弧上部的磁通非常稀疏，而电弧下部的磁通非常稠密，这种上疏下密的磁通产生向上运动的力，把电弧拉到灭弧栅片中去，栅片的电弧电压低于燃弧电压，同时栅片将电弧的热量散发，促使电弧熄灭。

2. 交流接触器工作原理

交流接触器的电磁线圈流过电流时，线圈电流产生磁场，使静铁芯产生足以克服弹簧反作用力的吸力，将动铁芯向下吸合，使常开主触头和常开辅助触头闭合，常闭辅助触头断开。主触头将主电路接通，辅助触头则接通或分断与之相连的控制电路。当接触器断电时，静铁芯吸力消失，动铁芯在反作用弹簧力的作用下复位，各触头随之复位。

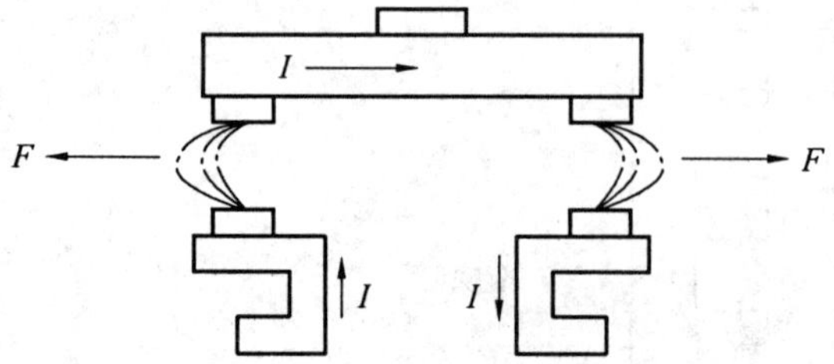

图 2.12　双断口灭弧结构

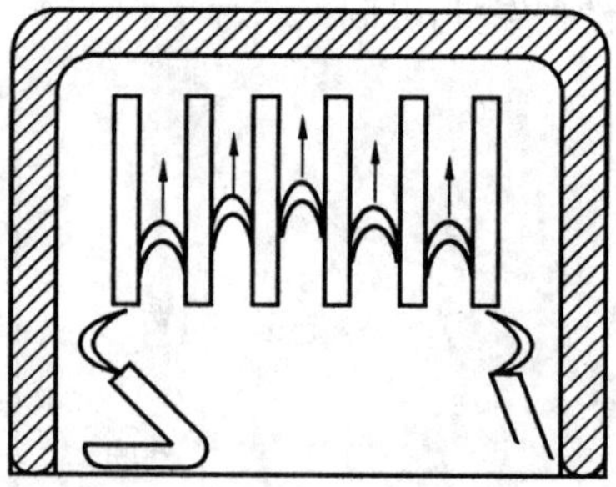

图 2.13　栅片灭弧结构及原理

接触器的电气符号如图 2.14 所示。

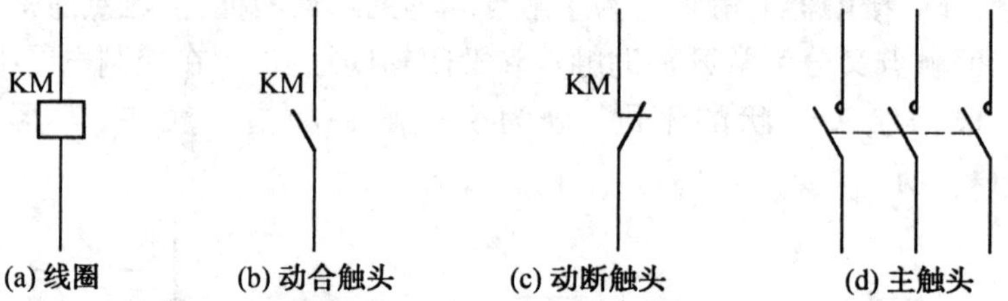

图 2.14　接触器的电气符号

2.2.2　交流接触器基本技术参数

1. 额定电压

交流接触器的额定电压是指主触头上的额定电压。其电压等级为:220 V,380 V,500 V。

2. 额定电流

交流接触器的额定电流是指主触头的额定电流。其电流等级为:10 A,15 A,25 A,40 A,60 A,150 A,250 A,400 A,600 A,最高可达 2 500 A。

3. 线圈的额定电压

线圈的额定电压等级为:36 V,110 V,127 V,220 V,380 V。

4. 额定操作频率

额定操作频率是指每小时通断次数。交流接触器可高达 6 000 次/h。电气寿命可达 500 ~ 1 000 万次。

2.2.3　交流接触器的选用

1. 主触头额定电流的选择

接触器的额定电流应大于或等于被控回路的额定电流。对于电动机负载可根据下列经验公式计算:

$$I_{NC} \geqslant P_{NM}/(1 \sim 1.4)U_{NM}$$

式中　I_{NC}——接触器主触头额定电流,A;

P_{NM}—— 电动机的额定功率,W;

U_{NM}—— 电动机的额定电压,V。

若接触器控制的电动机启动、制动或正反转频繁,一般将接触器主触头的额定电流降一级使用。

2. 额定电压的选择

接触器主触头的额定电压应大于或等于负载回路的电压。

3. 线圈额定电压的选择

线圈额定电压不一定等于主触头的额定电压,当线路简单、使用电器少时,可直接选用380 V或220 V的电压,若线路复杂,可选用24 V,48 V或110 V电压。线圈允许在额定电压的80% ~ 105% 范围内使用。

4. 接触器的触头数量、种类选择

接触器触头数量和种类应满足主电路和控制电路的要求。各种类型的接触器触点数目不同。交流接触器的主触点有三对常开触点,一般有四对辅助触点(两对常开,两对常闭),最多可达六对触点(三对常开,三对常闭)。接触器的型号如图 2.15 所示。

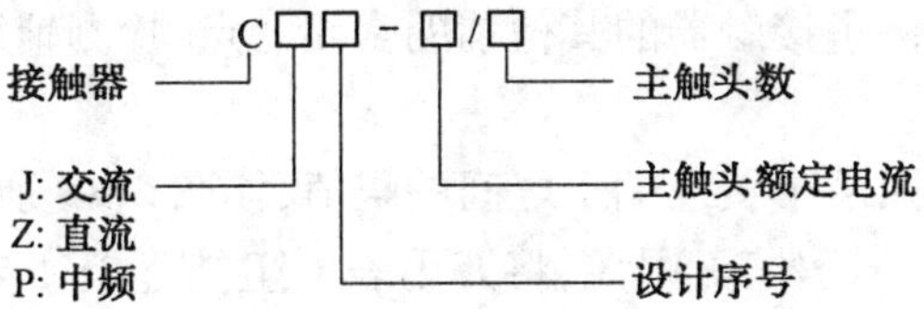

图 2.15　接触器型号

接触器必须竖直安装在配电板、电器梁架上,其外部应横平竖直,安装螺栓不得少于三根且应稳固,与其他元件左右方向相隔不得小于50 mm,上下相隔距离应视接线方便而定,但不得小于100 mm。安装中使用的螺栓应有平垫和弹簧垫。

2.2.4　接触器使用前的检测

接触器使用前的检测步骤(以三极接触器为例)如下:

(1) 将万用表拨至 R × 1 电阻挡,用红、黑表笔测量。

(2) 在接触器没有接线的情况下,测量接触器 1 号接线端子与 2 号接线端子阻值,如图 2.16 所示。若测得阻值无限大表明正常;阻值接近于零表明该极主触点有未断开故障,应修理或更换。

(3) 用同样的方法测量接触器3号接线端子与4号接线端子和5号接线端子与6号接线端子的阻值。检测其他两极是否正常,有无故障,参考图 2.16 测量方法。

(4) 测量接触器辅助触点一个常开触点两接线端子之间的阻值,如图 2.17 所示。若测得阻值无限大表明正常;测得阻值接近于零表明该辅助触点常开触点有未断开故障,应予以修理或更换。

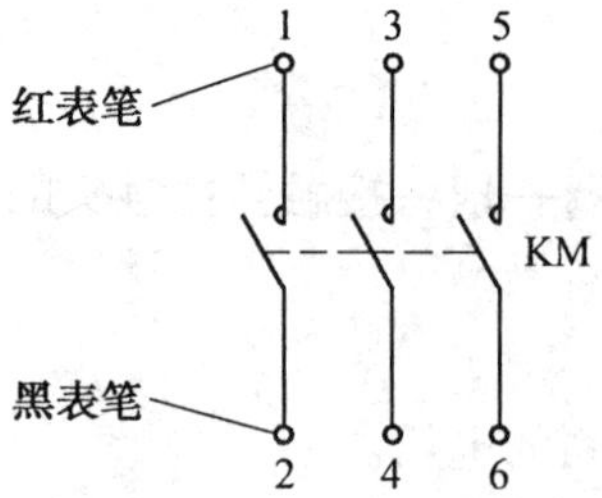

图 2.16　使用前接触器 KM 主触点的检测

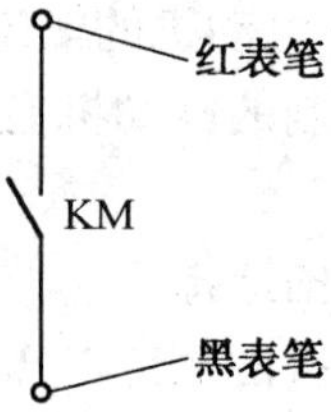

图 2.17　使用前接触器 KM 辅助触点中的常开触点的检测

(5) 用同样的方法测量接触器的其他辅助常开触点,检测辅助常开触点是否正常,参考图 2.17 测量方法。

(6) 测量接触器辅助触点一个常闭触点两接线端之间的阻值,如图 2.18 所示。若测得阻值接近于零表明正常;阻值无限大表明辅助常闭触点未接通,有断路或接触不良故障。

(7) 用同样的方法测量接触器的其他辅助常闭触点,检测辅助常闭触点是否正常,参考图 2.18 测量方法。

(8) 测量接触器线圈两个接线端子之间的阻值,如图 2.19 所示。若测得阻值接近于零表明线圈有短路故障;若阻值无限大,将万用表电阻挡逐挡往高调,每调整一次挡位测量一次阻值,直到 R × 1k 挡,阻值仍无限大表明线圈断路。

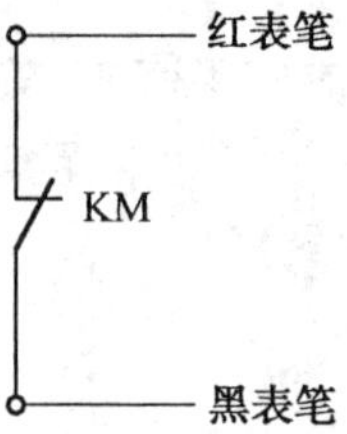

图 2.18　使用前接触器 KM 辅助触点中的常闭触点的检测

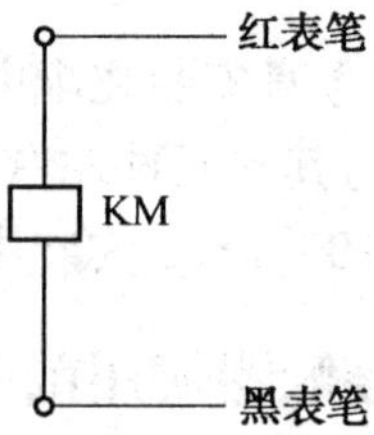

图 2.19　使用前接触器 KM 线圈的检测

(9) 将接触器线圈接通额定电压,使接触器吸合,如图 2.20 所示。在吸合状态下,将万用表拨至 R × 1 挡,用红、黑表笔测量触点阻值。

(10) 分别测量接触器主触点,1 号与 2 号、3 号与 4 号、5 号与 6 号接线端子阻值,如图 2.21 所示。若测得阻值均接近于零表明正常;若测得某极阻值无限大表明该极主触点有断路或接触不良现象;若测得阻值均无限大表明接触器损坏。

(11) 测量辅助触点一个常开触点两接线端子之间的阻值,如图 2.22 所示。若测得阻值接近于零表明正常;阻值无限大表明该辅助触点有断路故障。

(12) 用同样的方法测量接触器其他辅助常开触点在接触器吸合后是否正常。

(13) 测量辅助触点一个常闭触点两接线端子之间的阻值,如图 2.23 所示。若测得阻值无限大表明正常;若测得阻值接近于零表明该辅助触点有未动作故障。

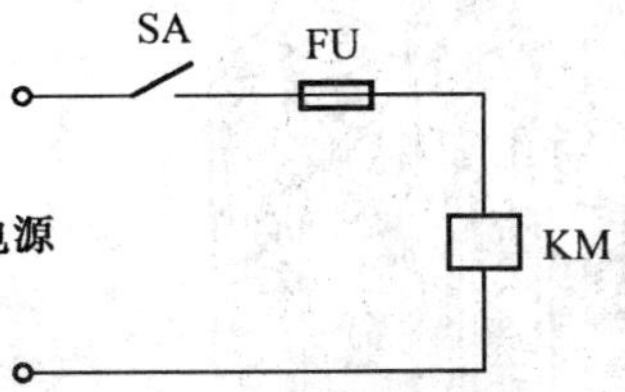

图2.20　接触器KM线圈通电试验接线

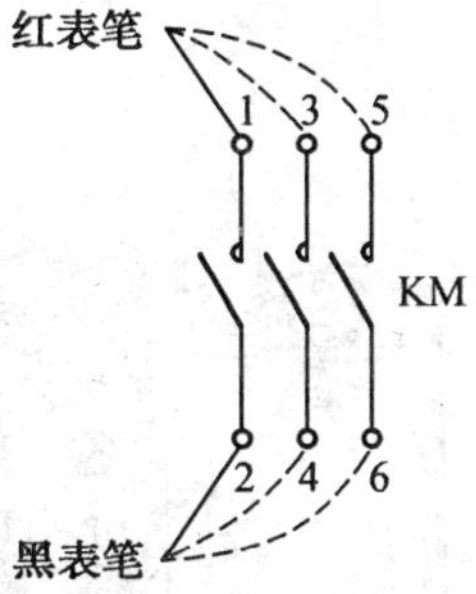

图2.21　接触器KM吸合状态下主触点的检测

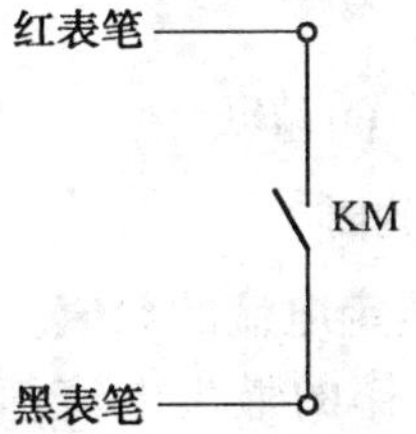

图2.22　接触器KM吸合状态下辅助触点中的常开触点的检测图

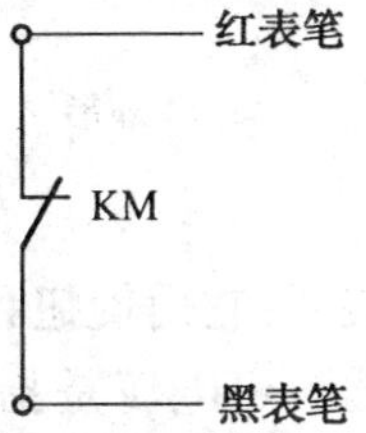

图2.23　接触器KM吸合状态下辅助触点中的常闭触点的检测

(14) 用同样的方法测量接触器其他辅助常闭触点在接触器吸合后是否正常。

(15) 断开电源，检查接触器线圈两端确无电压，拆除接触器线圈接线端子上的导线。

2.3　热继电器

热继电器是专门用来对连续运行的电动机过载及断相的保护电器，以防止电动机过热而烧毁。

2.3.1　热继电器的结构和工作原理

1. 热继电器的结构

热继电器的外形和结构如图2.24所示。它主要由热元件、触点系统、动作机构、复位按钮和电流整定装置组成。

热元件：热元件由双金属片及绕在双金属片外面的绝缘电阻丝组成。双金属片由两种膨胀系数不同的金属片复合而成。当电流通过热元件时，热元件温度升高，使双金属片受热弯曲。

触点系统：触点系统一般有一组切换触点，可形成一对动合触点和一对动断触点。

动作机构：动作机构由导板、补偿双金属片、推杆、杠杆及拉簧等组成。

复位按钮：热继电器动作后的复位有手动复位和自动复位两种。手动复位的功能由复位按钮来完成，自动复位功能由双金属片冷却自动完成。

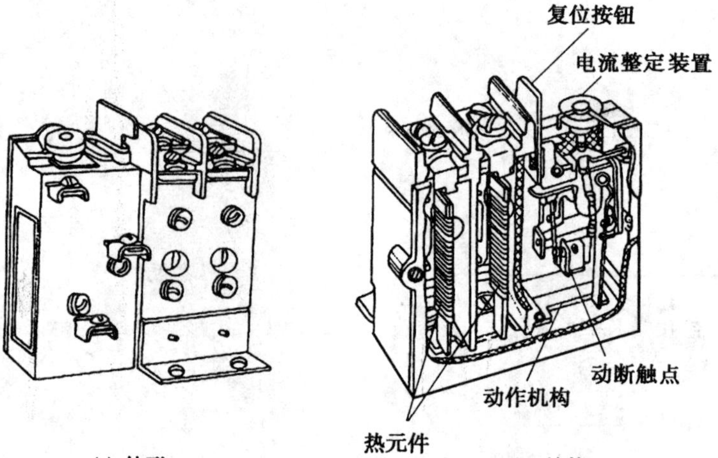

(a) 外形　　(b) 结构

图 2.24　热继电器外形与结构图

电流整定装置:它由旋钮和偏心轮组成,用来调节整定电流的数值。

热继电器的整定电流是指热继电器长期不发生动作的最大电流值,超过此值就要动作。

热继电器有两相或三相式结构。热继电器的图形和文字符号如图 2.25 所示。

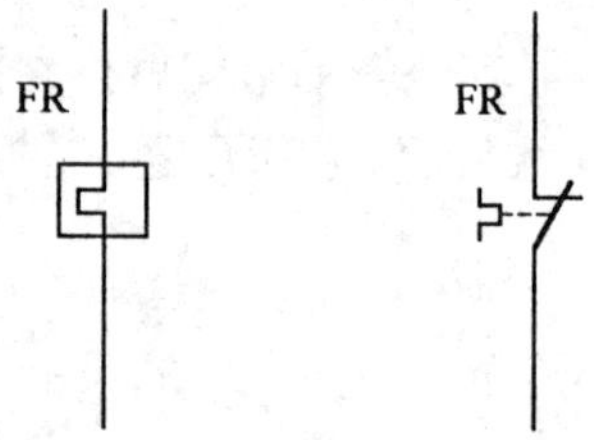

(a) 热元件　　(b) 常闭触头

图 2.25　热继电器的图形和文字符号

2. 热继电器的工作原理

热继电器的内部结构如图 2.26 所示。发热元件和双金属片与电动机主回路串联,当出现三相过载时,双金属片受热弯曲,推动导板左移,通过杠杆使动触点与常闭静触点分开,从而切断电动机控制回路,使主电路分断,达到保护电动机的目的。

2.3.2　热继电器的基本技术参数

额定电流是热继电器的主要参数,它是指热继电器中热元件的最大整定电流值。T 系列热继电器技术参数见表 2.2。

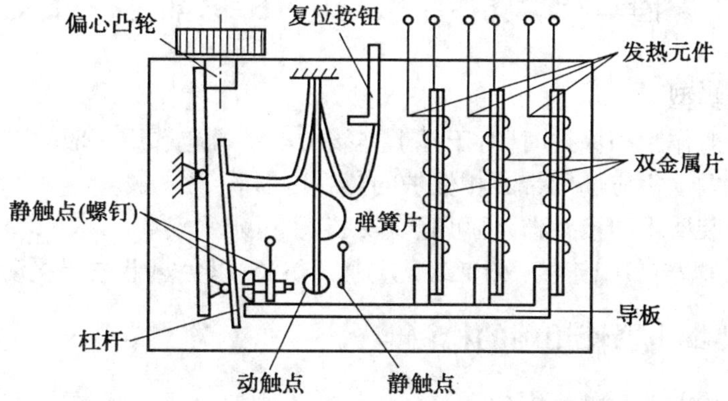

图 2.26　热继电器的内部结构示意图

表 2.2　T 系列热继电器技术参数

电压相数	型号	额定电流/A	热元件		挡数	断相保护温度补偿
			最小规格/A	最大规格/A		
三相 660 V	T16	16	0.11 ~ 0.16	12 ~ 17.6	22	均有断相保护、温度补偿 −20 ~ 50 ℃
	T25	25	0.17 ~ 0.25	26 ~ 32	22	
	TSA45	45	0.23 ~ 0.40	30 ~ 45	21	
	T85	85	6.0 ~ 10	60 ~ 100	8	
	T105	105	27 ~ 42	80 ~ 115	6	
	T170	170	90 ~ 130	140 ~ 200	3	
	T250	250	100 ~ 160	250 ~ 400	3	
	T370	370	100 ~ 160	310 ~ 500	3	

2.3.3　热继电器的选用

1. 额定电流

选用热继电器时必须了解电动机的工作环境、启动情况、负载性质、工作制及允许的过载能力。一般情况下，通常按电动机的额定电流选取，然后按此值对照热继电器的技术数据确定热元件的额定电流，最后根据热元件的额定电流确定热继电器的额定电流。

2. 启动时间

电动机的启动时间过长时，应避免热继电器在电动机启动时误动作，应增大热元件的额定电流，躲过启动时间。

3. 启动频率

当电动机启动时间不大于 2 s、启动电流倍数小于 6、通电持续率为 60%，且电动机满载工作时，热继电器用于反复短时工作的电动机，其每小时允许启动次数为 40 ~ 50 次。若每小时操作次数较高时，应选用带速饱和电流互感器的热继电器。

4. 热元件电流

为了避免热继电器通过大电流，控制电路中常将热继电器的热元件接入互感器电路中,并在启动时将热继电器的热元件短接,这种情况下,热继电器的热元件一律选用5 A。

5. 热继电器类型

当热继电器兼作断相保护时,对于星形连接的电动机应选用一般的三极热继电器,对于三角形连接的电动机应选用带断相保护的热继电器。

热继电器安装要求同接触器,但可竖直安装,也可水平安装。其靠近接触器的一端与接触器连接,另一端与负载连接,安装工况应避开热源,以免热继电器误动作。

2.3.4 热继电器使用前的检测

热继电器使用前的检测步骤如下:

(1) 将万用表拨至 R × 1 电阻挡,用红、黑表笔测量。

(2) 测量热继电器主回路1号接线端子与2号接线端子阻值,如图2.27所示。若阻值接近于零表明正常;若阻值无限大表明该极电阻丝断路,热继电器损坏,应更换。

(3) 用同样的方法测量热继电器3号与4号、5号与6号接线端子阻值,测量其他两极是否正常。

(4) 测量热继电器用于控制电路的常闭触点95号接线端子与96号接线端子阻值,如图2.28所示。若阻值接近于零为正常;若阻值无限大表明常闭触点断路,热继电器损坏,应予更换。

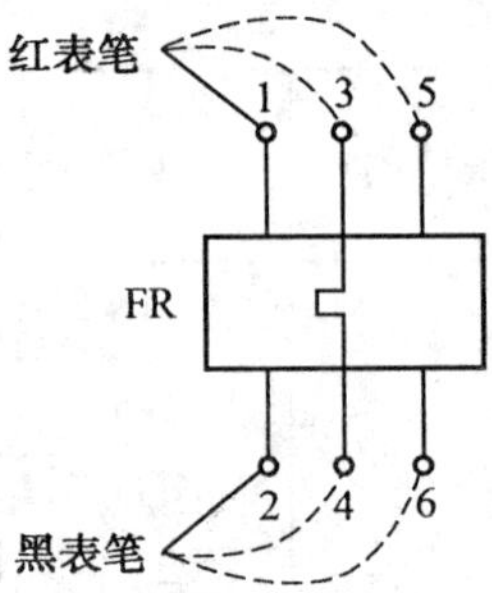

图2.27 热继电器使用前的检测步骤(2),(3)

(5) 测量热继电器常开触点95号接线端子与98号接线端子阻值,如图2.29所示。若阻值无限大为正常;若阻值接近于零表明热继电器损坏,应予更换。

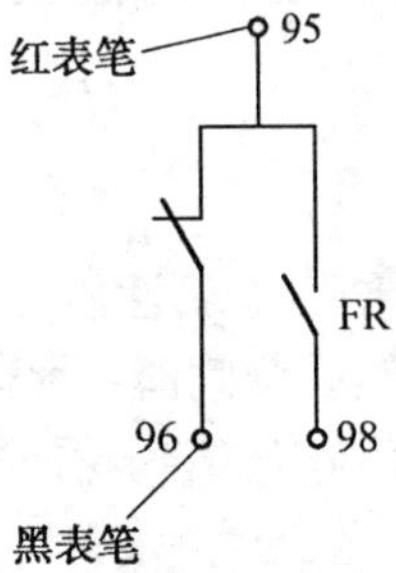

图2.28 热继电器使用前的检测步骤(4)

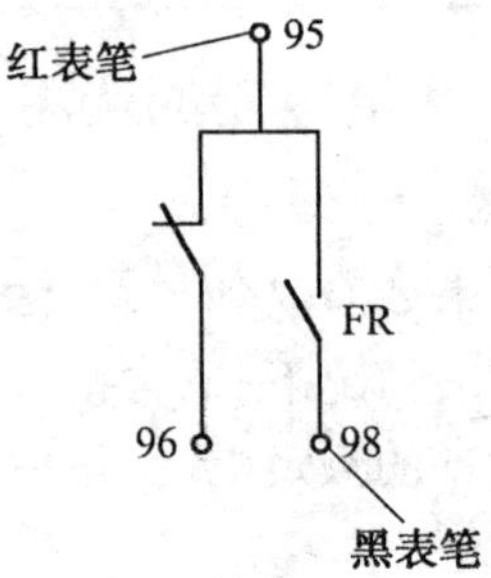

图2.29 热继电器使用前的检测步骤(5)

2.4 时间继电器

时间继电器是一种利用电磁原理或机械动作原理实现触头延时接通或断开的自动控制电器。

2.4.1　时间继电器结构和工作原理

时间继电器有电磁式、电动式、空气阻尼式、晶体管式，目前电力拖动线路中应用较多的是空气阻尼式时间继电器和晶体管式时间继电器。

1. 空气阻尼式时间继电器

(1) 空气阻尼式时间继电器结构。

空气阻尼式时间继电器主要由电磁系统、触头系统、空气室、传动机构组成，其外形及内部结构如图 2.30 所示。电磁机构为直动式双 E 型铁芯，触头系统借用 LX5 型微动开关，延时机构采用气囊式阻尼器。

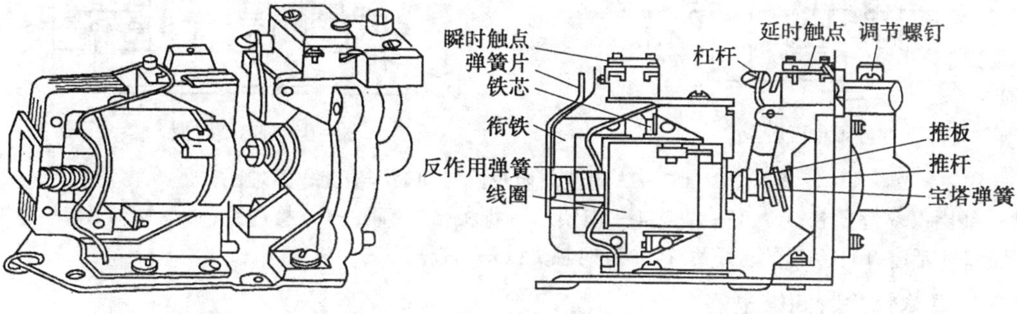

(a) 外形　　(b) 结构

图 2.30　空气阻尼式时间继电器外形与结构图

空气阻尼式时间继电器分为通电延时型和断电延时型两种。电磁机构既有直流的，也有交流的。

(2) 空气阻尼式时间继电器工作原理。

通电延时型时间继电器如图 2.31(a) 所示，电磁线圈通电后，铁芯的电磁吸力将反作用弹簧压缩，静铁芯将衔铁连同推板吸下，瞬动触头瞬时动作。同时顶杆与衔铁间出现一个空隙，塔形弹簧伸展，带动顶杆和与其相连的活塞由上向下移动。这时，橡皮膜上面形成空气稀薄的空间，空气由进气孔逐渐进入气室，活塞因受到空气的阻力只能缓缓地向下移动，其移动的速度和进气孔的大小有关(通过延时调节螺丝调节进气孔的大小可改变延时时间)。当活塞降到一定位置时，杠杆使延时触头动作(动合触点闭合，动断触点断开)，起到通电延时作用。线圈断电时，反作用弹簧迅速伸展，使衔铁和活塞复位，空气经橡皮膜与顶杆之间推开的气隙迅速排出，瞬动触头和延时触头瞬时复位，无延时。

断电延时型时间继电器如图 2.31(b) 所示。线圈不通电时，塔形弹簧伸展，将橡皮膜和活塞杆推下，杠杆将延时触头压下。当线圈通电时，动铁芯向上运动，使瞬动触头动作，同时推动顶杆和活塞向上运动，此过程不延时，延时触头瞬时动作。线圈失电时动铁芯在反作用弹簧的伸展作用下返回，延时触头在空气阻尼作用下延时复位，起到断电延时作用。

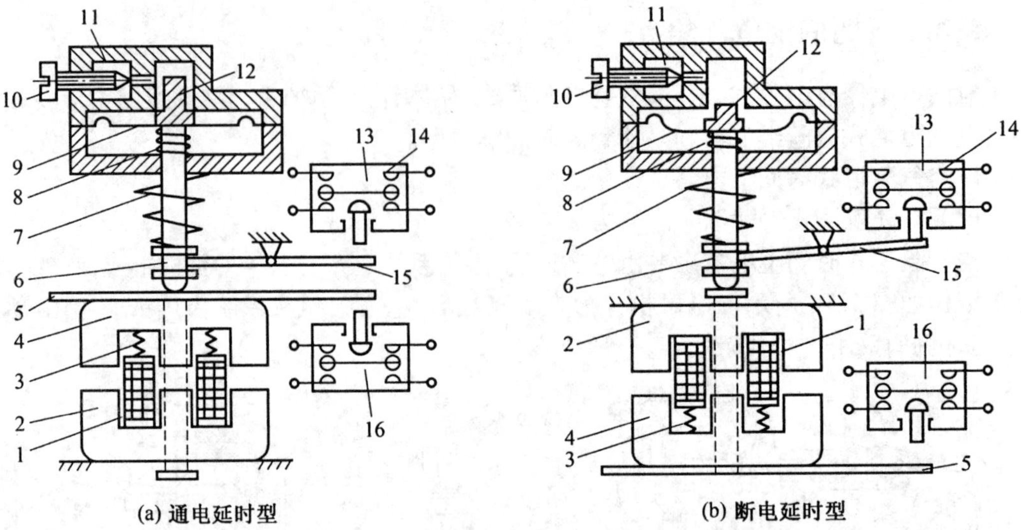

图 2.31　JS7－A 型空气阻尼式时间继电器工作原理图

1— 线圈;2— 静铁芯;3、7、8— 弹簧;4— 衔铁;5— 推板;6— 顶杆;9— 橡皮膜;10— 螺钉;11— 进气孔;12— 活塞;13、16— 微动开关;14— 延时触头;15— 杠杆

2. 晶体管式时间继电器

(1) 晶体管式时间继电器结构。

晶体管式时间继电器按延时方式分为通电延时型和断电延时型。近期开发的产品多为数字式,主要由脉冲发生器、计数器、数字显示器、放大器及执行机构组成,具有延时时间长、调节方便、体积小、精度高、寿命长、带有数字显示等优点。其外形如图 2.32 所示。

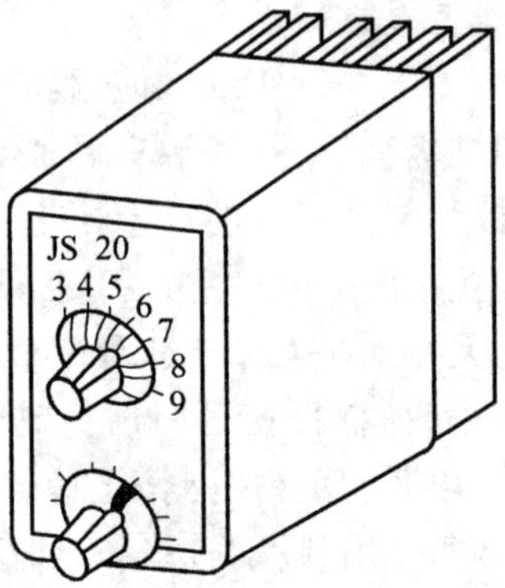

图 2.32　晶体管式时间继电器外形

(2) 晶体管式时间继电器原理。

其工作原理主要是通过电子电路来控制触点的延时通断。

时间继电器的图形符号如图 2.33 所示。

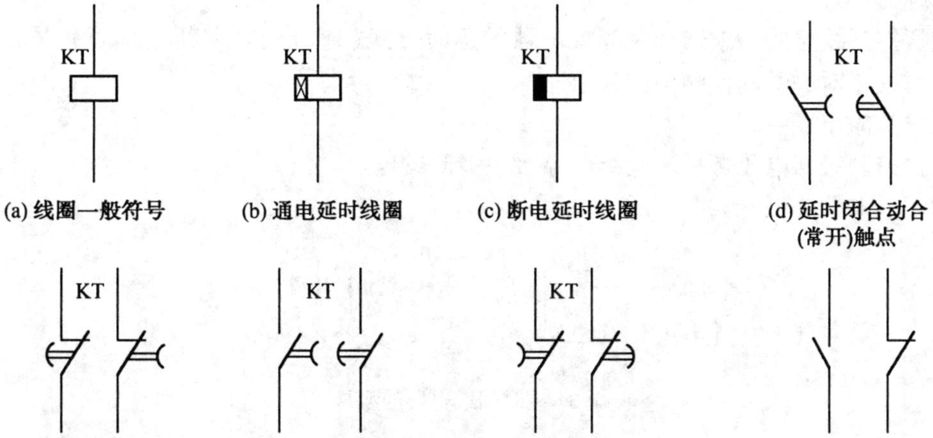

(a) 线圈一般符号　(b) 通电延时线圈　(c) 断电延时线圈　(d) 延时闭合动合(常开)触点

(e) 延时闭合动断(常闭)触点　(f) 延时断开动合(常开)触点　(g) 延时闭合动断(常闭)触点　(h) 瞬动触点

图2.33　时间继电器的图形符号

2.4.2　时间继电器的基本技术参数

(1) 线圈额定电压:24 V,36 V,110 V,127 V,220 V,380 V,420 V 等。

(2) 触头额定电压:一般为380 V。

(3) 触头额定电流:一般为5 A。

(4) 触头数量。

(5) 延时整定范围。

JS7 – A 系列时间继电器的主要技术参数见表2.3。

表2.3　JS7 – A 系列时间继电器的主要技术参数

<table>
<tr><th rowspan="3">型号</th><th colspan="2" rowspan="2">瞬时动作触头数量</th><th colspan="4">延时触头数量</th><th rowspan="3">触头额定电压/V</th><th rowspan="3">触头额定电流/A</th><th rowspan="3">线圈电压/V</th><th rowspan="3">延时范围/s</th><th rowspan="3">额定操作频率/(次·h⁻¹)</th></tr>
<tr><th colspan="2">通电延时</th><th colspan="2">断电延时</th></tr>
<tr><th>动合</th><th>动断</th><th>动合</th><th>动断</th><th>动合</th><th>动断</th></tr>
<tr><td>JS7 – 1A</td><td>—</td><td>—</td><td>1</td><td>1</td><td>—</td><td>—</td><td rowspan="4">380</td><td rowspan="4">5</td><td>24,36</td><td rowspan="4">0.4 ~ 60
0.4 ~ 180</td><td rowspan="4">600</td></tr>
<tr><td>JS7 – 2A</td><td>1</td><td>1</td><td>1</td><td>1</td><td>—</td><td>—</td><td>110,127</td></tr>
<tr><td>JS7 – 3A</td><td>—</td><td>—</td><td>—</td><td>—</td><td>1</td><td>1</td><td>220,380</td></tr>
<tr><td>JS7 – 4A</td><td>1</td><td>1</td><td>—</td><td>—</td><td>1</td><td>1</td><td>420</td></tr>
</table>

2.4.3　时间继电器的选用

1. 延时范围和精度

根据系统的延时范围和精度选择时间继电器的类型和系列。在延时精度不高的场合,一般可选用价格较低的空气阻尼式时间继电器;反之,对精度要求较高的场合,可选用晶体管式时间继电器。

2. 延时方式

根据控制线路的要求选择时间继电器的延时方式(通电延时和断电延时),同时,还必须考虑线路对瞬时动作触头的要求。

3. 线圈的电压

根据控制线路电压选择时间继电器吸引线圈的电压。

时间继电器的型号如图 2.34 所示。

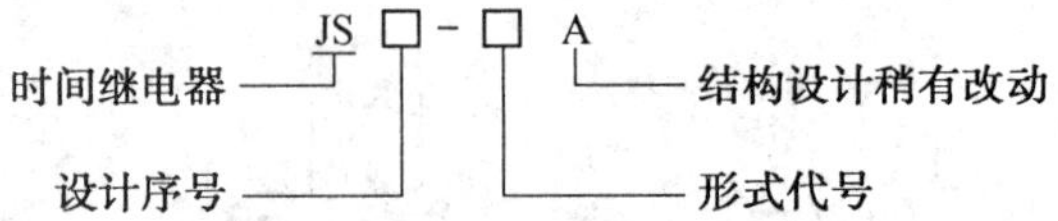

图 2.34　时间继电器的型号

时间继电器在安装时应按说明书规定的方向安装,其金属底板上的接地螺钉必须与地线可靠连接。数字式时间继电器不要与接触器距离太近,防止时间继电器误动。

2.4.4　时间继电器使用前的检测

时间继电器使用前的检测步骤如下:

(1) 将万用表拨至 R × 100 挡。

(2) 测量时间继电器线圈 1 号接线端子与 2 号接线端子阻值,如图 2.35 所示。若阻值无限大,表明线圈断路;若阻值接近于零,逐步调低万用表电阻挡位,每换一次挡位测量一次阻值。若 R × 1 电阻挡测得阻值仍接近于零,表明线圈短路。

(3) 测量瞬时常开触点,如图 2.36 所示。

在时间继电器线圈没有通电的条件下测量瞬时常开触点两端阻值。阻值无限大为正常,阻值接近于零表明常开触点短路。

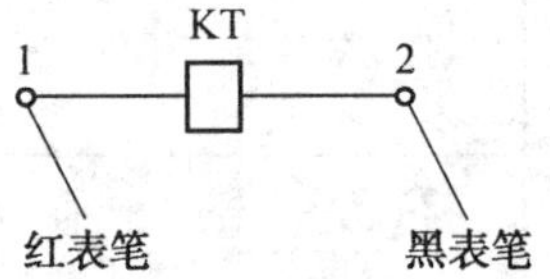

图 2.35　测量时间继电器线圈

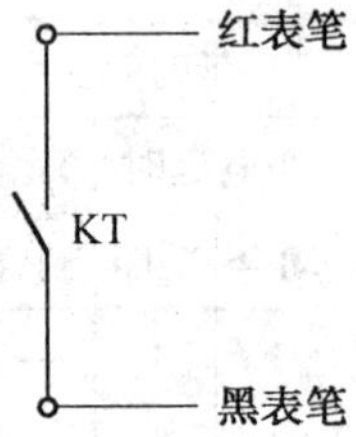

图 2.36　测量瞬时常开触点

在时间继电器线圈接通电源的条件下测量瞬时常开触点两端阻值。阻值接近于零为正常,阻值无限大表明常开触点断路。

(4) 测量瞬时常闭触点,如图 2.37 所示。

在时间继电器线圈没有通电的条件下测量瞬时常闭触点两端阻值。阻值接近于零为正常,阻值无限大表明常闭触点断路。

在时间继电器线圈接通电源的条件下测量瞬时常闭触点两端阻值。阻值无限大为正常,阻值接近于零表明常闭触点短路。

(5) 测量延时闭合常开触点方法。接通时间继电器线圈电源,预定延时达到后测量延时闭合常开触点两端阻值，如图2.38所示。阻值接近于零为正常，阻值无限大表明延时闭合常开触点断路。

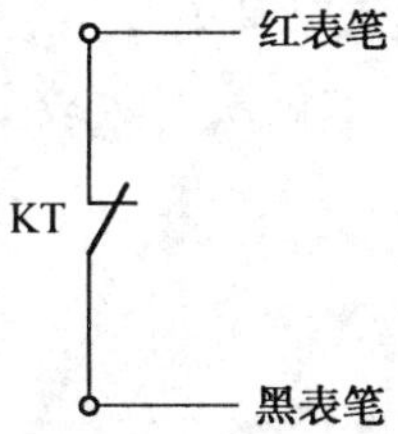

图2.37　测量瞬时常闭触点

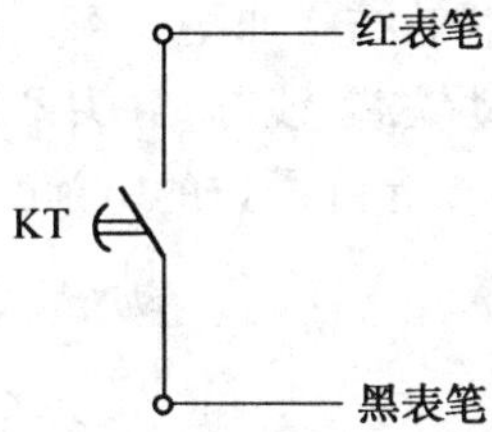

图2.38　测量延时闭合常开触点

(6) 测量延时断开常闭触点方法。接通时间继电器线圈电源，预定延时达到后测量延时断开常闭触点两端阻值，如图2.39所示。阻值无限大为正常，阻值接近于零表明延时断开常闭触点有短接故障。

(7) 测量延时断开常开触点方法如图2.40所示。

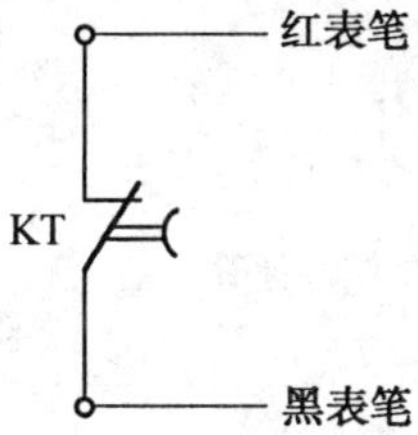

图2.39　测量延时断开常闭触点

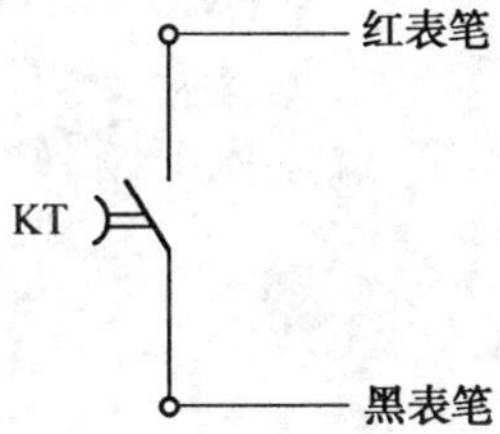

图2.40　测量延时断开常开触点

接通时间继电器线圈电源，测量延时断开常开触点两端阻值。阻值接近于零为正常，阻值无限大表明延时断开常开触点断路。

断开电源，预定延时到达后测量延时断开常开触点两端阻值。阻值无限大为正常，阻值接近于零表明延时断开常开触点有短接故障。

(8) 测量延时闭合常闭触点方法如图2.41所示。

接通时间继电器线圈电源，测量延时闭合常闭触点两端阻值。阻值无限大为正常，阻值接近于零表明延时闭合常闭触点有短接故障。

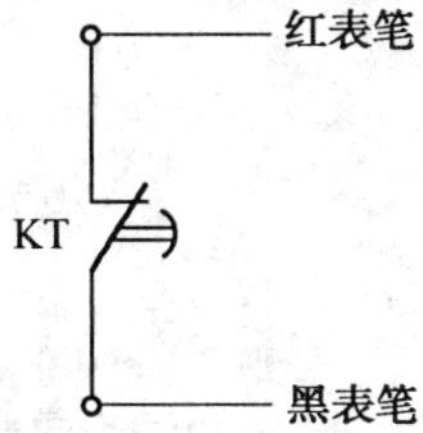

图2.41　测量延时闭合常闭触点

断开电源，预定延时达到后测量延时闭合常闭触点两端阻值。阻值近于零为正常，阻值无限大表明延时闭合常闭触点断路。

2.5　中间继电器

中间继电器是用来增加控制电路中的信号数量或将信号放大的继电器。其输入信号是线圈的通电和断电，输出信号是触点的动作，可用来控制多个元件或回路。

2.5.1 中间继电器的结构和工作原理

中间继电器的结构如图 2.42 所示。中间继电器的基本结构和工作原理与接触器类似,由静铁芯、动铁芯、线圈、触头系统和复位弹簧等组成。其触头对数较多,没有主、辅触头之分,各对触头允许通过的电流是一样的,一般为 5 A。

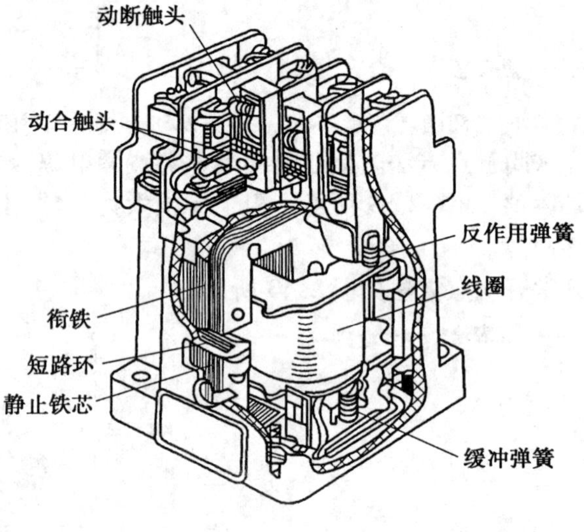

图 2.42 中间继电器的结构图

中间继电器的文字符号为 KA,图形符号如图 2.43 所示。

中间继电器的型号及含义如图 2.44 所示。

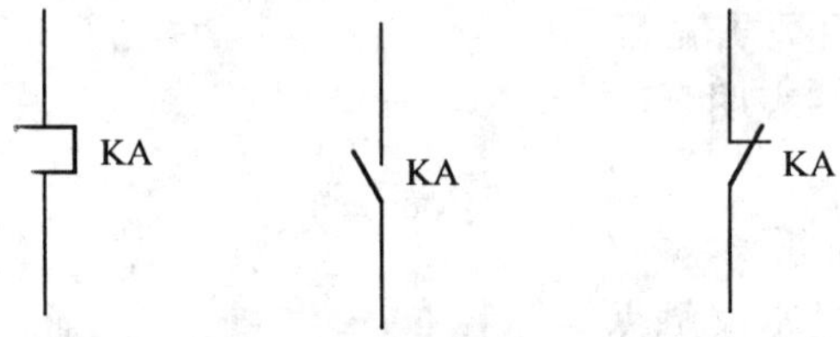

(a) 线圈　(b) 动合触头　(c) 动断触头

图 2.43 图形符号图

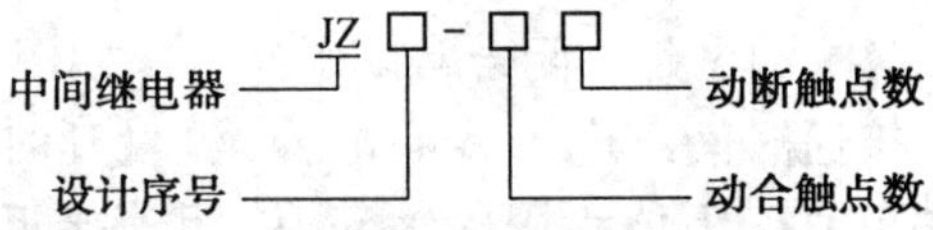

图 2.44 中间继电器的型号及含义

2.5.2 中间继电器的基本技术参数

(1) 线圈额定电压:12 V,24 V,36 V,48 V,110 V,127 V,380 V 等。

(2) 触头额定电压:一般为 500 V。

(3) 触头额定电流:一般为 5 A。

(4) 触头数目。

JZ7 系列中间继电器的主要技术数据见表 2.4。

表 2.4　JZ7 系列中间继电器的主要技术数据

型号	触头额定电压/V	触头额定电流/A	动合触头数	动断触头数	操作频率/(次·h^{-1})	线圈启动功率/(V·A)	线圈吸持功率/(V·A)
JZ7－44	500	5	4	4	1 200	75	12
JZ7－62	500	5	6	2	1 200	75	12
JZ7－80	500	5	8	0	1 200	75	12

2.5.3　中间继电器的选用

1. 种类、型号与使用类别

选择继电器的种类，主要看被控制和保护对象的工作特性，而型号主要依据控制系统提出的灵敏度或精度要求进行选择。使用类别决定了继电器所控制的负载性质及通断条件，应与控制电路的实际要求相比较，视其能否满足需要而定。

2. 使用环境

根据使用环境选择继电器，主要考虑继电器的防护和使用区域。如对于含尘埃及腐蚀性气体，易燃、易爆的环境，应选用带罩壳的全封闭式继电器；对于高原及湿热带等特殊区域，应选用适合其使用条件的产品。

3. 额定数据

继电器的额定数据在选用时主要注意线圈额定电压、触点额定电压和触点额定电流。线圈额定电压必须与所控制电路相符，触点额定电压可为继电器的最高额定电压。继电器的最高工作电流一般小于该继电器的额定发热电流。

4. 继电器工作制

在选用反复短时工作制时，由于吸合时有较大的启动电流，因此使用频率应低于额定操作频率。

中间继电器在应用时，应在触点不带电的情况下，使吸引线圈带电操作几次，看继电器动作是否可靠。

2.5.4　中间继电器使用前的检测

中间继电器使用前的检测方法基本同交流接触器使用前的检测方法。

2.6　低压断路器

低压断路器通常也称自动开关或空气开关，它是一种半自动开关电器。当电路发生严重过载、短路以及失压等故障时，能自动切断故障电路，有效地保护串接在它后面的电气设备。

2.6.1　低压断路器的结构和工作原理

1. 低压断路器的结构

低压断路器的外形如图 2.45 所示。低压断路器按结构形式分为万能框架式、塑壳式和模块式。主要由触点系统、操作机构、保护元件(各种脱扣器)和灭弧系统四部分组成。

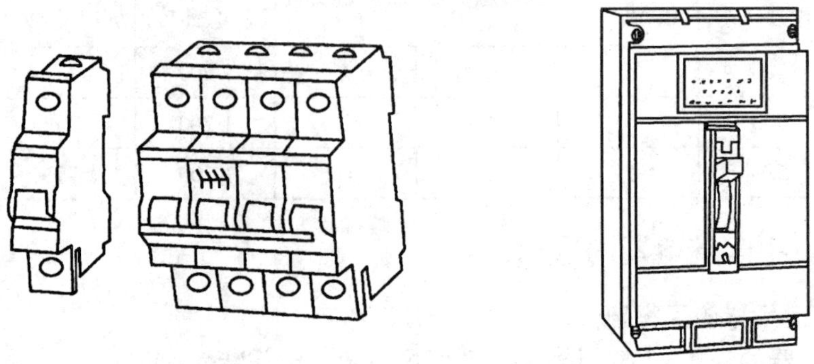

(a) S 系列　　(b) DZ 系列

图 2.45　低压断路器的外形图

2. 低压断路器的工作原理

断路器合闸或分断操作是靠操作机构手动或电动进行的,合闸后自由脱扣机构将触点锁在合闸位置上,使触点闭合。当电路发生故障时,通过脱扣器使自由脱扣机构动作,以实现起保护作用的自动分断。低压断路器的工作原理如图 2.46 所示。

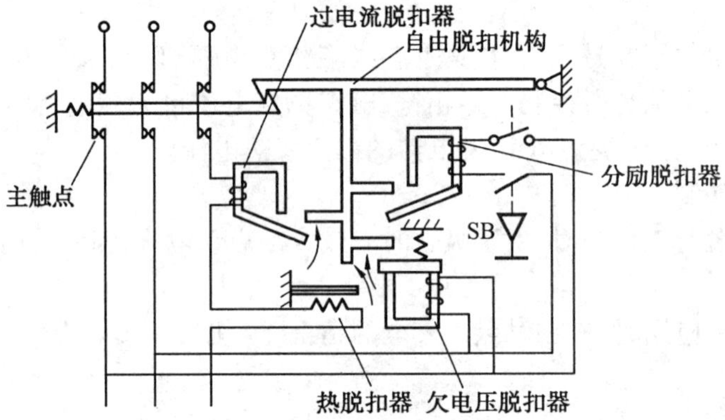

图 2.46　低压断路器的工作原理图

过电流脱扣器、欠电压脱扣器和热脱扣器实质都是电磁铁。在正常情况下,过电流脱扣器的衔铁是释放的,一旦电路发生严重过载或短路故障时,与主电路相串联的线圈将产生较强的电磁吸引力吸引衔铁,从而推动杠杆顶开锁钩,使主触点断开。欠电压脱钩器的工作情况恰恰相反,在电压正常时,吸住衔铁才不影响主触点的闭合,一旦电压严重下降或断电时,电磁吸力将不足或消失。衔铁被释放而推动杠杆,使主触点断开。热脱扣器是在电路发生轻微过载时,过载电流不会立即使脱扣器动作,但能使热元件产生一定的热量,促使双金属片受热向上弯曲。当持续过载时,双金属片推动杠杆使搭钩与锁钩脱开,将主触点断开。分励脱扣器可作为远距离控制断路器分断之用。低压断路器的图形、文字符号如图 2.47 所示。

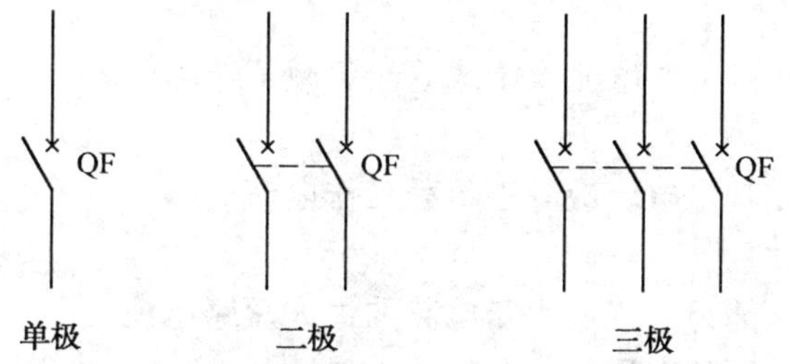

图 2.47　低压断路器的图形、文字符号

2.6.2　低压断路器的基本技术参数

1. 额定电压

断路器的额定工作电压在数值上取决于电网的额定电压等级，我国电网标准规定为 AC 220 V，380 V，660 V 及 1 140 V，DC 220 V，440 V 等。

2. 额定电流

断路器的额定电流就是过电流脱扣器的额定电流，一般是指断路器的额定持续电流。

3. 通断能力（表 2.5）

断路器在规定的条件下，能在给定的电压下接通和分断的最大电流值，也称为额定短路通断能力。

4. 分断时间

指切断故障电流所需的时间，它包括固有的断开时间和燃弧时间。

表 2.5　DZ20 系列塑料外壳式断路器主要技术参数

型号	额定电压/V	壳架额定电流/A	断路器额定电流/A	瞬时脱扣器整定电流倍数
DZ20Y－100	AC 380	100	16，20，25，32，40，50，63，80，100	配电用 $10I_N$，保护电动机用 $12I_N$
DZ20J－100				
DZ20G－100				
DZ20Y－225		225	100，125，160，180，200，225	配电用 $5I_N$，$10I_N$，保护电动机用 $12I_N$
DZ20J－225				
DZ20G－225				
DZ20Y－400		400	250，315，350，400	配电用 $10I_N$，保护电动机用 $12I_N$
DZ20J－400				
DZ20G－400				
DZ20Y－630	AC 220	630	400，500，630	配电用 $5I_N$，保护电动机用 $10I_N$
DZ20J－630				

2.6.3　低压断路器的选用

1. 额定工作电压

断路器的额定工作电压应大于或等于线路或设备的额定工作电压。

2. 额定工作电流

断路器主电路的额定工作电流大于或等于负载工作电流。

3. 脱扣整定电流

断路器的过载脱扣整定电流应等于负载工作电流。

4. 额定通断能力

断路器的额定通断能力大于或等于电路的最大短路电流。

5. 欠电压脱扣器的额定电压

欠电压脱扣器的额定电压等于主电路额定电压。

6. 断路器类型

应根据电路的额定电流及保护的要求来选用断路器类型。

常见的 DZ20 系列塑壳式低压断路器型号及意义如图 2.48 所示。

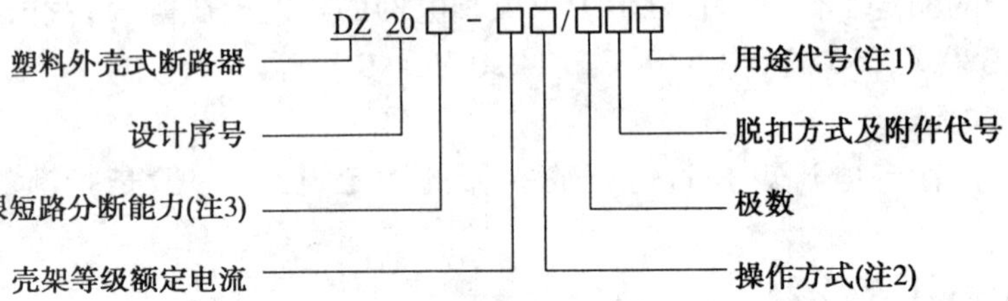

图 2.48　塑壳式低压断路器型号及意义

注:1. 配电用无代号,保护电机用“2” 表示

2. 手柄直接操作无代号;电动机操作用“P” 表示;转动手柄用“Z” 表示

3. 按额定极限短路分断能力高低可分为:Y—— 一般型;G—— 最高型;S—— 四极型

2.6.4　低压断路器使用前的检测

低压断路器使用前的检测步骤(以 DZ20 为例) 如下:

(1) 低压断路器外壳、绝缘底板、相间绝缘隔板应完好,接线端子螺栓、操作手柄齐全、无损坏。

(2) 操作手柄灵活,分、合闸标志与实际相符。

(3) 将低压断路器置于合闸位置,将万用表拨至 R × 1 电阻挡。

(4) 测量低压断路器上端 1 号接线端子与下端 2 号接线端子阻值,如图 2.49 所示。阻值接近于零为正常,有阻值表明内部有接触不良的部位,阻值无限大表明内部有断路故障。

(5) 用同样的方法检测 3 号与 4 号接线端子、5 号与 6 号接线端子有无故障。

(6) 测量 1 号接线端子与 3 号接线端子阻值,如图 2.50 所示。阻值无限大为正常,阻值接近于零表明两端子或其所接元器件短路。

(7) 用同样的方法检测 1 号与 5 号、3 号与 5 号接线端子。

(8) 将低压断路器置于分闸位置。

(9) 测量 1 号接线端子与 2 号接线端子阻值。阻值无限大为正常;阻值接近于零表明动、静触点未断开,低压断路器有分闸故障。

(10) 用同样的方法检测3号与4号、5号与6号接线端子。

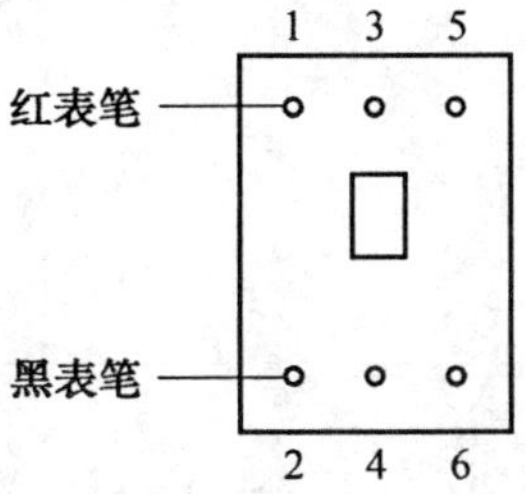

图2.49　使用前检测步骤(4)

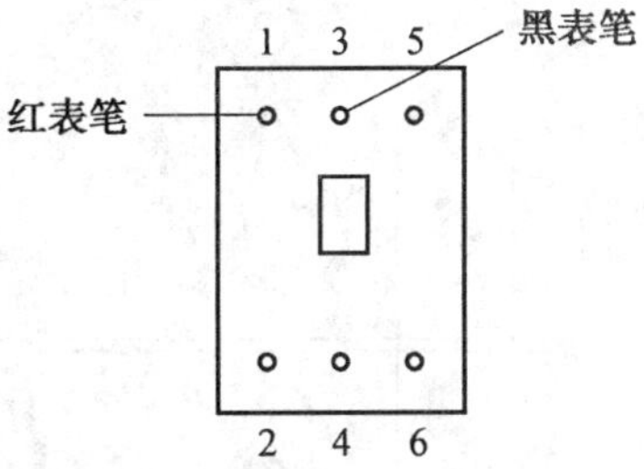

图2.50　使用前检测步骤(6)

技能训练　常用低压电器识别与拆装

一、训练目的

掌握常用低压电器识别、拆卸和装配方法。

二、实训内容

(1) 按钮的检测。

(2) 交流接触器的拆装、检测。

(3) 热继电器的检测。

(4) 时间继电器的检测。

(5) 中间继电器的拆装、检测。

(6) 低压断路器的检测。

三、实训器材

电工工具一套；万用表一块；按钮、交流接触器、热继电器、时间继电器、中间继电器、低压断路器各一个。

四、考核配分及评分标准

考核配分及评分标准见表2.6。

表2.6　考核配分及评分标准

序号	项目内容	评分标准	配分	扣分	得分
1	识别	主要结构和工作原理理解错误，扣10分	10		
2	检测	检测方法不正确，扣10分	30		
3	拆装	(1) 拆卸方法步骤不正确，每处扣5分 (2) 丢失零部件，每处扣5分 (3) 拆卸后不能组装，扣10分 (4) 损坏零部件，扣10分	50		
4	安全生产	违反操作规程，工作场地不整洁，每处扣5分	10		
5	工时( )	不准超时			
合计			100		

第 3 章

照明控制电路及故障排除

常用照明线路由电源、导线、开关、插座和照明灯具组成。电源主要使用 220 V 单相交流电，开关用来控制电路的通断。照明灯为人们生活、学习、工作提供了各种各样的可见光源。掌握照明控制电路形式和故障排除是电工基本技能之一。

3.1 白炽灯电路及故障排除

白炽灯也称灯泡。虽然灯泡发光效率低、使用寿命短，但由于其具有结构简单、使用维修方便、功率因数高、可串联和降压使用等优点，应用范围非常广泛，如调光书写台灯、车床照明灯、安全灯、梯道灯等。白炽灯电路控制形式有单开关控制和多开关控制。

3.1.1 一个单联开关控制一盏灯或多盏灯

1. 概念

用一个单联开关控制一盏灯的线路，是一种最常见最简单的线路，如图 3.1 所示。接线时，开关应安装在相线上，螺口灯头接线，灯头中心接线端子应接相线，开关的功率不能小于所安装白炽灯的额定功率，白炽灯的额定电压应与电源相电压一致。使用大功率白炽灯时，应采用瓷质灯头。照明灯具安装在露天场所时，应采用防水灯头和灯罩。

2. 电路分析

当合上开关 S 时，220 V 电源经火线 L→1 号线→保险 FU→2 号线→开关 S→3 号线→灯泡 EL→4 号线→零线 N 构成回路，电流流过灯丝，灯泡亮。当关闭开关 S 时灯泡熄灭。

3. 故障排除方法

（1）测电笔检查法步骤。

①测量保险 FU 接 1 号线端，如图 3.2 所示。测电笔亮证明电源火线 L 和 1 号线正常，如不亮则应检查火线 L 或 1 号线是否断路。

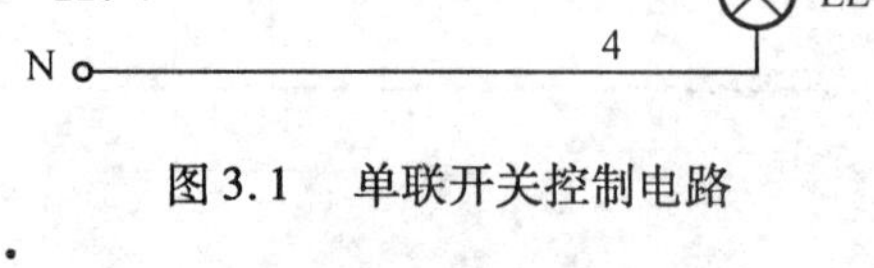

图 3.1 单联开关控制电路

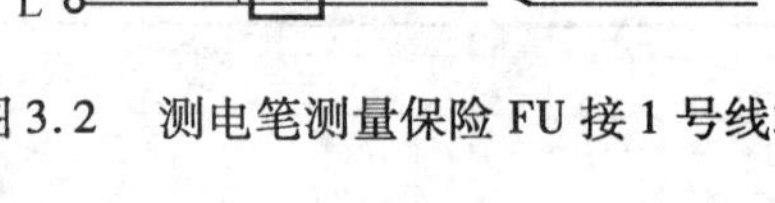

图 3.2 测电笔测量保险 FU 接 1 号线端

②测量保险FU接2号线端,如图3.3所示。测电笔亮证明保险正常,如不亮则应检查保险丝(又称熔丝)是否熔断或接触不良。如果保险丝熔断应查明原因,是短路还是过载,排除故障后更换保险丝。

③测量开关S接2号线端,如图3.4所示。测电笔亮证明2号线正常,不亮表明2号线断路。

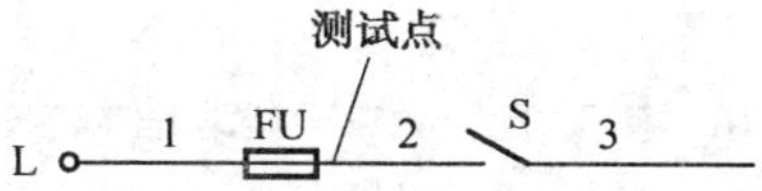

图3.3　测电笔测量保险FU接2号线端

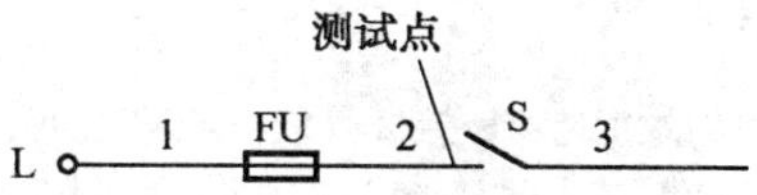

图3.4　测电笔测量开关S接2号线端

④合上开关S,测量开关S接3号线端,如图3.5所示。测电笔亮表明开关正常;不亮表明开关S出现故障,应修复或更换开关S。

⑤合上开关S,测量灯座、灯泡EL接3号线端,如图3.6所示。测电笔亮表明3号线正常,不亮表明3号线断路。

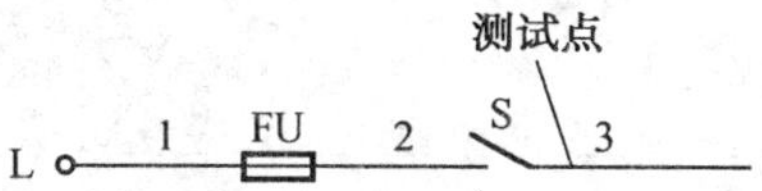

图3.5　测电笔测量开关S接3号线端(开关S闭合)

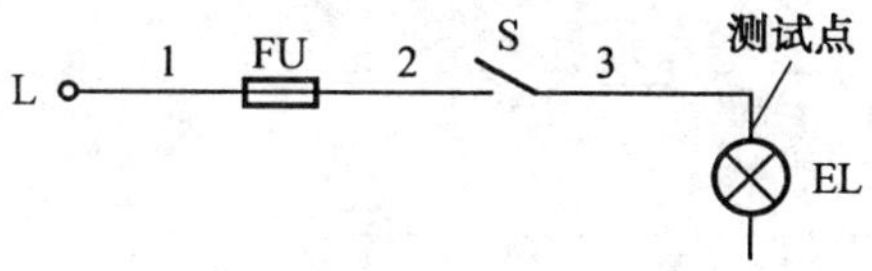

图3.6　测电笔测量灯座、灯泡EL接3号线端(开关S闭合)

⑥测量灯座、灯泡EL接4号线端,如图3.7所示。如测电笔亮则表明4号线或零线N断路;测电笔不亮、灯也不亮,表明灯座接线断路、灯泡与灯座接触不良或灯泡断丝。

(2)电压测量法步骤。

①将万用表拨至交流电压250 V挡,用红、黑表笔测量电压。

②测量电源火线L与零线N之间的电压,如图3.8所示。电压正常表明220 V电源正常,无电压则检查电源。

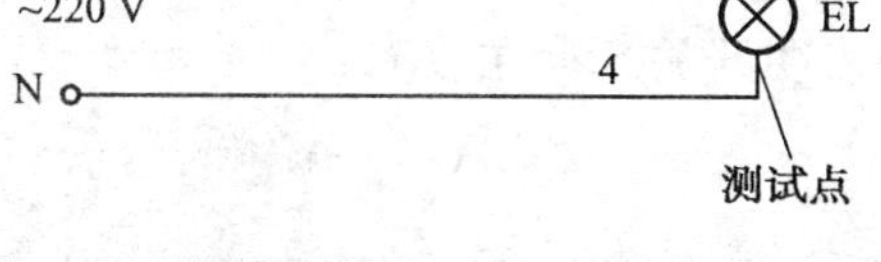

图3.7　测电笔测量灯座、灯泡EL接4号线端

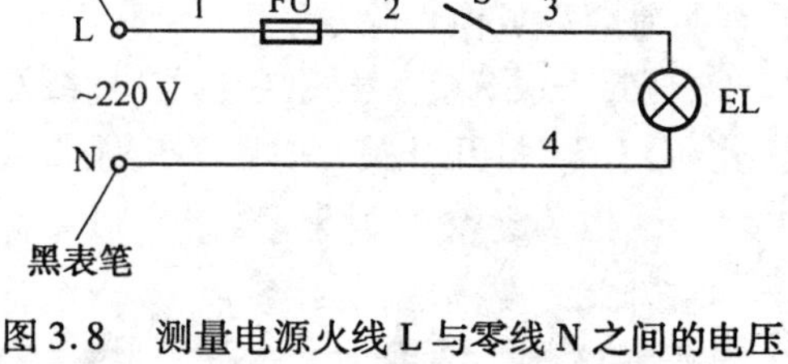

图3.8　测量电源火线L与零线N之间的电压

③测量保险FU接2号线端与零线N之间的电压,如图3.9所示。电压正常表明保险正常;无电压则表明1号线断路或保险丝熔断,应查明原因、排除故障后更换保险丝。

④当开关S在断开位置时,测量开关S接2号线端与零线N之间的电压,如图3.10所示。电压正常表明2号线正常,无电压表明2号线断路。

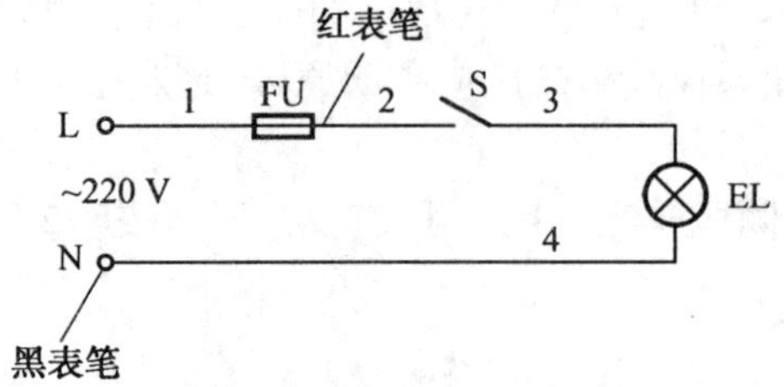

图 3.9　测量保险 FU 接 2 号线端与零线 N 之间的电压

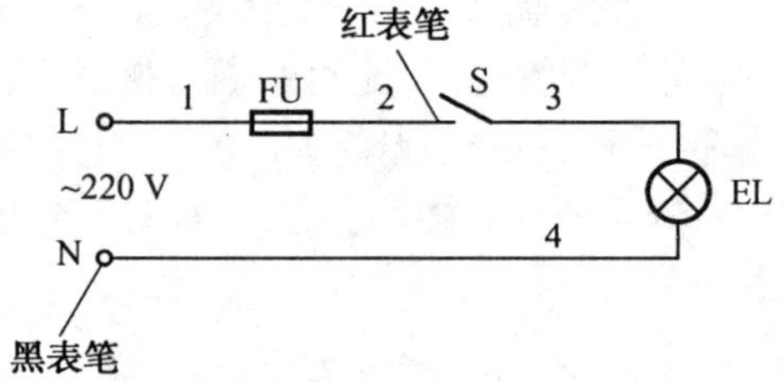

图 3.10　测量开关 S 接 2 号线端与零线 N 之间的电压(开关 S 断开)

⑤ 合上开关 S 后,测量开关 S 接 3 号线端与零线 N 之间的电压,如图 3.11 所示。电压正常表明开关 S 正常,无电压则表明开关 S 故障。

⑥ 合上开关 S,测量灯座、灯泡 EL 接 3 号线端与接 4 号线端之间的电压,如图 3.12 所示。电压正常表明灯泡坏或灯泡与灯座接触不良,无电压表明 3 号线或 4 号线断路。

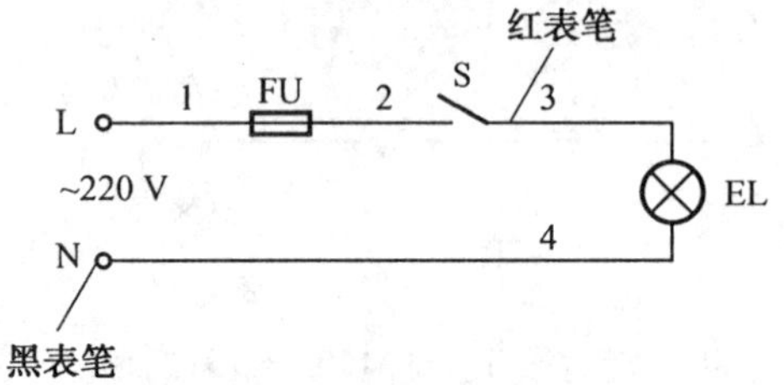

图 3.11　测量开关 S 接 3 号线端与零线 N 之间的电压(开关 S 闭合)

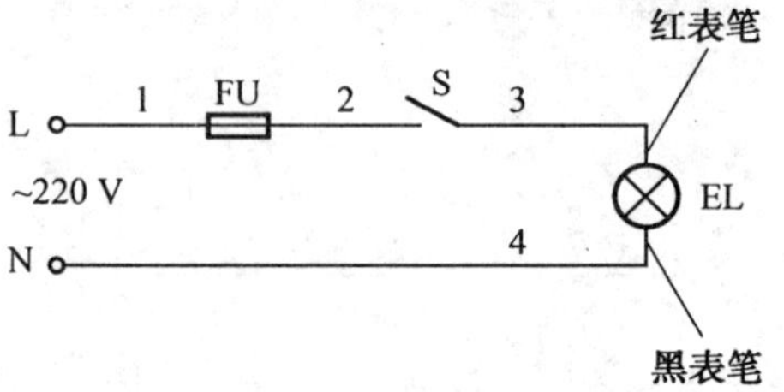

图 3.12　测量灯泡 EL 接 3 号线端与接 4 号线端电压(开关 S 闭合)

(3) 电阻测量法步骤。

① 测量电源火线 L 与零线 N 之间的电压。电压正常表明 220 V 电源正常,无电压则检查电源。

② 将万用表拨至电阻 R × 100 或 R × 1 k 挡,用红、黑表笔测量电阻值。

③ 拉开电源开关检查确实无电,测量保险 FU 接 1 号线端与接 2 号线端之间的电阻,如图 3.13 所示。若阻值接近于零表明保险正常;阻值无限大表明保险丝断开或接触不良,查明原因后更换保险丝。

④ 测量开关 S 接 2 号线端与接 3 号线端之间的电阻,如图 3.14 所示。合上开关 S 时阻值应接近于零,打开开关 S 时阻值应无限大,否则表明开关 S 存在故障。

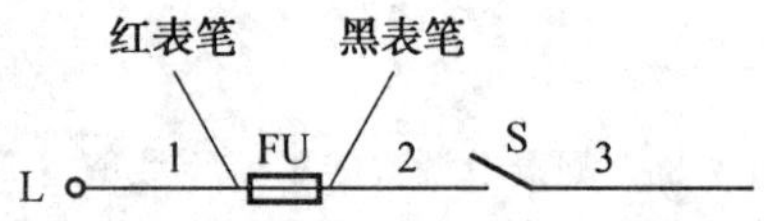

图 3.13　测量保险 FU 接 1 号线端与接 2 号线端之间的电阻

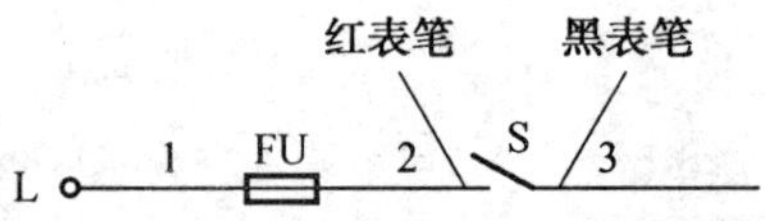

图 3.14　测量开关 S 接 2 号线端与接 3 号线端之间的电阻

⑤ 测量灯座接 3 号线端与接 4 号线端之间的电阻,如图 3.15 所示。若阻值无限大表明灯座与灯泡接触不良或灯泡断丝。

⑥测量电源火线 L 接 1 号线端与保险 FU 接 1 号线端两端电阻,如图 3.16 所示。若阻值无限大表明 1 号线断路。

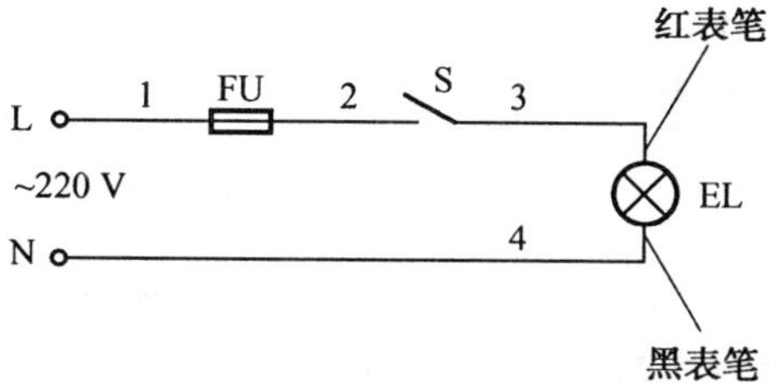

图3.15　测量灯座接3号线端与接4号线端之间的电阻

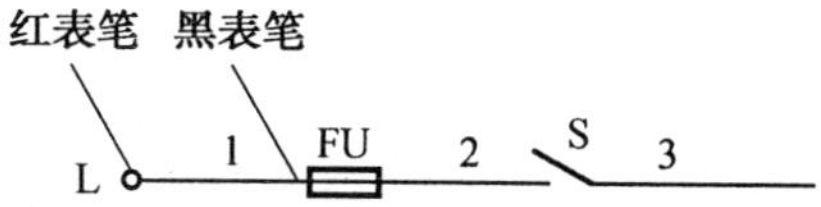

图3.16　测量电源火线L接1号线端与保险FU接1号线端两端电阻

测量保险FU接2号线端与开关S接2号线端两端电阻。若阻值无限大表明2号线断路。

测量开关S接3号线端与灯座接3号线端两端电阻。若阻值无限大表明3号线断路。

测量灯座接4号线端与零线N两端电阻。若阻值无限大表明4号线断路。

(4) 线路短路故障的检测步骤。

线路短路故障的检测如图3.17所示。

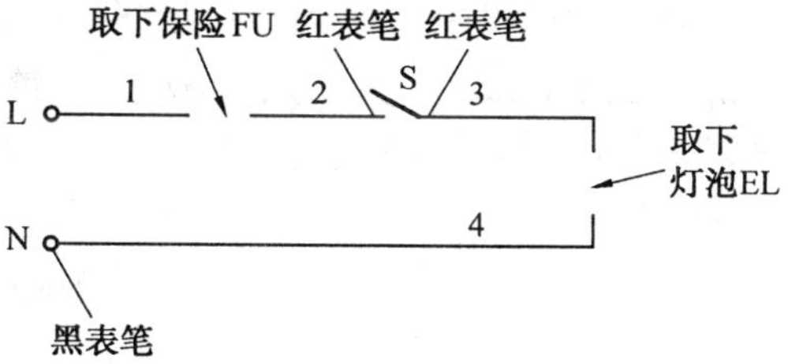

图3.17　短路故障的检测

① 断开电源火线L,取下保险FU,取下灯泡EL,检查保险FU接2号线端确无电压。

② 断开开关S并确认其在断开位置,将万用表拨至电阻R×1挡,黑表笔接零线N。

③ 用红表笔测量开关S接2号线端,阻值接近零证明2号线与4号线短路。

④ 用红表笔测量开关S接3号线端,阻值接近零证明3号线与4号线短路。

3.1.2　两个双联开关控制一盏灯电路

1. 概念

为了方便地控制照明灯,节约用电,有时需要在两个地方控制一盏灯,例如楼梯间的照明灯,要求在楼上、楼下都能方便地开、关。要实现这种功能要求,可采用两个双联开关并用两根连线进行连接,其接线如图3.18所示。

2. 电路分析

(1) 将开关S_1动触点拨至A点,开关S_2动触点拨至C点时,220 V电源经火线L→1号线→开关S_1的A点→2号线→开关S_2的C点→4号线→灯泡EL→5号线→零线N构成回路,灯泡亮。

(2) 将开关S_1动触点拨至B点,开关S_2动触点拨至D点时,220 V电源经火线L→1

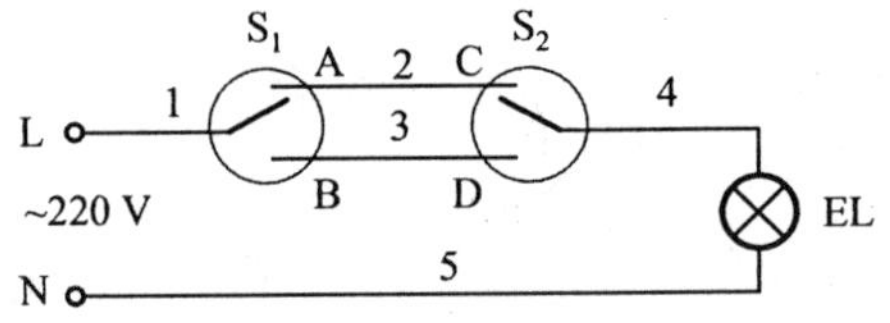

图 3.18 两个双联开关控制一盏灯电路

号线→开关 S_1 的 B 点→3 号线→开关 S_2 的 D 点→4 号线→灯泡 EL→5 号线→零线 N 构成回路，灯泡亮。

(3) 将开关 S_1 动触点拨至 A 点，开关 S_2 动触点拨至 D 点时或将开关 S_1 动触点拨至 B 点，开关 S_2 动触点拨至 C 点时，电路处于断开状态，灯泡不亮。

3. 故障排除方法

(1) 电阻测量法检查开关 S_1，S_2 的检查步骤。

① 将开关 S_1 动触点拨至 A 点或 B 点时灯泡 EL 都亮证明开关 S_1、开关 S_2 或 2 号线与 3 号线有短路故障。

② 拉开电源开关检查确实无电，拆下开关 S_1，将万用表拨至电阻 R × 100 或 R × 1 k 挡，测量开关 S_1 的 A 点与 B 点之间的电阻，若阻值为零表明开关 S_1 短路，同理检查开关 S_2，如图 3.19 所示。

③ 拆下开关 S_1 的 A 点、B 点的 2 号线、3 号线，拆下开关 S_2 的 C 点、D 点的 2 号线、3 号线，测量 2 号线与 3 号线之间的电阻，如图 3.20 所示。若阻值为零，则表明 2 号线与 3 号线短路。

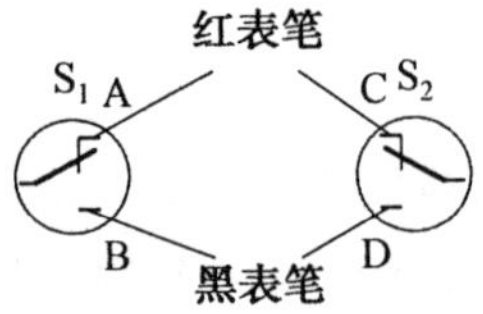

图 3.19 开关 S 短路检查法

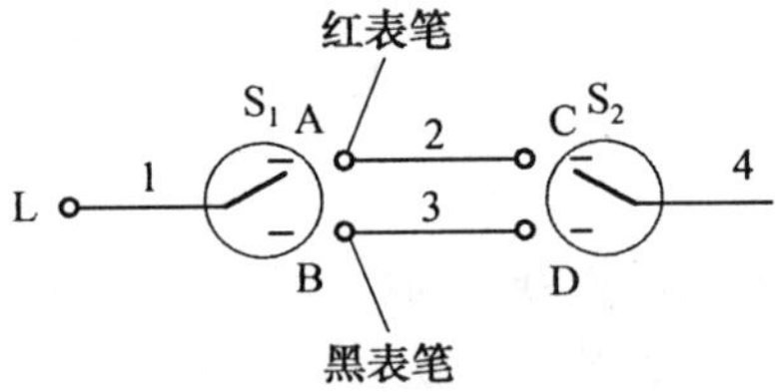

图 3.20 2 号线与 3 号线短路检查法

④ 拆下开关 S_1 的 A 点上的 2 号线、B 点上的 3 号线。红表笔接在开关 S_1 接 1 号线端，将开关 S_1 动触点拨至 A 点，用黑表笔测 A 点，若阻值无限大表明开关 S_1 接 1 号线端与 A 点断路。再将开关 S_1 动触点拨至 B 点，用黑表笔测 B 点，若阻值无限大表明开关 S_1 接 1 号线端与 B 点断路，如图 3.21 所示。用同样方法判断开关 S_2 的断路故障。

⑤ 拆下开关 S_1，开关 S_2 的 2 号线、3 号线，将 2 号线与 3 号线一端短接，在另一端测量 2 号线与 3 号线之间的电阻，如图 3.22 所示。若阻值无限大表明 2 号线或 3 号线断路。

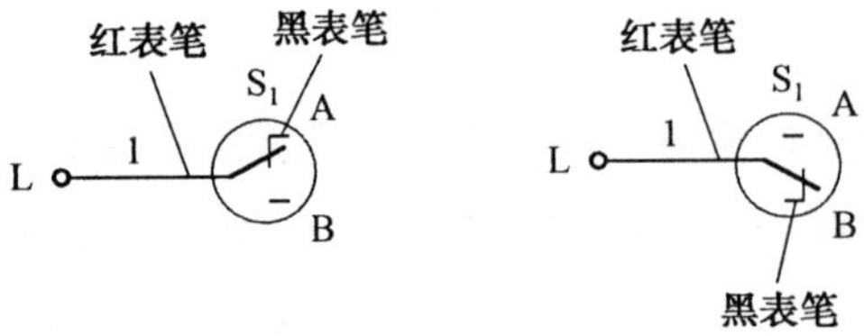

图 3.21 开关 S 断路故障检查法

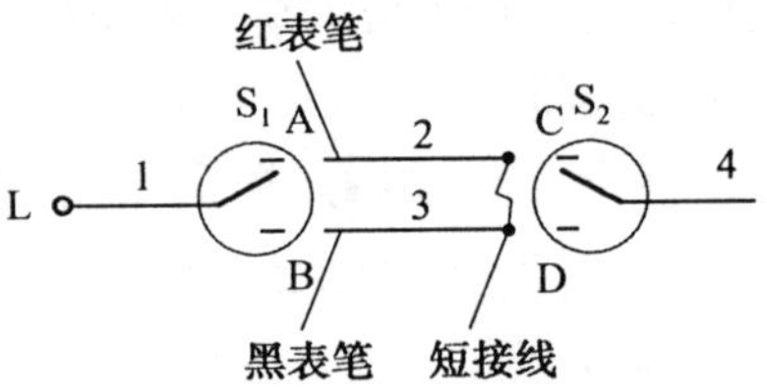

图 3.22 2 号线与 3 号线断路检查法

（2）分析法判断2号线或3号线断路的方法。

将开关S_1动触点拨至A点、开关S_2动触点拨至C点灯泡不亮，而将开关S_1动触点拨至B点、开关S_2动触点拨至D点时灯泡亮，表明2号线断路。用同样方法判断3号线断路情况。

（3）其他故障参见单控灯的故障排除方法。

3.1.3　灯泡并联电路

1. 概念

灯泡并联电路是指一个开关控制多盏灯的电路，应用于不需要单独控制的场所，如教室、办公室等。如图3.23所示。

2. 电路分析

当合上开关S时，220 V电源经火线L→1号线→开关S→2号线→灯泡EL_1、…、灯泡EL_5→3号线→零线N构成回路，5个灯泡同时亮；关闭开关S则5个灯泡同时熄灭。

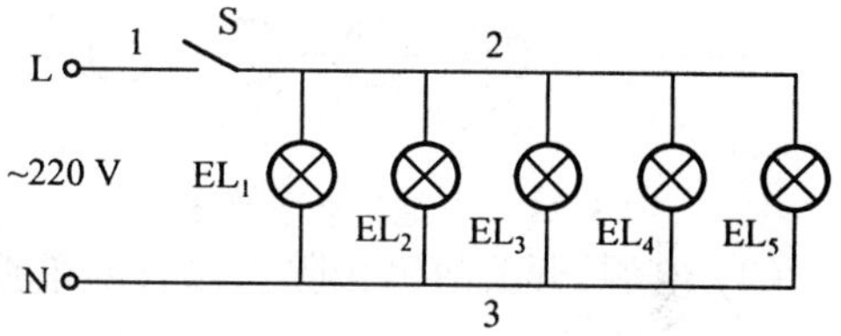

图3.23　灯泡并联电路图

3. 故障排除方法

（1）只有灯泡EL_5亮，表明火线L、零线N、开关S、2号线、3号线正常，故障在灯泡EL_1 ~ EL_4，可能原因有：灯座引线与2号线或3号线断路、灯泡与灯座接触不良或灯泡损坏。

（2）只有灯泡EL_1亮，故障可能是灯泡EL_1与灯泡EL_2之间的2号线或3号线断路，因为灯泡EL_2 ~ EL_5同时出现故障的可能性非常小。

（3）只有灯泡EL_3不亮，故障应该在灯泡EL_3上，可能原因有：灯座引线与2号线或3号线断路、灯泡与灯座接触不良或灯泡损坏。

（4）其他故障参照单控灯的故障排除方法。

3.1.4　灯泡串联电路

1. 概念

把几个灯泡依次串联在一起的电路称为灯泡串联电路，可应用于景观灯、装饰灯和应急照明灯等。

2. 使用条件

（1）被串联的灯泡的额定电压必须一致。

（2）被串联的灯泡的额定功率必须一致。

（3）被串联的灯泡的额定电压之和应与电源电压相符或略高于电源电压。

3. 电路分析

如图3.24所示，当合上开关S时，220 V电源经火线L→1号线→开关S→2号线→灯泡EL_1→灯泡EL_2→…→灯泡EL_{10}→3号线→零线N构成回路，灯泡同时亮。关闭开关S时，灯泡同时熄灭。

4. 故障排除方法

(1) 灯泡串联电路断路、灯泡断丝的判断方法。

断开电源,断开开关S,查开关S接2号线端确无电。将万用表拨至电阻R × 100或R × 1 k挡,红表笔接开关S接2号线端。黑表笔依次接至灯泡EL_1 ~ EL_{10}的连接点,如图3.25所示。若测得某点电阻值无限大,证明该点与上一测量点之间有线路断路或灯泡断丝故障。

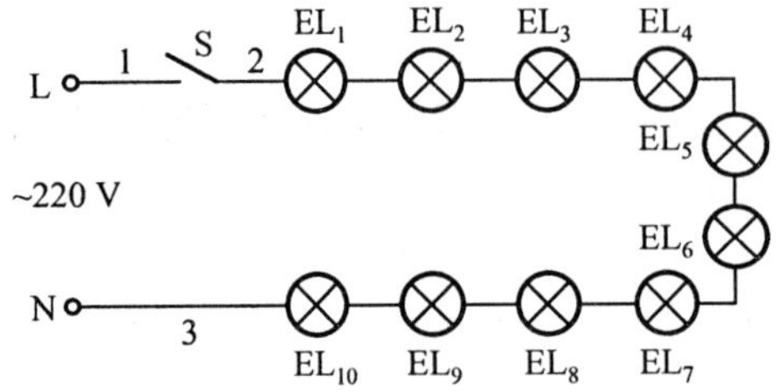

图3.24 灯泡串联电路图

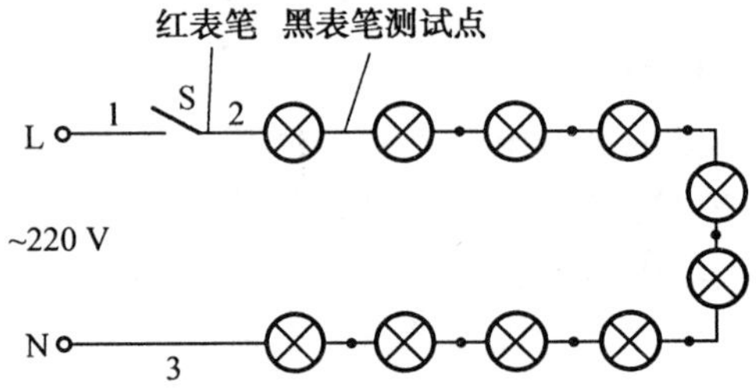

图3.25 灯泡串联电路断路、灯泡断丝的判断

(2) 电源、开关故障排除方法参照单控灯的故障排除方法。

3.2 荧光灯电路及故障排除

荧光灯也称日光灯,由镇流器、灯管、启辉器、灯架及灯座等组成。镇流器有电感式和电子式两种,电子式镇流器不用启辉器。荧光灯管有直管形、环形、U形等。荧光灯广泛应用于家庭及公共场所的照明,具有发光效率高、寿命长等优点。

3.2.1 电感式荧光灯连接电路

1. 荧光灯的基本工作原理

电感式荧光灯连接电路如图3.26所示。

荧光灯的基本工作原理是:开关闭合电源接通后,灯管尚未放电,电源电压通过灯丝全部加在启辉器内的两个双金属触片上,在氖管中产生辉光放电发热,两触片接通,于是电流通过镇流器和灯管两端的灯丝,使灯丝加热。此时由于双金属触片短路氖管停止辉光放电,双金属触片也因温度降低而分开,在分开瞬间,镇流器产生相当高的自感电动势,它和电源电压串联后加在灯管两端引起弧光放电,使荧光灯点亮。

2. 电路分析

(1) 荧光灯预热、启动回路。

荧光灯预热、启动回路如图3.27所示。

电源火线L→1号线→镇流器L→2号线→灯管灯丝B端→3号线→启辉器的U形双金属片;电源零线N→5号线→灯管灯丝A端→4号线→启辉器S′静触片。此时启辉器两端加有电源电压,辉光放电发热,U形双金属片与静触片闭合,接通预热回路。

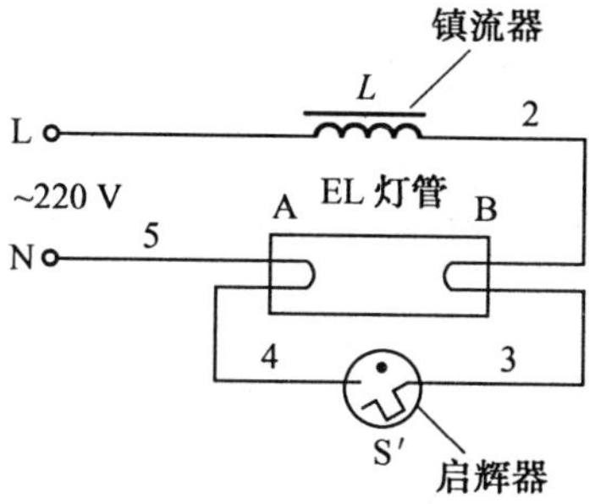

图 3.26　电感式荧光灯连接电路

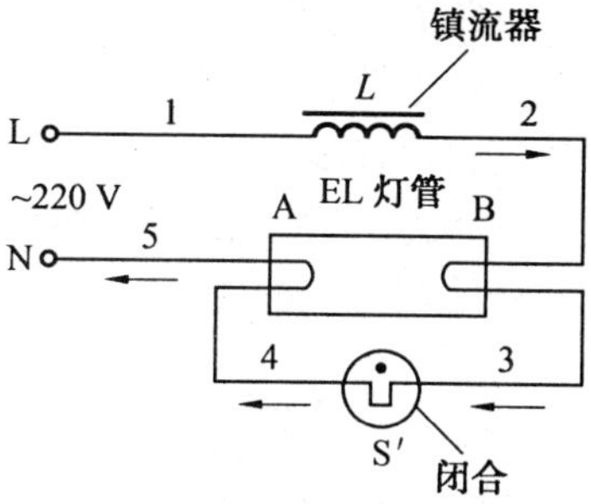

图 3.27　荧光灯预热、启动回路原理图

(2) 荧光灯工作回路。

荧光灯工作回路如图 3.28 所示。

工作回路:电源火线 L→1 号线→镇流器 L→2 号线→灯管灯丝 B 端→灯管灯丝 A 端→5 号线→零线 N。

3. 荧光灯元件故障检测与排除

电阻测量法检查步骤如下:

(1) 将万用表拨至电阻 R × 100 或 R × 1 k 挡,用红、黑表笔测量电阻值。

(2) 用红、黑表笔测量荧光灯灯管 A 端引线柱两端电阻值,如图 3.29 所示。如果阻值接近零,表明灯管 A 端灯丝正常;若阻值无限大表明灯管 A 端灯丝断丝。

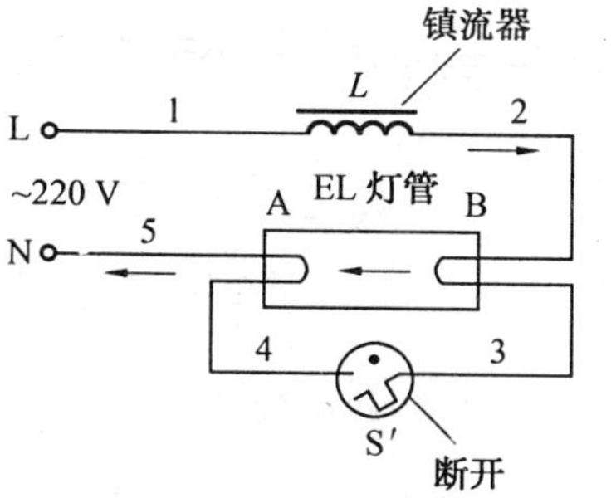

图 3.28　荧光灯工作回路原理图

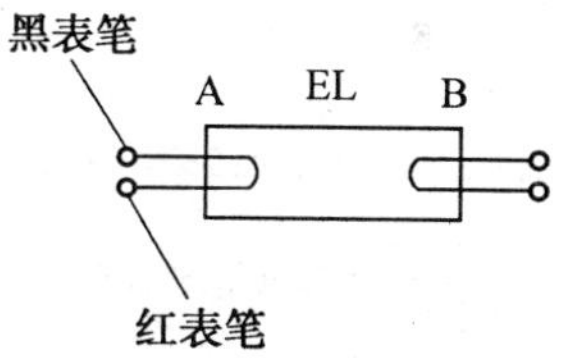

图 3.29　电阻测量法检测荧光灯管灯丝

(3) 用同样的方法测量荧光灯管 B 端阻值,判断 B 端是否有断丝故障。

(4) 用红、黑表笔测量启辉器引出两个接点端电阻值,如图 3.30 所示。如果阻值接近零,表明启辉器氖泡 U 形双金属片与动触片短路或小电容击穿短路。

(5) 用红、黑表笔测量镇流器线圈引出线端子两端电阻值,如图 3.31 所示。如果阻值近零,表明镇流器线圈短路;如果阻值无限大,表明镇流器线圈断路。

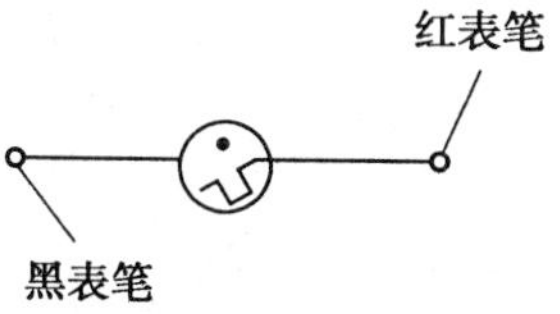

图 3.30　电阻测量法检测启辉器

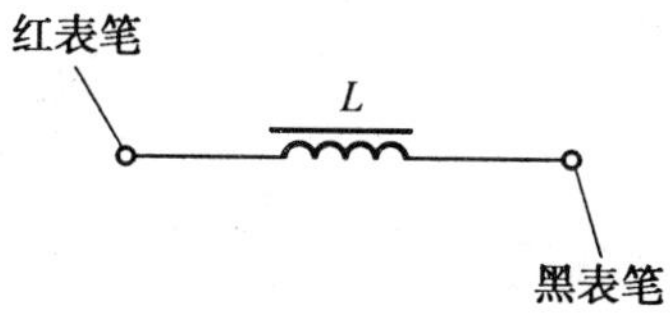

图 3.31　电阻测量法检测镇流器

4. 荧光灯电路故障检测与排除

镇流器荧光灯电路接线，如图3.32所示。

(1) 测电笔法检查步骤。

① 合上开关S，测量镇流器接3号线端，如图3.33所示。测电笔不亮表明电源火线L至镇流器接3号线端之间断路。

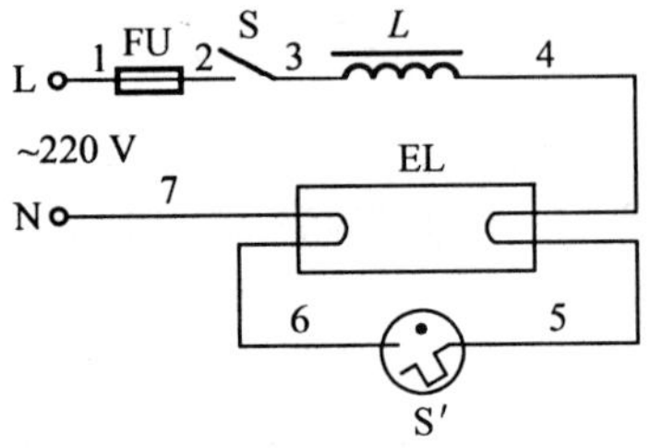

图3.32 镇流器荧光灯电路应用接线

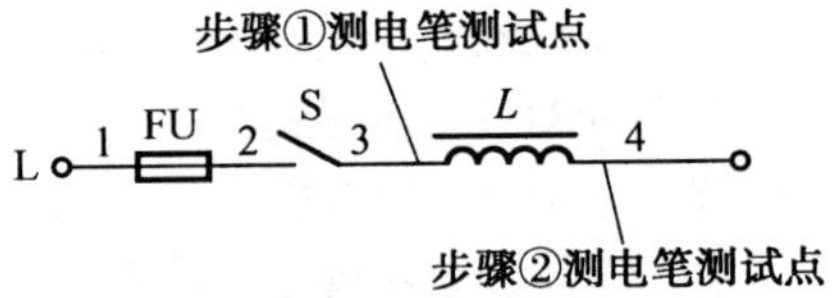

图3.33 测电笔法操作步骤①②

② 测量镇流器接4号线端(见图3.33)，测电笔不亮表明镇流器线圈断路。

③测量荧光灯灯座B接4号线端，如图3.34所示。测电笔不亮表明4号线断路或4号线与灯座B接触不良。

④ 装上荧光灯管，测量启辉器基座接5号线端，如图3.35所示。测电笔不亮的可能原因有:荧光灯管B端断丝或与灯座接触不良，5号线断路或5号线与灯座B接触不良。

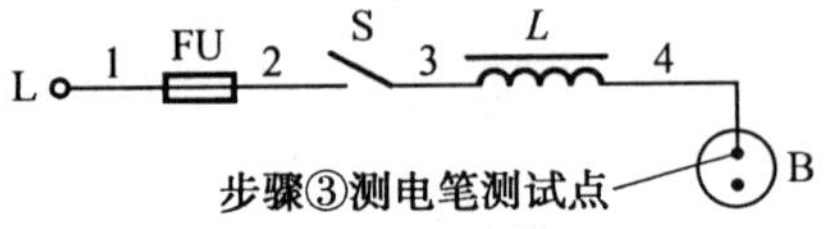

图3.34 测电笔法操作步骤③

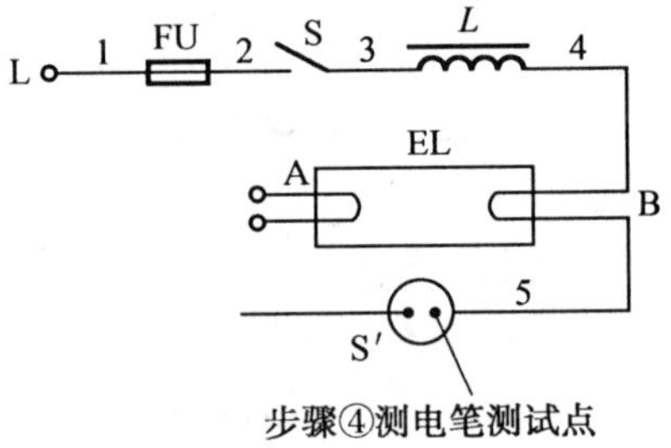

图3.35 测电笔法操作步骤④

⑤断开开关S，取下灯管，将启辉器基座接5号线端与6号线端短接(也可使用已短路的启辉器作为短接线)，将灯座4号线与5号线短接，如图3.36所示。

⑥合上开关S，测量灯座A接6号线端，如图3.37所示。测电笔不亮表明6号线断路或6号线与灯座A、启辉器基座接触不良。

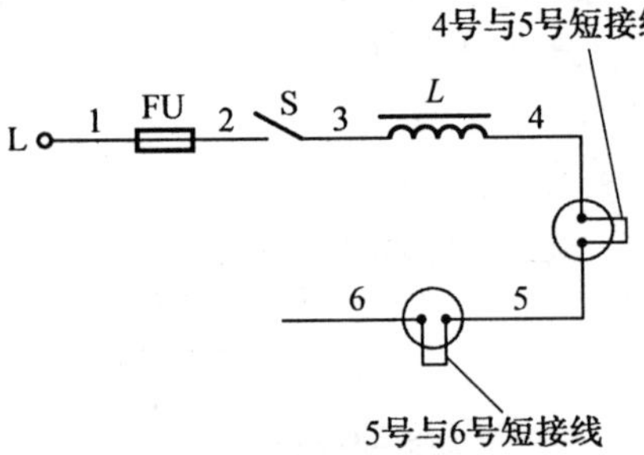

图3.36 测电笔法操作步骤⑤

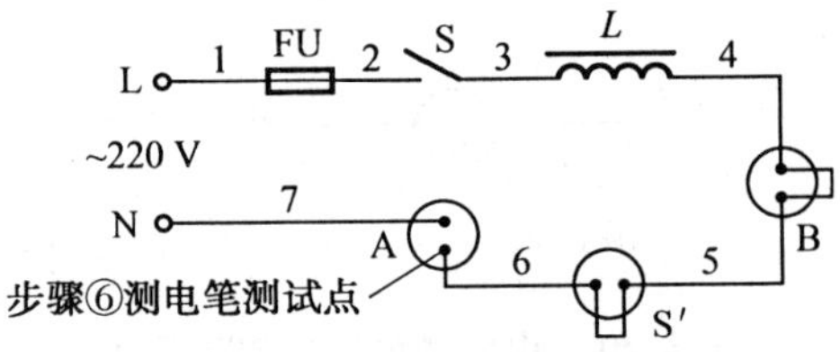

图3.37 测电笔法操作步骤⑥

⑦装上荧光灯管，灯管两端亮、中间不亮表明正常，如图3.38所示。灯管不亮的原因可能有：零线N或7号线断路，7号线与零线N或灯座A接触不良，荧光灯管A端灯丝断丝或灯管A端与灯座接触不良。

⑧断开开关S，拆下启辉器基座接5号线端与接6号线端的短接线，以及灯座上的4号与5号短接线。

(2)电压测量法检查步骤。

①将万用表拨至交流电压250 V挡，用黑、红表笔测量电压。

②合上开关S，测量镇流器接3号线端与零线N之间的电压，如图3.39所示。若测得电压为零表明火线L至镇流器接3号线端之间有断路，测得电压220 V左右为正常。

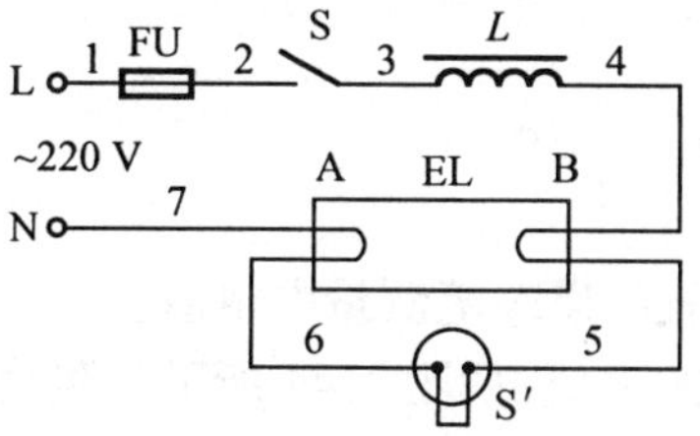

图3.38　测电笔法操作步骤⑦

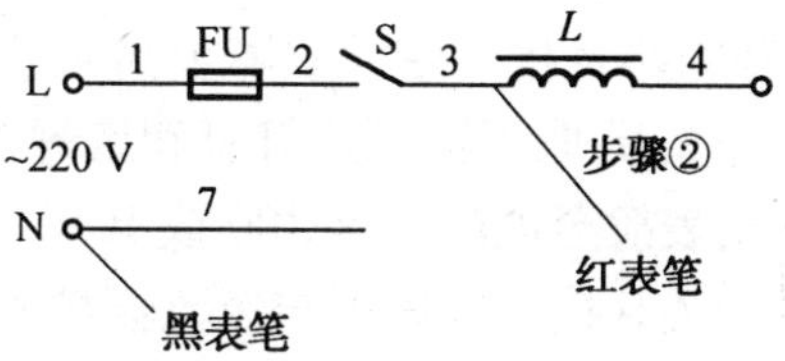

图3.39　电压测量法操作步骤②

③测量荧光灯座A端接7号线端与镇流器接4号线端之间电压，如图3.40所示。若测得电压为零表明7号线断路或与灯座A接触不良，测得电压略低于电源电压表明7号线正常。

④测量荧光灯座A端接7号线端与灯座B接4号线端之间电压，如图3.41所示。若测得电压为零表明4号线断路或与灯座B接触不良，测得电压略低于电源电压表明4号线正常。

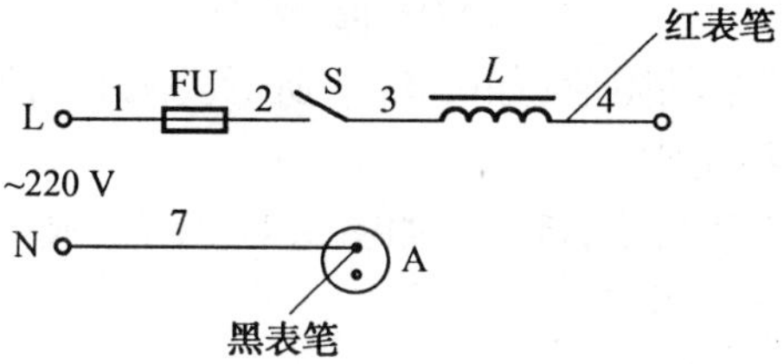

图3.40　电压测量法操作步骤③

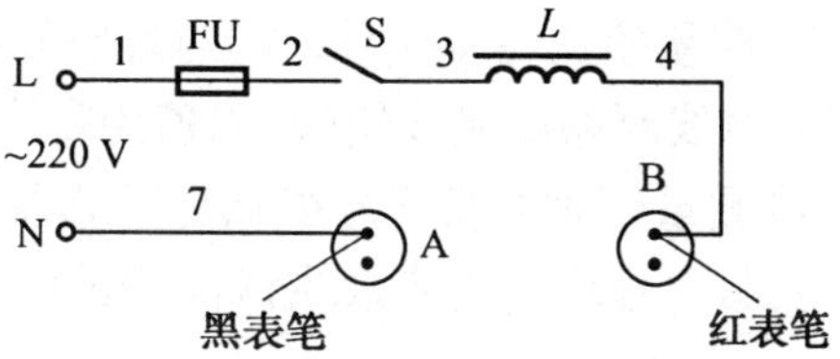

图3.41　电压测量法操作步骤④

⑤装上荧光灯管，测量启辉器基座接5号线端与零线N之间电压，如图3.42所示。若测得电压为零，则有以下几种可能：a. 灯管B端灯丝断丝；b. 灯管与灯座B接触不良；c. 5号线断路；d. 5号线与灯座B或启辉器基座接触不良。测得电压略低于电源电压为正常。

⑥测量启辉器基座接6号线端与镇流器接4号线端之间电压，如图3.43所示。若测得电压为零，则有以下几种可能：a. 灯管A端灯丝断丝；b. 灯管与灯座A接触不良；c. 6号线断路；d. 6号线与灯座A或启辉器基座接触不良。测得电压略低于电源电压为正常。

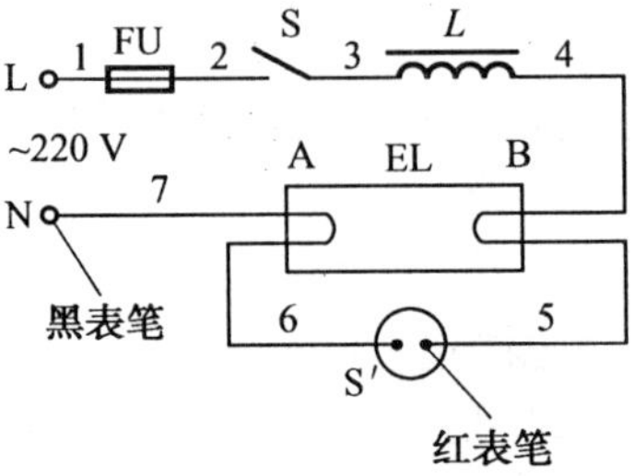

图 3.42　电压测量法操作步骤⑤

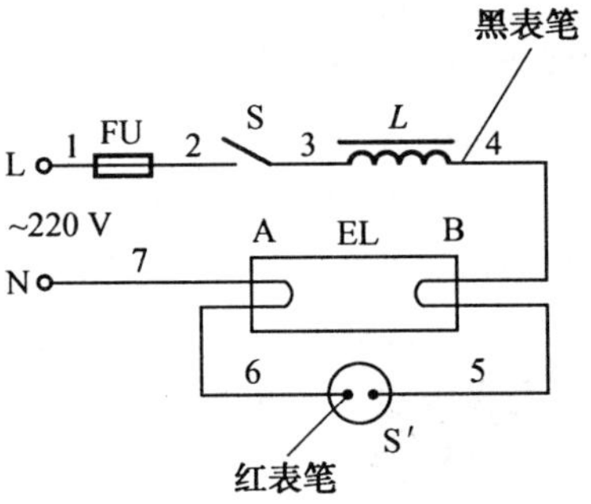

图 3.43　电压测量法操作步骤⑥

(3) 电阻测量法检查步骤。

检测线路断路及接线错误故障步骤如下：

① 断开开关 S，取下荧光灯灯管和启辉器。

② 将万用表拨至电阻 R × 100 或 R × 1 k 挡，用红、黑表笔测量电阻值。

③ 测量开关 S 接 3 号线端与镇流器接 3 号线端的阻值，如图 3.44 所示。阻值无限大表明 3 号线断路或接线错误，阻值为零表明 3 号线正常。

④ 测量镇流器接 3 号线端与镇流器接 4 号线端的阻值，如图 3.45 所示。阻值无限大表明镇流器线圈断路，阻值接近零表明镇流器线圈短路。

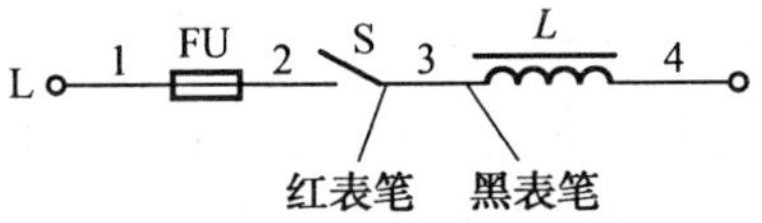

图 3.44　电阻测量法检测线路断路及接线错误故障操作步骤③

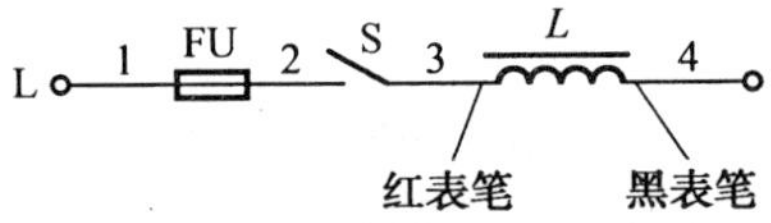

图 3.45　电阻测量法检测线路断路及接线错误故障操作步骤④

⑤ 测量镇流器接 4 号线端与灯座 B 接 4 号线端的阻值，如图 3.46 所示。阻值无限大表明 4 号线断路或接线错误，阻值为零表明 4 号线正常。

⑥ 测量灯座 B 接 5 号线端与启辉器基座接 5 号线端的阻值，如图 3.47 所示。阻值无限大表明 5 号线断路或接线错误，阻值为零表明 5 号线正常。

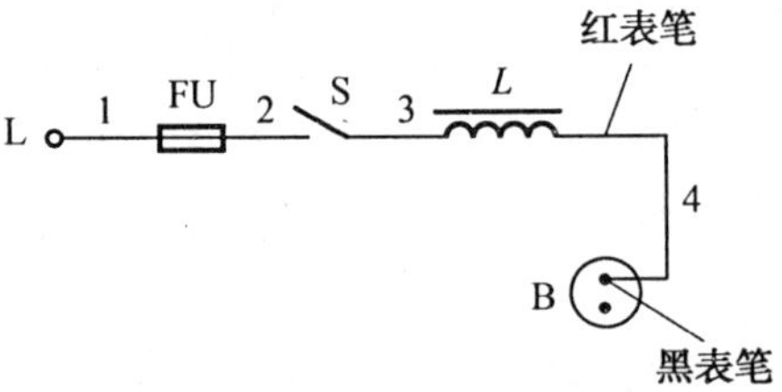

图 3.46　电阻测量法检测线路断路及接线错误故障操作步骤⑤

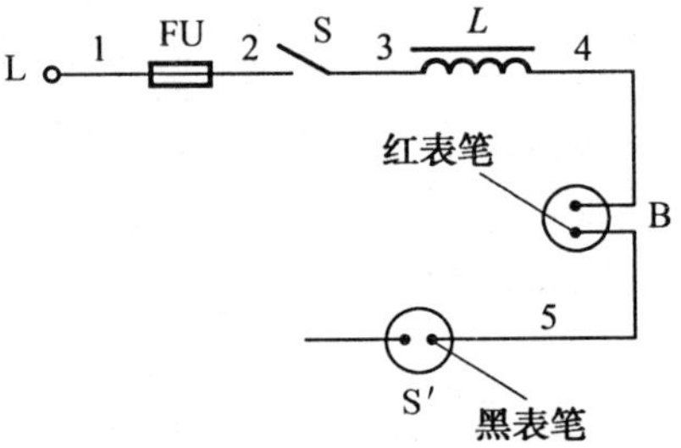

图 3.47　电阻测量法检测线路断路及接线错误故障操作步骤⑥

⑦ 测量启辉器基座接 6 号线端与灯座 A 接 6 号线端的阻值，如图 3.48 所示。阻值无限大表明 6 号线断路或接线错误，阻值为零表明 6 号线正常。

⑧ 测量灯座 A 接 7 号线端与零线 N 接 7 号线端的阻值，如图 3.49 所示。阻值无限大表明 7 号线断路或接线错误，阻值为零表明 7 号线正常。

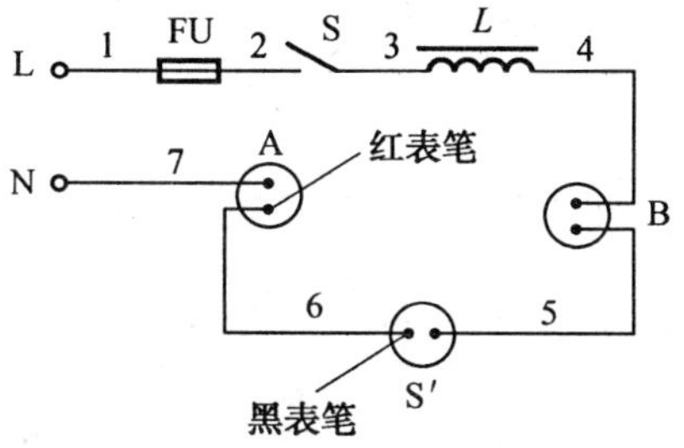

图 3.48　电阻测量法检测线路断路及接线错误故障操作步骤 ⑦

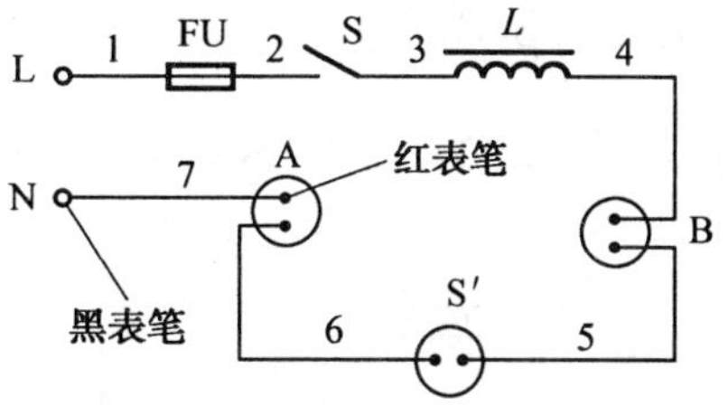

图 3.49　电阻测量法检测线路断路及接线错误故障操作步骤 ⑧

⑨ 将 3 号线与 7 号线短接，安装上荧光灯管，测量启辉器基座接 5 号线端与启辉器基座接 6 号线端的阻值，如图 3.50 所示。阻值无限大表明灯管与灯座接触不良或灯丝断丝，阻值接近于零表明荧光灯管正常。

检测线路短路故障步骤如下：

① 步骤 ①，② 同电阻测量法检测线路断路及接线错误故障。

② 测量灯座 A 接 7 号线端与灯座 B 接 4 号线端的阻值，如图 3.51 所示。阻值接近零表明 7 号线与 3 号线或 4 号线短路，阻值无限大为常。

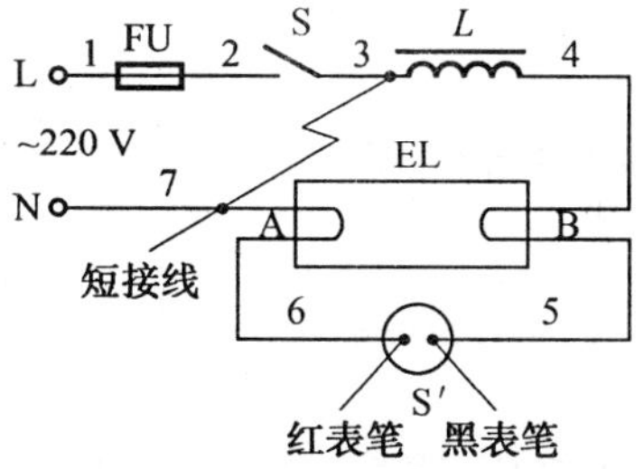

图 3.50　电阻测量法检测线路断路及接线错误故障操作步骤 ⑨

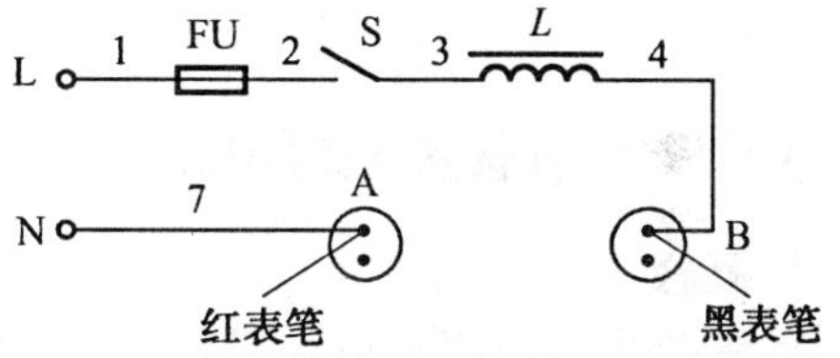

图 3.51　电阻测量法检测线路短路故障操作步骤 ②

③ 测量灯座 A 接 6 号线端与灯座 B 接 5 号线端的阻值，如图 3.52 所示。阻值接近零表明 6 号线与 5 号线或启辉器基座短路，阻值无限大为正常。

④ 测量灯座 A 接 7 号线端与灯座 A 接 6 号线端的阻值，如图 3.53 所示。阻值接近零表明 7 号线与 6 号线短路，阻值无限大为正常。

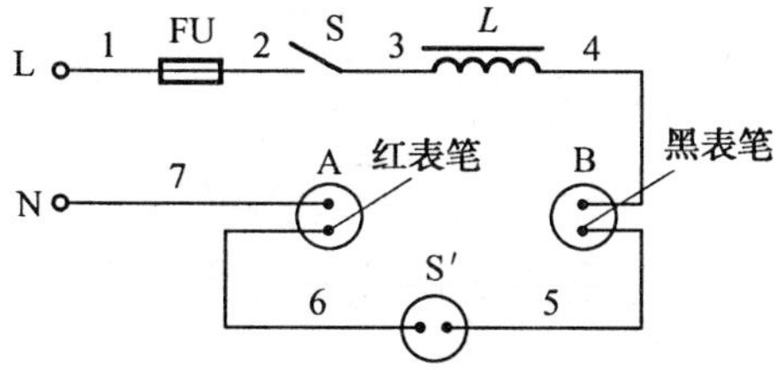

图 3.52　电阻测量法检测线路短路故障操作步骤 ③

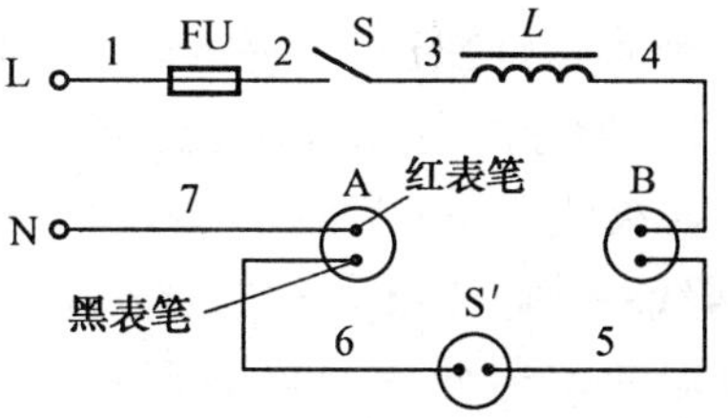

图 3.53　电阻测量法检测线路短路故障操作步骤 ④

⑤ 测量灯座 B 接 4 号线端与灯座 B 接 5 号线端的阻值，如图 3.54 所示。阻值接近零表明 5 号线与 4 号线或 3 号线短路，阻值无限大为正常。

⑥ 测量灯座 A 接 7 号线端与灯座 B 接 5 号线端的阻值，如图 3.55 所示。阻值接近零表明 7 号线与 5 号线或启辉器基座短路，阻值无限大为正常。

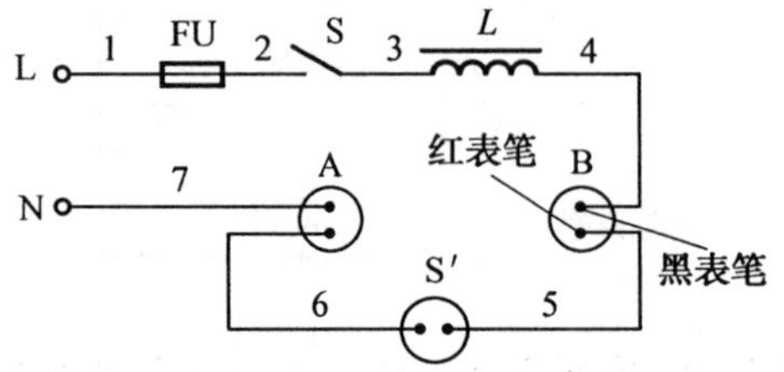

图 3.54　电阻测量法检测线路短路故障操作步骤 ⑤

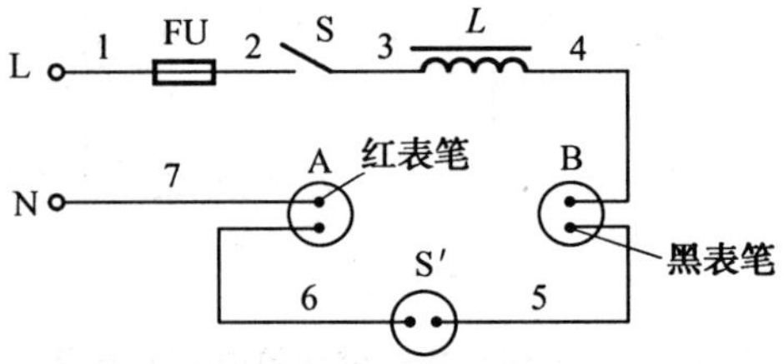

图 3.55　电阻测量法检测线路短路故障操作步骤 ⑥

⑦ 测量灯座 A 接 6 号线端与灯座 B 接 4 号线端的阻值，如图 3.56 所示。阻值接近零表明 6 号线与 4 号线或 3 号线短路，阻值无限大为正常。

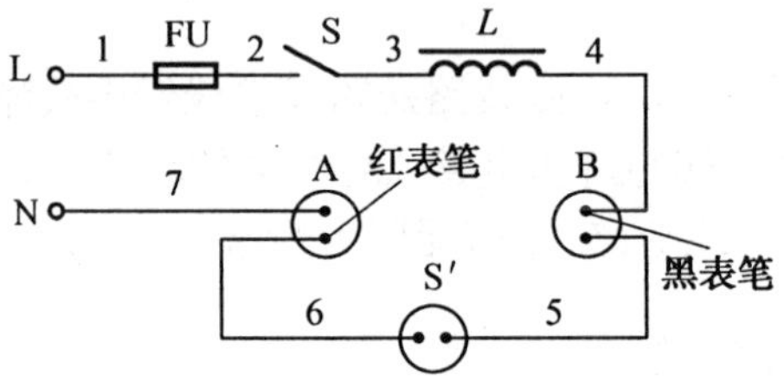

图 3.56　电阻测量法检测线路短路故障操作步骤 ⑦

3.2.2　双管荧光灯电路

1. 概念

双管荧光灯由两套单管荧光灯装在同一个灯架上组成，它是两个独立的荧光灯电路，共用一个电源，由一个开关控制，如图 3.57 所示。双管荧光灯一般应用在需要集中控制和对亮度要求较高的场所，如会议室、商场等。

2. 电路分析

如图 3.57 所示，电源火线 L→1 号线→开关 S→2 号线→3 号线→镇流器 L_1→4 号线→灯管 EL_1 灯丝 B 端→5 号线→启辉器 S_1→6 号线→灯管 EL_1 灯丝 A 端→7 号线→8 号线→零线 N 构成灯管 EL_1 的荧光灯电路。电源火线 L→1 号线→开关 S→2 号线→3′ 号线→镇流器 L_2→4′ 号线→灯管 EL_2 灯丝 B 端→5′ 号线→启辉器 S_2→6′ 号线→灯管 EL_2 灯丝 A 端→7′ 号线→8 号线→零线 N 构成灯管 EL_2 的荧光灯电路。

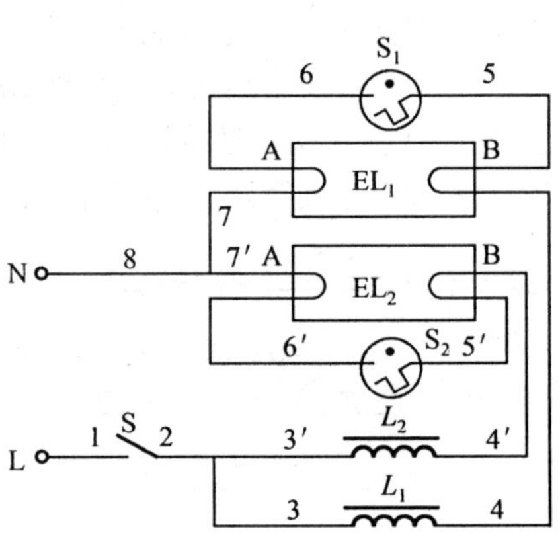

图 3.57　双管荧光灯电路原理图

3. 故障排除注意事项

(1) 用测电笔法和电压测量法检测故障时，与单管荧光灯相同。应注意两个荧光灯电路分别测量，查找故障。

(2) 使用电阻测量法时应注意将 3 号线和 3′ 号线分别与 2 号线断开，7 号线和 7′ 号线分别与 8 号线断开，并注意 3 号线和 3′ 号线、7 号线和 7′ 号线不能短路。然后分别测量，方法同单管荧光灯电路。

4. 使用注意事项

(1) 双管荧光灯电路中两个镇流器功率应相同，两个灯管功率应相同，镇流器与灯管功率应相匹配。

(2)3 号线和 3′ 号线应接在 2 号线上，7 号线和 7′ 号线应接在 8 号线上，不可接错。

(3) 启辉器 S_1、5 号线、6 号线与启辉器 S_2、5′ 号线、6′ 号线不能接反或接错。

3.2.3　荧光灯节能电子镇流器线路

1. 概念

电子荧光灯镇流器电路如图 3.58 所示。它具有工作电压范围宽、低压易启动、工作时无蜂音、无闪烁、节能省电等特点。

该线路的工作原理是：由 VD_1 ~ VD_4，C_1 组成桥式整流滤波线路，把交流 220 V 转换成 300 V 左右的直流电，供振荡激励线路使用。R_1、C_2、双向触发二极管 VD_7 可构成触发起振线路，VT_1，VT_2 及相应元件构成主振线路。在 VT_1，VT_2 截止时，自感扼流圈 B_1，B_2 产生高压，启动荧光灯管。C_5，R_7 的作用是可消除因瞬间高压对荧光灯灯丝的冲击而形成的灯管两端早期老化发黑的现象，以延长灯管的使用寿命。

2. 故障排除步骤

(1) 合上开关 S，将万用表拨至交流 250 V 电压挡，用红、黑表笔测量镇流器接 2 号线端与 7 号线端电压，如图 3.59 所示。测量结果 220 V 为正常，结果为零表明 1 号线、开关 S、2 号线或 7 号线断路。

(2) 断开开关 S，查确无电，拆下镇流器与灯管连接的 3,4,5,6 号线，如图 3.60 所示。

(3) 将万用表拨至电阻挡，用电阻法分别检测 3,4,5,6 号线是否存在断路故障、灯

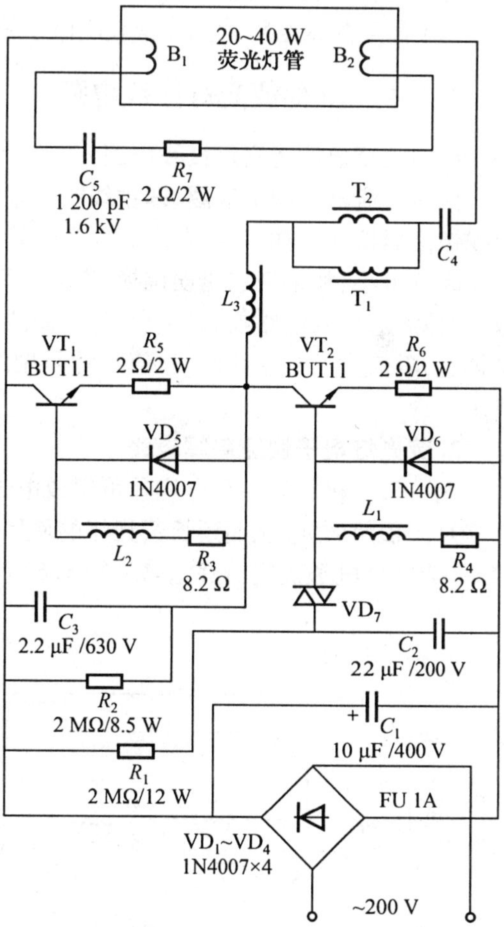

图 3.58　电子荧光灯镇流器电路

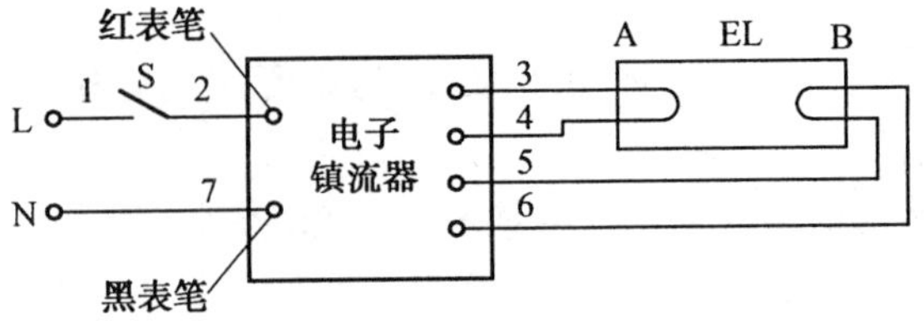

图 3.59　故障排除步骤(1)

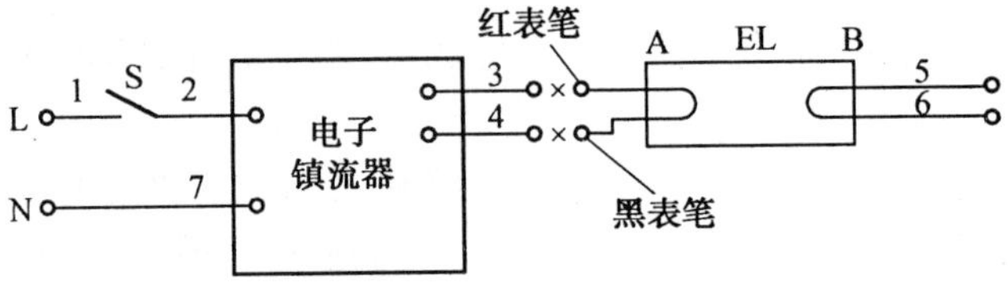

图 3.60　故障排除步骤(2)

管与灯座是否接触不良及灯管是否存在断丝故障。

(4) 如果测量结果均无异常表明电子镇流器损坏,更换电子镇流器后恢复原电路。

3.2.4　其他荧光灯接线电路

1. 四线镇流器荧光灯接线电路

四线镇流器有两个线圈,即主线圈和副线圈,因此有四根引线,主线圈的两根引线与两线镇流器接法一样,串联在启辉器和灯管之间,帮助荧光灯启动。由于副线圈匝数少,交流阻抗也小,如果把它错误调换,串联在灯管和电源之间,就会烧毁灯管和镇流器。所以,把镇流器接入电路前,必须分清主、副线圈。可用万用表电阻挡测量主、副线圈的电阻来辨别,阻值大的是主线圈,阻值小的是副线圈。四线镇流器荧光灯接线电路如图 3.61 所示。

2. 荧光灯电子快速启辉电路

用一只二极管和一只电容器可组成电子启辉器,它的特点是启辉速度快,可大大缩短荧光灯的预热时间,从而延长荧光灯的使用寿命。在冬天用此启辉器可达到一次性快速启辉,荧光灯电子快速启辉电路如图 3.62 所示。

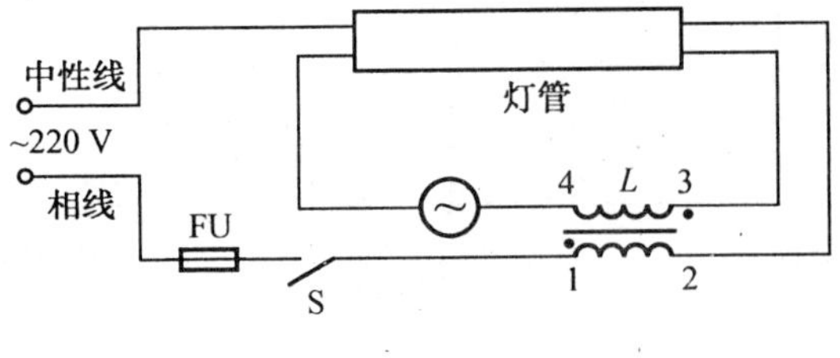

图 3.61　四线镇流器荧光灯连接电路

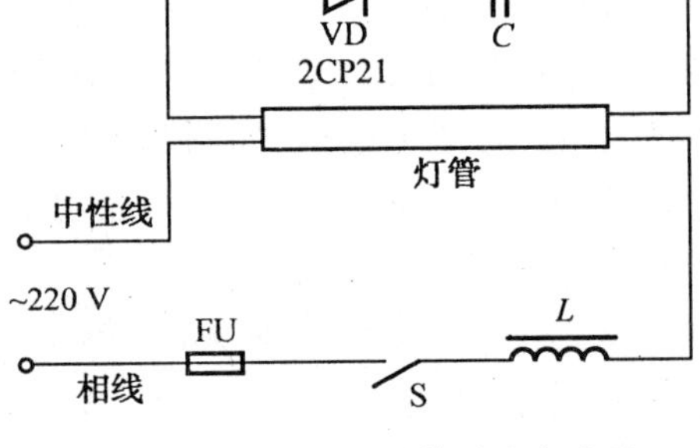

图 3.62　荧光灯电子快速启辉电路

电路的工作原理是:开灯时,闭合开关 S,电流某一半周(零线为正时)经镇流器、灯丝、二极管给电容器充电;另一半周时电源电压与电容器电压叠加,击穿二极管(因时间短，电流不是很大，一般不会造成二极管损坏）产生高压，点燃荧光灯。在灯管点燃后，因两端灯丝间的电压降到 50 ~ 108 V，低于二极管的击穿电压，这时荧光灯便正常工作。二极管的反向击穿电压应选定在 190 V 左右。电子启辉器可利用原荧光灯启辉器，将原启辉器内的氖泡和电容器去掉，将二极管与电容器串联，两端焊接在原启辉器的接线柱上即可。

3.3　其他照明控制电路

前两节讲述的白炽灯和荧光灯是生活中最常用的照明光源。在一些特殊的场合，我们可能还会应用到一些特殊的照明光源，本节予以简明阐述。

3.3.1　高压汞灯接线电路

高压汞灯也称高压水银灯，具有发光效率较高、寿命较长、安装线路简单、节省电能、外形美观等优点，所以得到广泛应用。高压汞灯安装电路如图 3.63 所示。

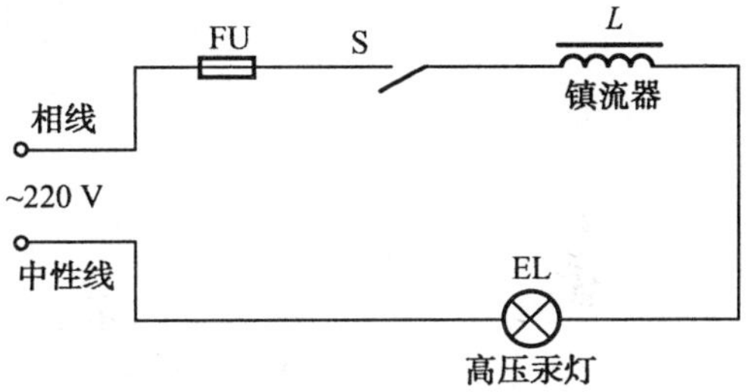

图 3.63　高压汞灯安装电路

使用高压汞灯应注意的问题：

(1) 电源电压波动不宜过大，如果使用中电源电压下降 5%，有可能造成灯泡熄灭，并且熄灭后不能及时重燃。

(2) 灯泡与镇流器、灯座必须配套使用。高压汞灯灯座额定功率必须足够大，以防止灯泡严重过热而烧坏灯座。另外，反射型高压汞荧光灯、反射型黑光高压汞灯均可按图 3.63 的安装电路接线。

3.3.2　高压钠灯的接线电路

高压钠灯是一种高气压的钠蒸气放电光源，它辐射的光谱集中在人眼较为敏感的区域，因此它的光效比高压汞灯高一倍还多（如一盏 90 W 的低压钠灯相当于一盏 250 W 的高压汞灯的亮度），且使用寿命长，所以广泛应用于道路、车站、广场等场所。图 3.64(a) 为一般高压钠灯接线电路，高压钠灯 EL 中有一启动热控开关，镇流器 L 产生脉冲高压，将 EL 内部击穿放电，在启动结束后，热控开关依靠放电管高温保持断开。图 3.64(b) 为高压钠灯电子启动电路。

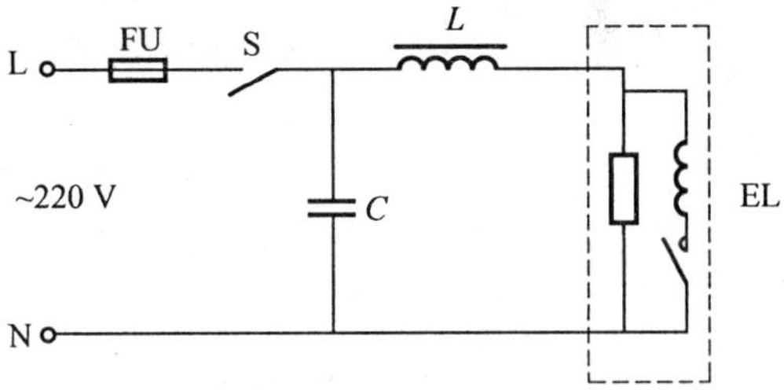

(a) 一般接线电路

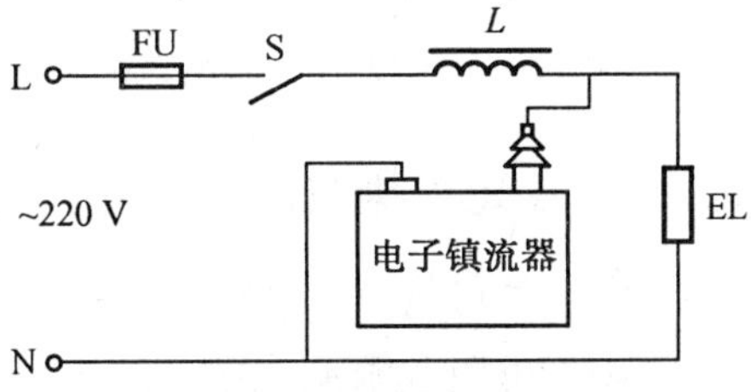

(b) 电子启动电路

图 3.64　高压钠灯的接线电路

3.3.3 管形氙灯控制电路

管形氙灯是一种充有高气压氙气的高功率的气体放电灯。高压氙气灯放电时能产生很强的白光，与太阳十分近似，俗称“小太阳”，特别适合大面积场所照明。管形氙灯的控制电路如图 3.65 所示。触发控制端在触发时电流很大，需选配一只 CJ10 - 20 交流接触器。启动时按下按钮 SB，灯管即可点燃。线路中 A_3 接相线，A_4 接中性线，A_1，A_2 接灯管两端。A_1 为高压输出端，应注意绝缘防护。

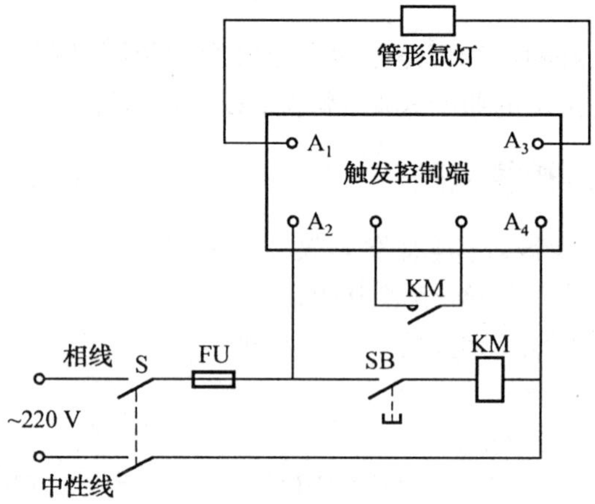

图 3.65　管形氙灯的控制电路

3.3.4 紫外线杀菌灯电路

紫外线杀菌灯应用于医学、制药工业、食品工业等，其接线如图 3.66 所示。紫外线杀菌灯必须配接符合配套要求的专用漏磁变压器。

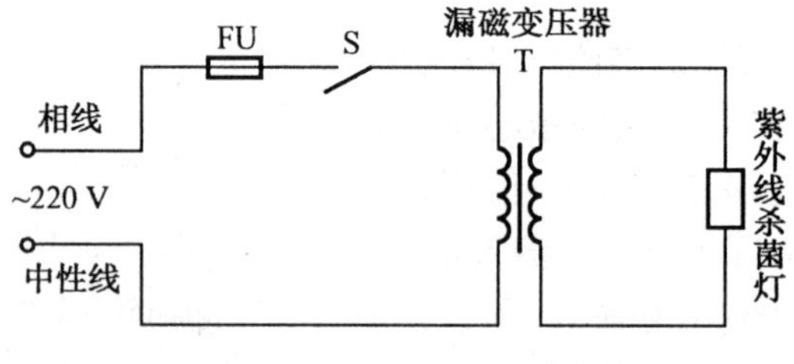

图 3.66　紫外线杀菌灯电路

3.3.5 发光二极管电源指示灯电路

用一只发光二极管 VD 串联一只电阻，直接接入交流 220 V 电源，即成为电源指示灯电路。电路中的电阻起限流作用，发光二极管通过几毫安的电流即可发光，可作为仪器和家用电器的电源指示灯，多用插座和电热毯的电源指示大部分都采用此电路。电路中电阻的阻值在 91 ~ 130 kΩ 之间，功率为 0.25 W。发光二极管电源指示灯电路如图 3.67 所示。

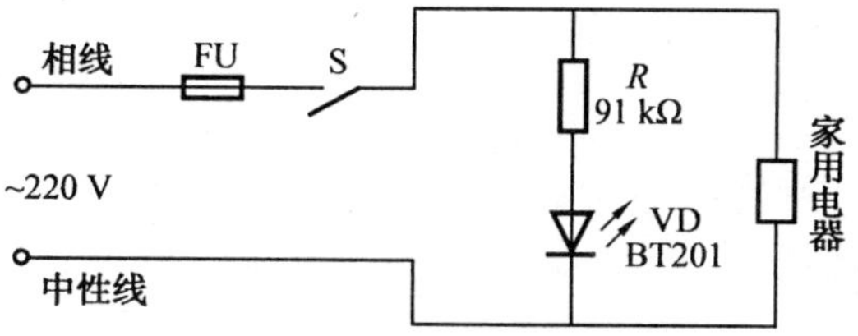

图 3.67　发光二极管电源指示灯电路

技能训练　照明装置的安装

一、训练目的

掌握各种照明装置的安装方法。

二、实训内容

(1) 白炽灯线路安装。

(2) 荧光灯线路安装。

三、实训器材

电工工具一套；万用表一块；连接导线若干根；白炽灯组合配件、荧光灯组合配件各一套。

四、考核配分及评分标准

考核配分及评分标准见表 3.1。

表 3.1　考核配分及评分标准

序号	项目内容	评分标准	配分	扣分	得分
1	线路的安装	(1) 元件布置不合理，扣 10 分 (2) 木台、灯座、开关、插座和吊线盒等安装松动，每处扣 5 分 (3) 电气元器件损坏，每只扣 10 分 (4) 相线未进开关，扣 5 分 (5) 线芯剖削有损伤，每处扣 5 分	70		
2	通电试验	安装线路错误，造成短路、断路故障，每多通电一次扣 10 分，扣完 20 分为止	20		
3	安全生产	违反安全生产规程，扣 10 分	10		
4	工时(　)	不准超时			
合计			100		

第 4 章

室内配线技术

在建筑物或构筑物内，给用电器具或设备敷设供电和控制电路统称室内配线。根据房屋建筑结构及要求的不同，室内配线又分为明敷和暗敷两种，明敷是指导线沿墙壁、天花板、横梁及柱子等表面敷设；暗敷是将导线穿管埋设在墙内、地下或装设在顶棚里。目前，在室内电路安装中，采用较多的是钢（塑料）管配线、槽板配线和塑料护套线配线。

4.1 室内配线的组成

室内配线主要进行电路与墙体或建筑构件的固定，电气设备、开关、插座的连接，电路与其他设施的交叉跨越等。室内是人们经常活动的场所，故室内配线应采用符合国标规定的绝缘电线。室内配线分为照明线路和动力线路两种类型。

4.1.1 照明线路的组成

一般室内照明线路主要由电源、用电设备、导线和开关控制设备组成，如图 4.1 所示。线路首先进入配电箱（或配电盘），然后由分支线接到各个电灯或插座上。接线时要注意把熔体和开关接在相线上，这样开关断开后，开关以下的导线、插座和灯头等部件均不带电。

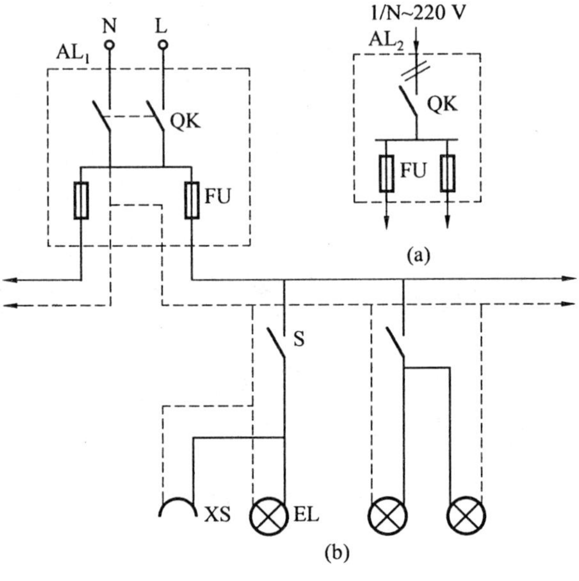

图 4.1 照明线路的组成

4.1.2 动力线路的组成

室内动力线路与照明线路一样，也是由电源、用电设备、导线和开关控制设备组成的，如图 4.2 所示。室内是人们经常活动的场所，为了保证用电安全，在配线时必须考虑到保护接地或保护接零。

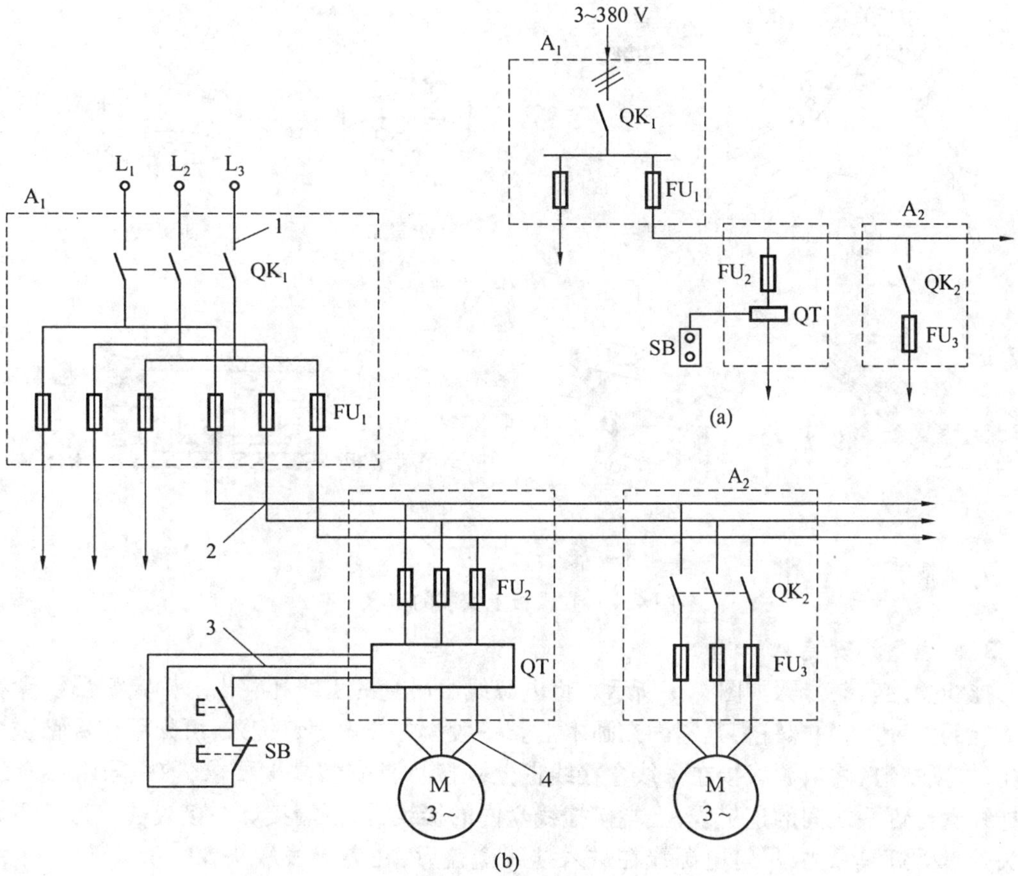

图4.2　室内动力线路

4.2　照明灯具、开关和插座的安装

照明灯具、开关和插座的安装是室内线路安装中的一项重要工作,应根据原理图及施工图的要求,严格按电工操作规程进行安装,不可违章操作,留下隐患。

4.2.1　白炽灯线路的安装

1. 灯座的安装方法一

先在准备安装挂线盒的地方打孔,预埋木榫或膨胀螺栓。在圆木底面用电工刀刻两条槽,在圆木中间钻3个小孔。将两根导线嵌入圆木槽内,并将两根电源线端头分别从两个小孔穿出,用木螺钉通过第三个小孔将圆木固定在木榫上。其步骤如图4.3所示。

2. 灯座的安装方法二

在楼板上安装的步骤。首先在空心楼板上选好弓板位置,按图示方法制作弓板,将圆木安装在弓板上,如图4.4所示。

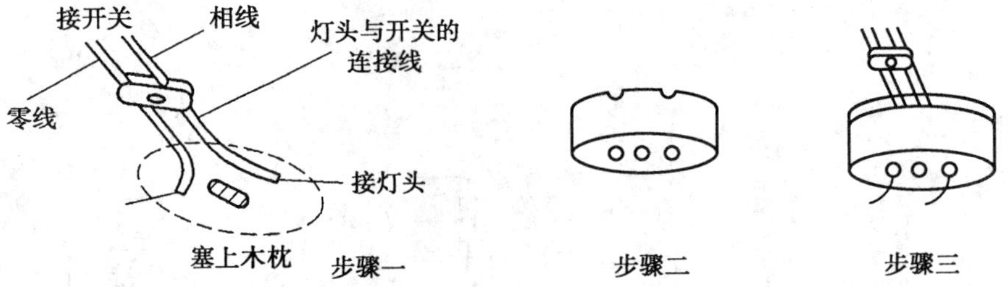

图 4.3　圆木安装步骤

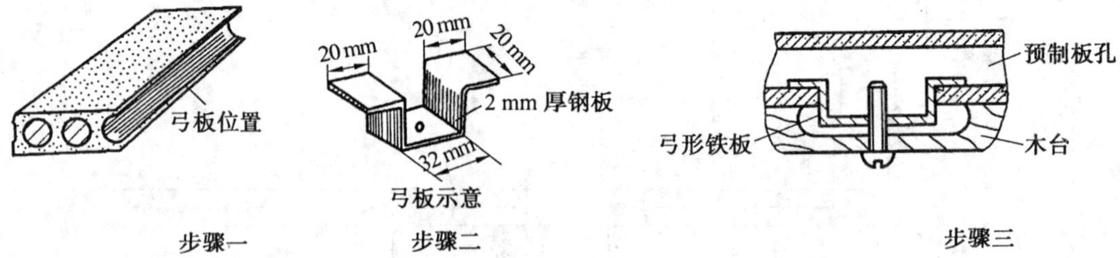

图 4.4　在楼板上安装的步骤

3. 挂线盒的安装

挂线盒的安装步骤如图 4.5 所示。将电源线由吊盒的引线孔穿出。确定好吊线盒在圆木上的位置后，用螺钉将其紧固在圆木上。一般为方便木螺钉旋入，可先用钢锥钻一个小孔，拧紧螺钉，将电源线接在吊线盒接线桩上。按灯具安装高度要求，取一段铜芯软线做挂线盒与灯头之间的连接线，上端接挂线盒内的接线桩，下端接灯头接线桩。为了不使接头处承受灯具重力，吊灯电源线在进入挂线盒盖后，在离接线端头 50 mm 处打一个结（电工扣）。

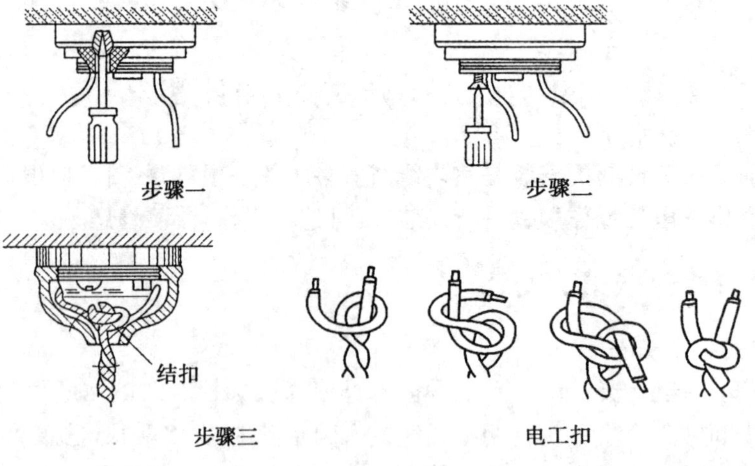

图 4.5　挂线盒的安装步骤

4. 灯头的安装

（1）吊灯头的安装步骤如图 4.6 所示，把螺口灯头的胶木盖子卸下，将软吊灯线下端穿过灯头盖孔，在离导线下端约 30 mm 处打一电工扣。把去除绝缘层的两根导线下端芯线分别压接在两个灯头接线端子上，旋上灯头盖。注意一点，相线应接在与中心铜片相连的接线桩上，零线应接在与螺口相连的接线桩上。

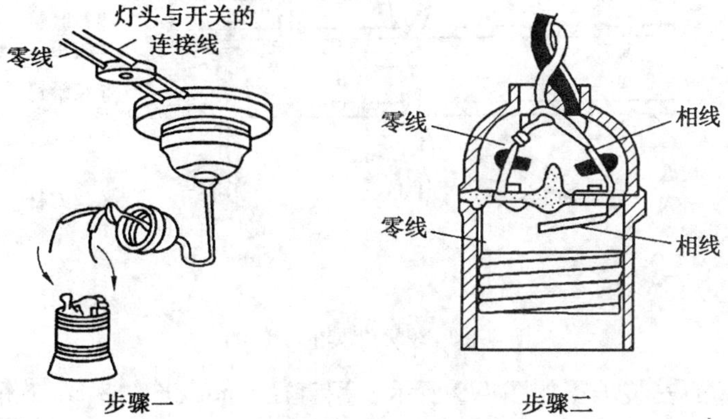

(a) 穿线　(b) 接相线、零线

图4.6　吊灯头的安装步骤

(2) 平灯头的安装步骤如图4.7所示。平灯座在圆木上的安装与挂线盒在圆木上的安装方法大体相同，只是由穿出的电源线直接与平灯座两接线桩相接，而且现在多采用圆木与灯座一体结构的灯座。

平灯座上有两个接线桩，一个与电源的中性线连接；另一个与来自开关的一根(相线)连接。为了使用安全，应把电源的中性线的线头连接在连接螺纹圈的接线桩上，把来自开关的连接线线头连接在连接中心簧片的接线桩上。

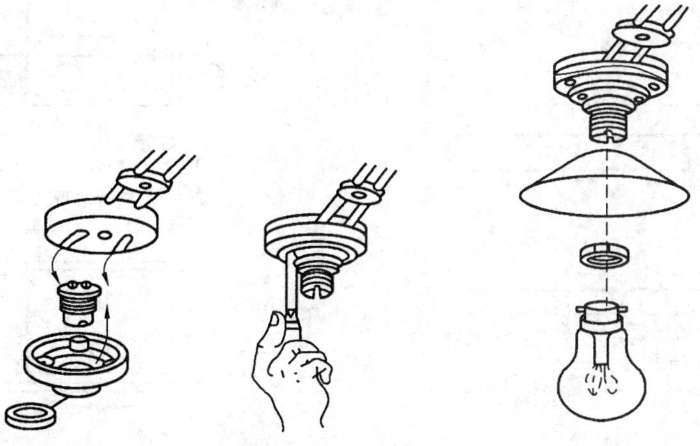

(a) 接线　(b) 安装卡门矮脚或底座　(c) 灯罩、灯头、灯泡组装

图4.7　平灯头的安装步骤

5. 吸顶式灯具的安装

(1) 较轻灯具的安装如图4.8所示。首先用膨胀螺栓或塑料胀塞将过渡板固定在顶棚预定位置。在底盘元件安装完毕后，再将电源线由引线孔穿出，然后托着底盘穿过过渡板上的安装螺栓，上好螺母。安装过程中因不便观察而不易对准位置时，可用十字螺丝刀穿

过底盘安装孔，顶在螺栓端部，使底盘轻轻靠近，顺利对准螺栓并安装到位。

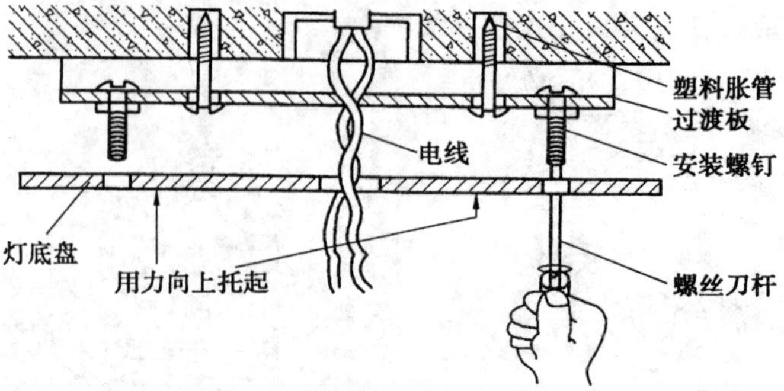

图 4.8　较轻灯具的安装图

(2) 较重灯具的安装步骤如图 4.9 所示。用直径 6 mm、长约 8 cm 的钢筋做成图示的形状。再做一个图示形状的钩子，钩子的下段铰 6 mm 螺纹，将钩子勾住后再送入空心楼板内。做一块和吸顶灯座大小相似的木板，在中间打个孔，套在钩子的下段上并用螺母固定。在木板上另打一个孔，以穿导线用，然后用木螺钉将吸顶灯底座板固定在木板上，经通电试验合格后，最后将玻璃罩装入。

6. 嵌入式灯具的安装

嵌入式安装如图 4.10 所示。制作吊顶时，应根据灯具的嵌入尺寸预留孔洞，安装灯具时，将其嵌装在吊顶上。

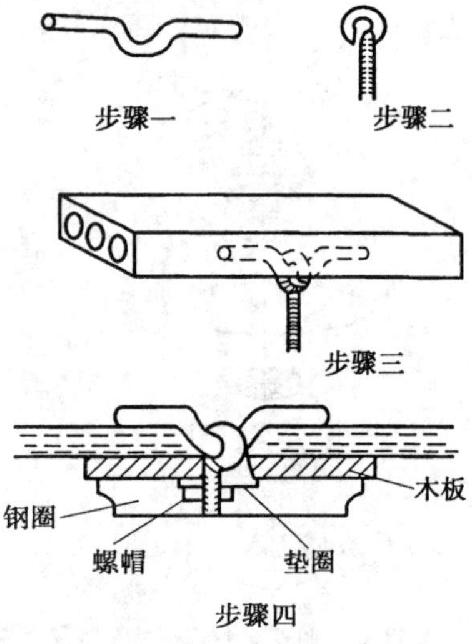

图 4.9　较重灯具的安装步骤

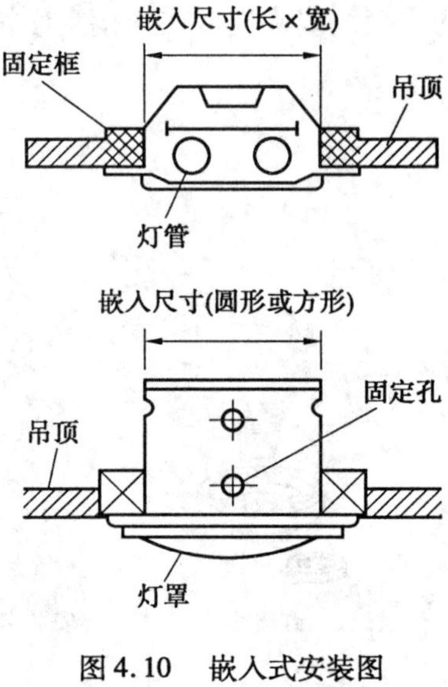

图 4.10　嵌入式安装图

4.2.2　荧光灯的安装

荧光灯的安装步骤与方法：

1. 组装接线

荧光灯组装接线如图 4.11 所示。启辉器座上的两个接线端分别与两个灯座中的一个接线端连接,余下的接线端,其中一个与电源的中性线相连,另一个与镇流器的一个出线头连接。镇流器的另一个出线头与开关的一个接线端连接,而开关的另一个接线端则与电源中的一根相线相连。与镇流器连接的导线既可通过瓷接线柱连接,也可直接连接,接线完毕,要对照电路图仔细检查,以免错接或漏接。

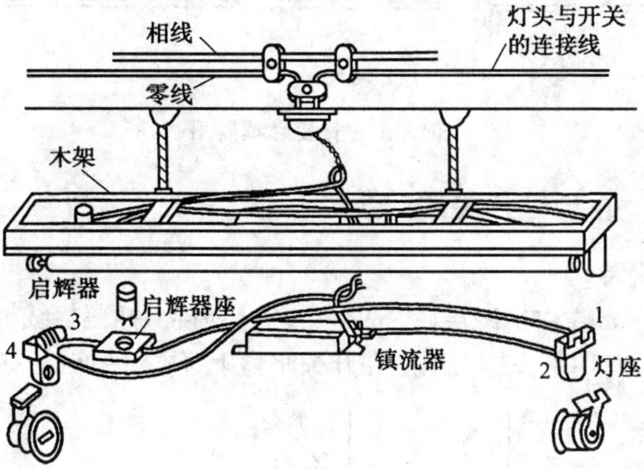

图 4.11　荧光灯组装接线图

2. 安装灯管

安装灯管如图 4.12 所示。安装灯管时,对插入式灯座,先将灯管一端灯脚插入带弹簧的一个灯座,稍用力使弹簧灯座活动部分压缩一小段距离,另一端趁势插入不带弹簧的灯座。对开启式灯座,先将灯管两端灯脚同时卡入灯座的开缝中,再用手握住灯管两端头旋转约 1/4 圈,灯管的两个引脚即被弹簧片卡紧使电路接通。

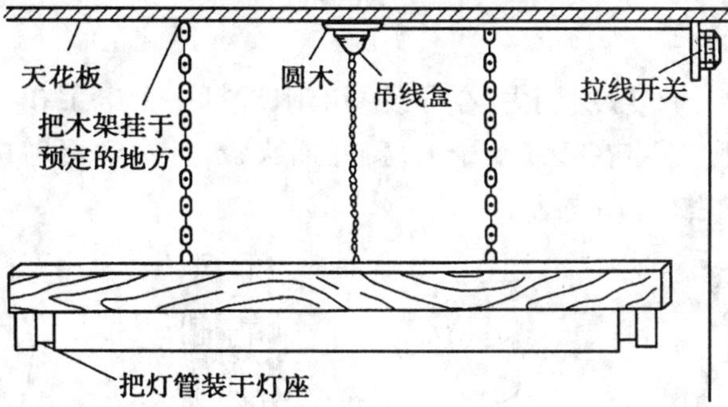

图 4.12　安装灯管图

3. 安装启辉器

安装启辉器如图 4.13 所示。开关、熔断器等按白炽灯安装方法进行接线,在检查无误后,即可通电试用。

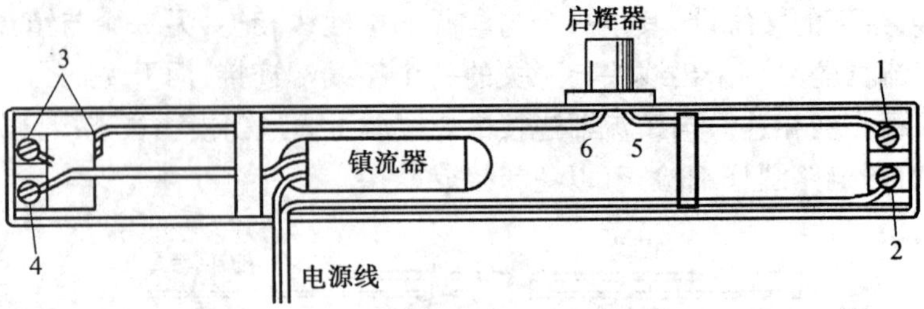

图 4.13　安装启辉器图

4.2.3　插座、插头与开关的安装

1. 三孔插座的安装

将导线剥去 15 mm 左右绝缘层后，按图 4.14 分别接入插座接线桩中，拧紧螺钉，如图 4.14(a) 所示。将插座用平头螺钉固定在开关暗盒上，压入装饰钮，如图 4.14(b) 所示。

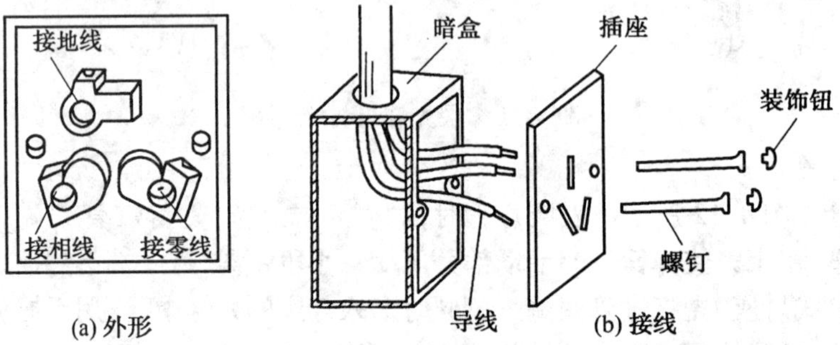

图 4.14　三孔插座的安装

2. 两脚插头的安装

将两根导线端部的绝缘层剥去，在导线端部附近打一个电工扣；拆开端头盖，将剥好的多股线芯拧成一股，固定在接线端子上，盖好插头盖，拧上螺钉即可。注意不要露出铜丝毛刷，以免短路，如图 4.15 所示。

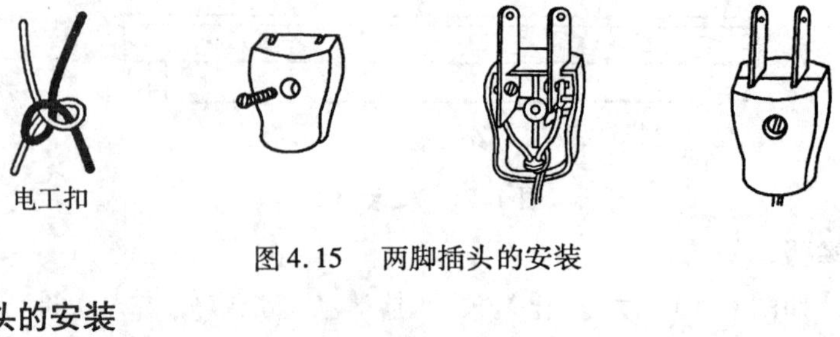

图 4.15　两脚插头的安装

3. 三脚插头的安装

三脚插头的安装与两脚插头的安装类似，不同的是导线一般选用三芯护套软线。其中一根带有黄绿双色绝缘层的芯线为接地线。其余两根一根接零线，一根接相线。如图 4.16 所示。

4. 开关的安装

为了用电的安全，照明灯具接线时应将相线接进开关。拉线开关和平开关安装时都要注意方向,拉线开关的拉线应自然下垂,平开关应让色点位于上方。

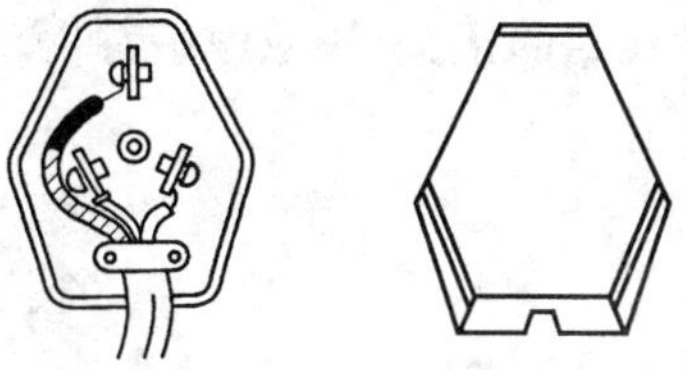

图4.16　三脚插头的安装

4.2.4　照明电路故障检修

照明电路的常见故障主要有断路、短路和漏电三种。

1. 断路

产生断路的原因主要是熔丝熔断、线头松脱、断线、开关没有接通及铜铝接头腐蚀等。

2. 短路

造成短路的原因大致有以下几种:

(1) 用电器具接线不好,以致接头碰在一起。

(2) 灯座或开关进水,螺口灯头内部松动或灯座顶芯歪斜造成内部短路。

(3) 导线绝缘外皮损坏或老化损坏,并在零线和相线的绝缘处碰线。

3. 漏电

相线绝缘损坏而接地,用电设备内部绝缘损坏使外壳带电等原因,均会造成漏电。漏电不但造成电力浪费,还可能造成人身触电伤亡事故。

漏电保护装置一般采用漏电开关。当漏电电流超过整定电流值时,漏电保护器动作,切断电路。若发现漏电保护器动作,则应查出漏电接地点并进行绝缘处理后再通电。

照明线路的接地点多发生在穿墙部位和靠近墙壁或天花板等部位。查找接地点时,应注意查找这些部位。

漏电查找方法为:

(1) 首先判断是否确定漏电。要用绝缘电阻表,看其绝缘电阻值的大小,或在被检查建筑物的总开关上串接一只万用表(电流挡),接通全部开关,取下所有负载,进行仔细观察。若表指针摇动,则说明漏电。指针偏转的多少,表明漏电电流的大小,若偏转多则说明漏电大。确定漏电后可按下一步继续进行检查。

(2) 判断是相线与零线之间的漏电,还是相线与大地间的漏电,或者是两者兼而有之。以接入万用表检查为例,切断零线,观察电流的变化,电流指示不变,是相线与大地之间漏电;电流指示为零,是相线与零线之间的漏电;电流表指示变小但不为零,则表明相线与零线、相线与大地之间均有漏电。

(3) 确定漏电范围。取下分路熔断器或切断开关,电流若不变化,则表明是总线漏电;电流指示为零,则表明是分路漏电;电流指示变小但不为零,则表明总线与分路均有漏电。

(4) 找出漏电点。按前面介绍的方法确定漏电的线段后,依次拉断该线路负载的开关,当拉断某一开关时,电流指针回零或变小,若回零则是这一分支线漏电,若变小则除该分支漏电外还有其他漏电处;若所有负载开关都拉断后,电流表指针仍不变,则说明是该段干线漏电。

依照上述方法依次把故障范围缩小到一个较短线段或小范围之后,便可进一步检查该段线路的接头,以及电线穿墙处等是否有漏电情况。当找到漏电点后,包缠好进行绝缘处理。

4.3 室内配线方法

室内配线方式很多,目前常用的有瓷柱配线、线管配线、线槽配线、护套线配线等。配线总的要求是横平竖直、整齐美观、经济合理、安全可靠。

4.3.1 配线方法

1. 配线技术要求及工序

(1) 配线技术要求如下:

① 配线要按施工图纸进行。图纸对导线、预埋方式、灯具、配电箱位置都有技术要求和规定。

② 配线水平敷设时距地面要 2.5 m 以上;垂直敷设时地面以上要套 2 m 的保护管。

③ 配线穿越楼板、墙壁时要加保护套管(如瓷管、钢管、竹管、硬塑料管等)。

④ 配线穿越建筑物的伸缩缝、沉降缝时要留有余量。线管配线应加补偿装置。

⑤ 配线尽量不要接头,线管、线槽内不允许有接头,若要接头或分支要加接线盒和分线盒。

⑥ 配线尽量不要交叉,若要交叉应在靠近墙面的导线上套绝缘套管。

⑦ 配线和电气设备与油管、水管、暖气管、煤气管等管线之间要保持一定的安全距离,一般在 0.1 ~ 1 m 之间。

⑧ 配线安装完毕要进行认真检查,看有无错、漏,并用绝缘电阻表检查线路的绝缘电阻,看是否有短路或接地。

(2) 室内配线工序如下:

① 反复熟悉施工图纸,对于异议或不明之处找有关技术部门咨询,必要时提出图纸变更意见。

② 根据施工图确定配电箱、灯具、开关、插座位置,按施工进度做好管线、接线盒、固定螺栓等预埋工作。

③ 进行线管穿线。

④ 墙面抹灰后进行导线明敷设和安装电气设备。

⑤ 收尾检查、整理查漏补缺,以待验收。

2. 护套线配线

护套线配线可以理解为一种临时配线或补充配线,一般用在家庭或办公室内。它直接敷设在墙壁、梁柱表面,也可以穿在空心楼板内。固定方法现在大多用钢钉塑料卡钉。根据护套线的规格选用相同规格的卡钉。卡钉间距为 0.3 m 左右。固定时要把护套线捋直放平(扁护套线),卡钉间距要相等。根据经验,卡钉的距离或距屋顶的距离可以用锤子柄衡量,这样可以提高工作效率。若画出线路走向横、竖线,沿线敷设则更美观,如图 4.17 所示。

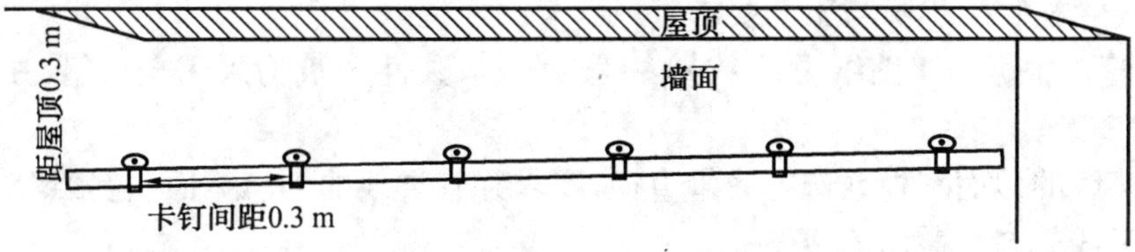

图4.17　护套线配线

3. 线槽配线

线槽配线也是一种临时配线或工程改造配线。如一户一表工程改造,将导线装在线槽内敷设在走廊或墙壁上。线槽的固定拼装,具体工艺步骤如下:

(1) 固定。用冲击钻按固定点打 $\phi 6$ mm 的孔,孔内放上塑料胀管。用木螺丝将底板固定牢固,固定点距离约 0.3 m。分支与转角处要加强固定点。

(2) 拼装。接头处底板和盖板要错开,便于固定与受力。转角处底、盖合好,将横、竖槽板各锯 45° 斜角。分支处在横板 1/2 处锯出 45° 的三角,竖板锯出 45° 尖角,使横竖相配。线槽与塑料台相切处线槽也应处理成圆弧,使相切无缝隙,如图 4.18 所示。

(3) 布线。安装电器件,将导线放入线槽内盖好盖板。

现在30 mm以上的线槽都配有接头、弯头、内外转角等配件,这样施工方便,减少了工序,提高了工作效率,如图 4.19 所示。

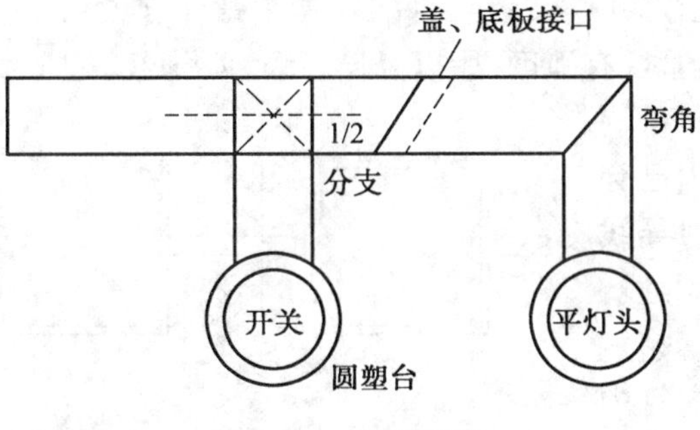

图4.18　线槽配线

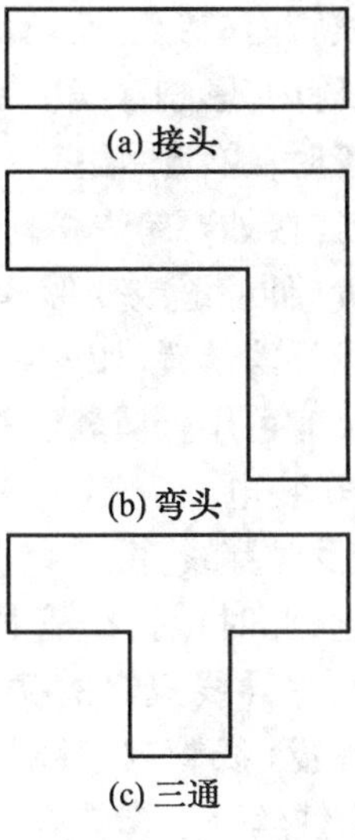

图4.19　线槽配件

4. 线管配线

(1) 线管配线的特点与方式。

线管配线是将导线穿在管内的敷设方法。这种配线有防潮、防腐、导线不易受直接损伤等特点。但导线发生断线、短路故障后换线维修比较麻烦。

线管配线有明敷设和暗敷设两种,明敷设将线管敷设在墙壁或其他支持物上,也称暗线明装;暗敷设将线管埋入地下、墙内,也称暗线暗装。目前常用的线管有金属镀锌(镀铬)线管和高强度的 PVC 管。

(2) 线管配线的步骤与工艺要求。

① 选管。根据施工图纸设计要求，一般大型永久性建筑物采用金属管；中小型建筑物使用 PVC 管。

根据穿线的截面和根数选择线管直径，要求穿管导线的外总截面(包括绝缘皮层) 应等于或小于线管内径截面的 40%。

② 下料布管。用钢锯、管子割刀或无齿电锯，按所需线管长短进行下料，并锉去管口毛刺。现在线管弯曲有弯头、分支有三通、连接有接头、粗细管连接有大小头等配件，这样减少配管的许多工序，大大提高了工作效率，如图 4.20 所示。

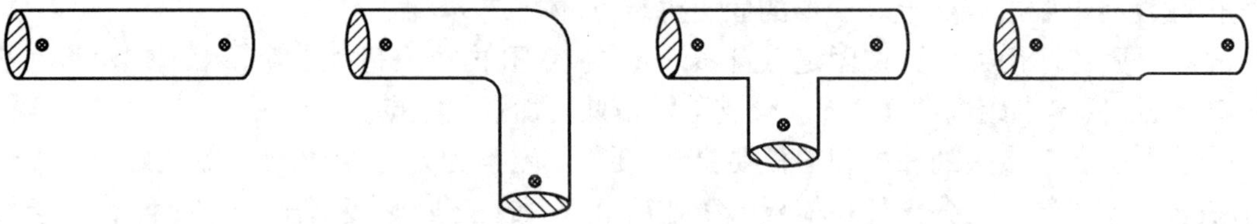

(a) 接头　(b) 弯头　(c) 三通　(d) 大小头

图 4.20　线管配件

暗装布管时，若在现场浇筑混凝土，应当在模板支好、钢筋扎好后，将线管组装后绑扎在钢筋上；若布在砖墙内应先在墙上留槽或开槽；若布在地下应在混凝土浇筑以前预埋。布管的同时线管内应穿上铁丝，以备牵引导线用。管口要用废旧纸张、塑料封堵，防止砂浆、杂物进入管内，影响穿线。

明装布管时，线管沿墙壁、柱子等处敷设，塑料管用塑料卡子固定，金属管用金属卡子固定，金属管连接处要跨焊接地线。接线盒、配电箱等都要进行良好接地。当线管穿越建筑物的沉降缝(伸缩缝或变形缝) 时，为防止地基下沉或热胀冷缩损伤线管和导线，要在伸缩缝旁装设补偿装置，如图 4.21 所示。补偿装置接管的一端用螺母拧紧，另一端不用固定。当明装时可用金属软管补偿，软管留有弧度，用以补偿伸缩，如图 4.22 所示。

③ 穿线安装电器。当土建地坪和粉刷完工后，就应及时穿线，由于布管时管内已穿上了牵引铁丝，此时根据线管长度裁剪导线并依据火、地、零导线规定的颜色选择导线，将数根导线并拢(线管内导线最多不得超过 8 根)，与牵引铁丝一端绑扎好。一人向管内送线(注意：送线人一定要小心管口刮伤导线绝缘皮层)，另一端有一人牵引铁丝(见图 4.23)。若推拉不动或线管折弯处，则送线人要拉出一下导线，再送拉，如此反复几次让导线打弯后再前进。若穿线失败，导线与牵引铁丝分离或因误漏穿牵引铁丝则要重新穿牵引线，这时的牵引线要用弹性较强的钢丝，钢丝头要弯成不易被挂的圆形角头(易穿入管内)，当导线穿好后安装电气元件，注意连接螺栓的螺帽或螺钉要压紧，不要有虚点也不要压到绝缘，接线盒内导线要留有余量，电器件安装要牢固、端正。

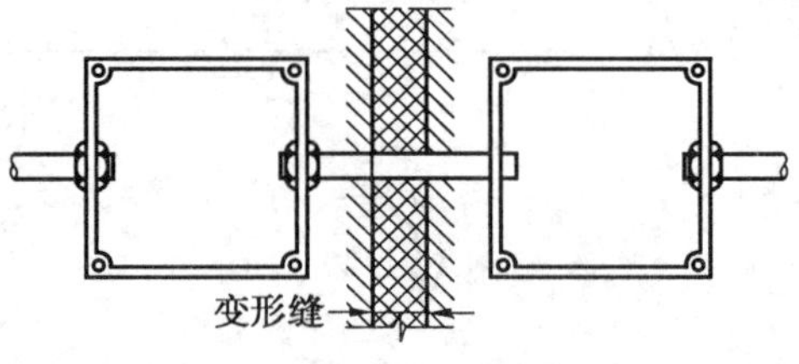

图 4.21　补偿装置图

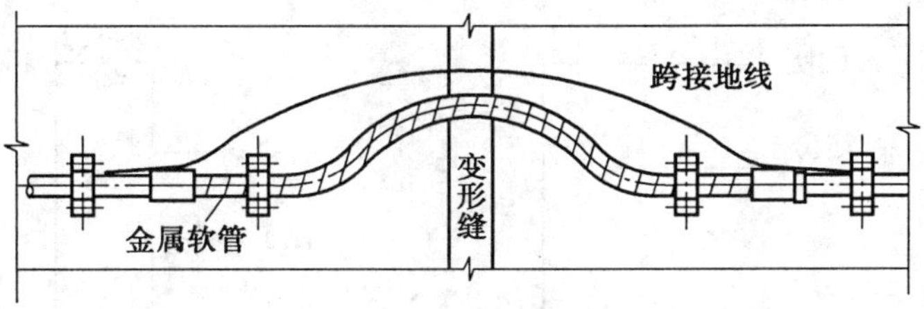

图 4.22　软管补偿

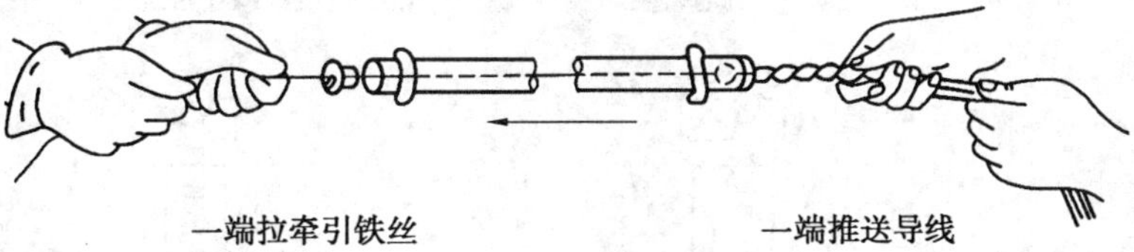

图 4.23　线管穿线

4.3.2　基本照明电路的接法

熟悉几种基本照明电路的基本接法及技术要求；掌握一控一和双控一等白炽灯电路安装的基本方法。

1. 基本照明电路的接法及技术要求

对于室内配线及照明器具的安装，由于配线方式不同，实际走线和接线的要求也不同。如线夹（瓷夹或塑料夹）或绝缘子的配线允许线路上有接头，但槽板或护套线配线则不允许有接头，而应将接头埋设在固定开关、插座或灯座的接线盒内。不论采用何种配线方式，都要从安全用电出发，不可违反照明器具的接线原则，即相线必须进开关。

2. 基本照明线路的实际接线法

以下介绍几种基本照明线路采用线夹、槽板、塑料护套线配线时的走线及接线示意图。

（1）一控一电路接线法。一控一电路接线法是指一只单极开关控制一盏灯的电路的接线方法，如图 4.24 所示。

（2）一控一附加插座电路接线法。一控一附加插座电路接线法是指一只单极开关控制一盏灯另外附加一只插座电路的接线方法，如图 4.25 所示。注意插座和开关分装两地和共双连木的接线方法是不同的。

（3）一控二（或一控多）电路接线法。一控二（或一控多）电路接线法是指一只单极开关控制两盏灯或多盏灯的电路的接线方法，如图 4.26 所示。接线前必须考虑开关容量是否与负荷总功率相匹配，否则会烧坏开关甚至引起电火灾。

（4）二控二（或多控多）电路接线法。二控二（或多控多）电路接线法是指用两只单极开关分别控制两盏灯或用多只单极开关分别控制多盏灯的电路接线方法，如图 4.27 所示。注意开关分装两地和共双连木的接线方法是不同的。

（5）双控一电路的接线法。当走廊照明灯需要在走廊两端控制其亮熄或楼道灯需要在楼上楼下控制其亮熄时，可采用两只双连开关来实现。其接线方法如图 4.28 所示。

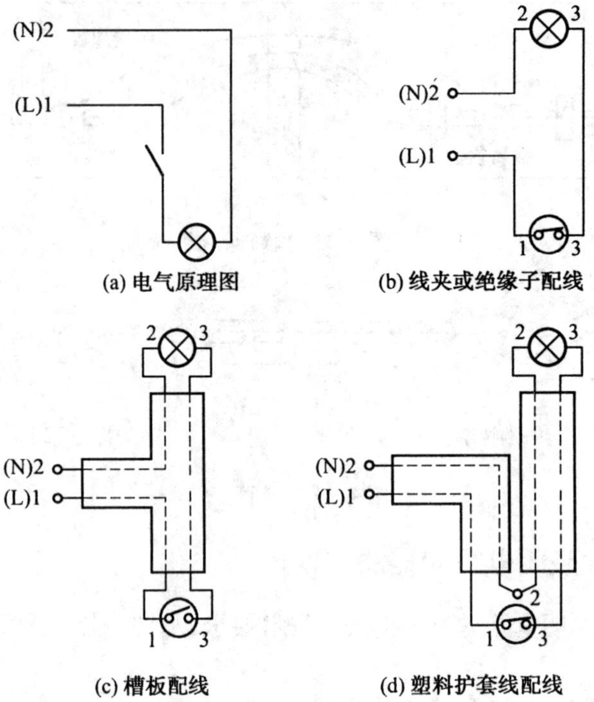

图 4.24　一控一电路接线法

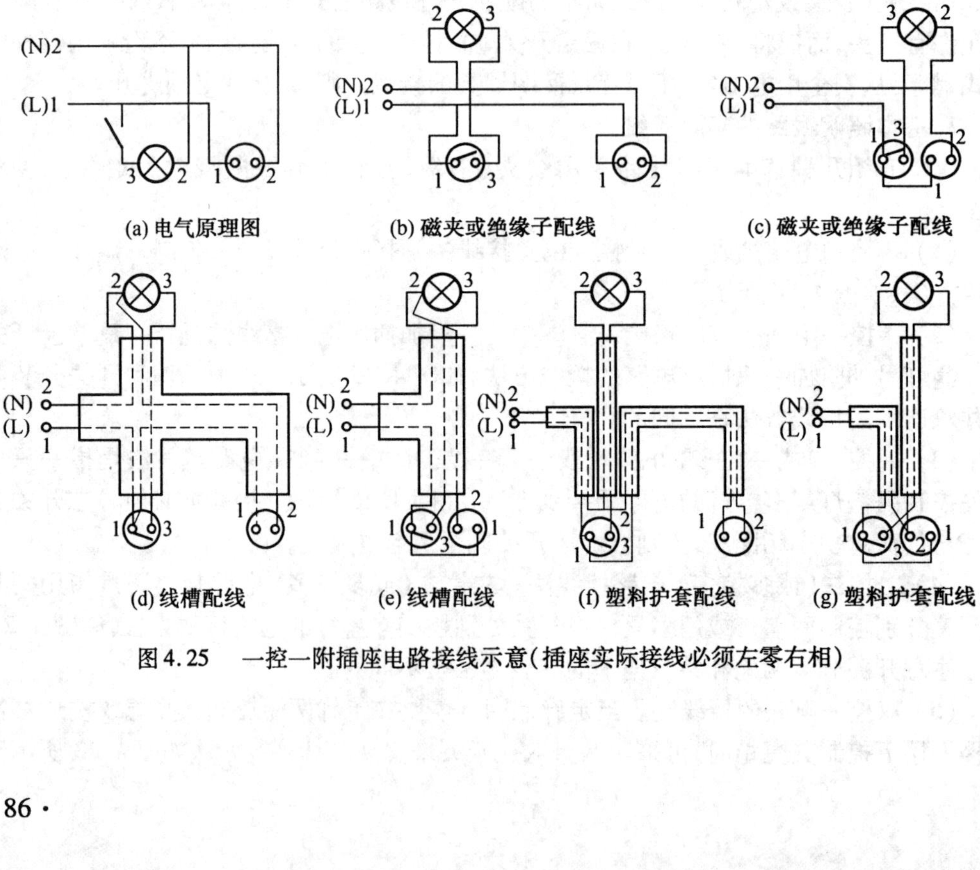

图 4.25　一控一附插座电路接线示意(插座实际接线必须左零右相)

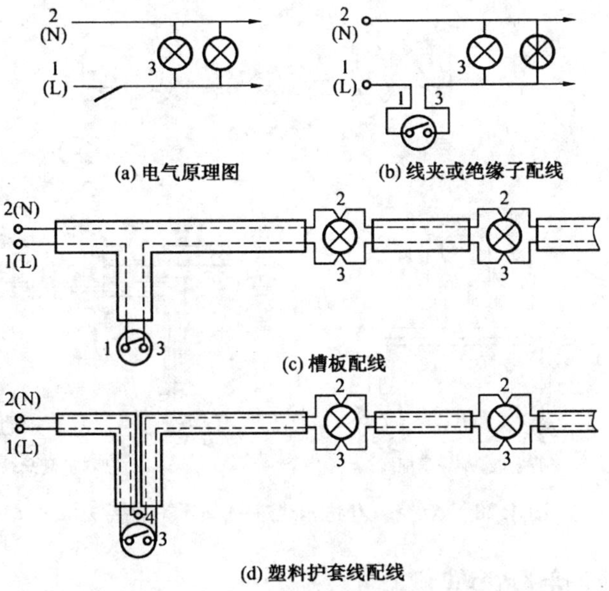

图 4.26　一控二(或一控多) 电路接线示意

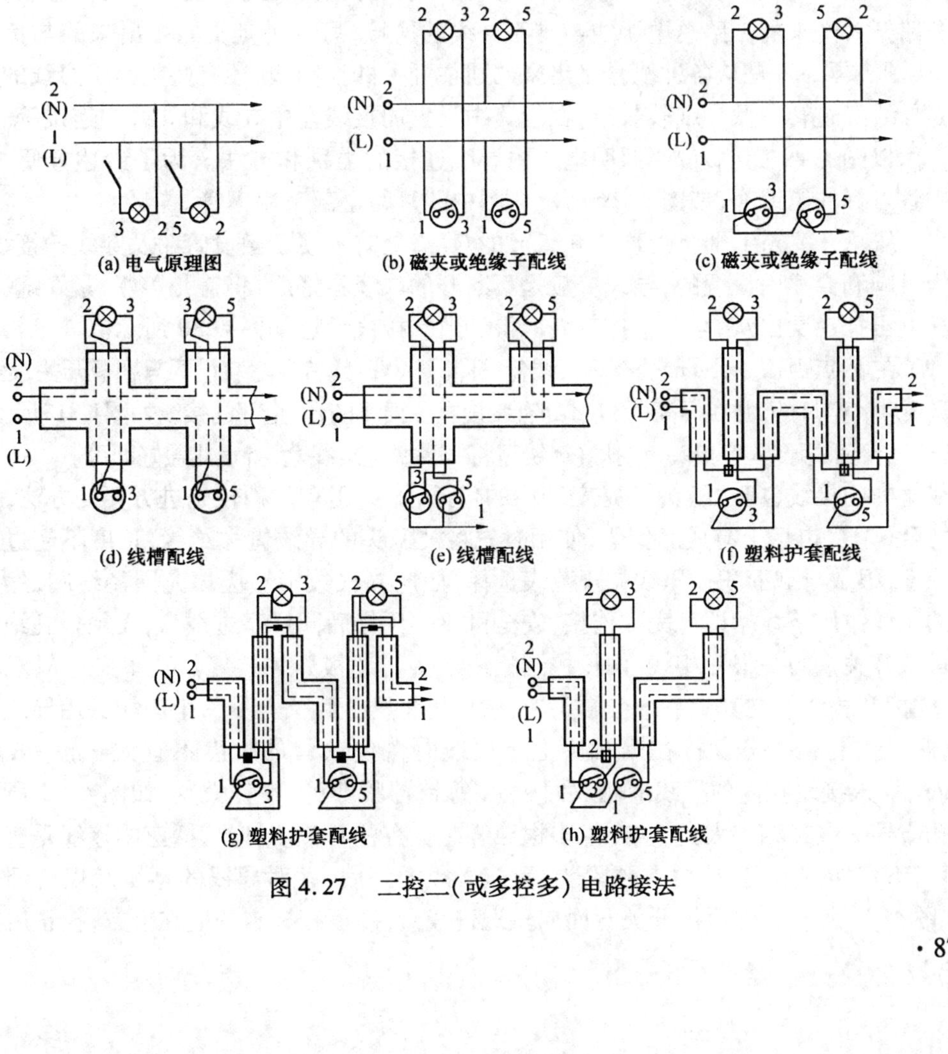

图 4.27　二控二(或多控多) 电路接法

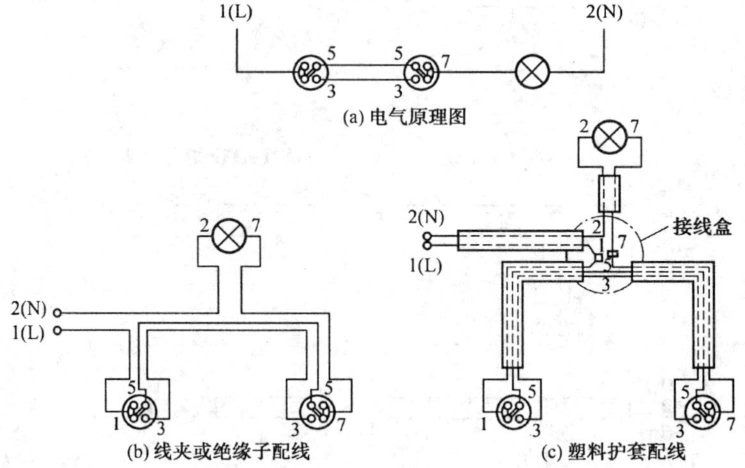

图 4.28　双控一电路相线进一个开关的接法

4.3.3　导线连接的处理

照明电路中有很多导线的连接点：一种是干线在开关内的连接及与分路的连接；一种是从分路开关送来的分路总电源线与支路导线的连接；另一种是支路接出来的与负载连接的负载线；再一种是从各种线盒接出来的通往开关的控制线；还有些是为了穿线的方便或者是导线经过转角及导线较长时，在管路中设置的接线盒中导线和导线的连接等。

下面以图 4.29 为例，说明照明电路中导线连接的类别和方法。为了讲述方便，我们将图中各点标注了编号，如图 4.29 所示。图中的管路全部采用钢管。

（1）从总开关箱上翻至距顶 − 0.2 m 的 ① 点处有一便于敷设管路及穿线的接线盒，这是为了顺利穿线而设置的，导线一般是不断开的。线穿好后，将盖儿盖好，紧好螺钉，一般情况下再抹一层白灰，与墙壁抹灰面取得一致。接线示意如图 4.30 所示。

（2）在②点距顶 − 0.2 m处有一接线盒，标高1.40 m处有一盒装设两只翘板开关，是控制门厅吸顶灯和壁灯的，并在标高0.30 m处有装设电源插座的盒，全部的接线如图4.31 所示。导线的连接全部采用倒人字接头，包扎好绝缘后将线头塞进接线盒，将盖儿盖好即可。

线盒内的接线也叫“跪头”，是安装中的俗语，跪头还有一种较先进方便的办法，就是采用“压线帽”，市场上有成品销售，使用时先将被跪头的导线剥去绝缘，长度不超过压线帽的深度，根数与截面积按压线帽规范表选择，如连接根数不够应填充同径线芯，然后用专用的压线钳压挤线帽即可完成连接，安全可靠。压好后同样塞进线盒，无须包扎绝缘。

进入开关盒的一根常相线、两根控制相线线头与翘板开关接好。这里是一只双联的开关，先把常相线接在其中一个静触头上，然后再将这个触头与另一个静触头用导线连接起来，两根控制相线分别接在动触头上。接线时盒内预留的长度不宜太长，一般不超 200 mm，插入接线孔内的导线应用双回头，用螺钉拧紧即可，不宜太紧，如图 4.32 所示。如果孔与导线线径相差太大，应充以多根导线芯。有些开关或灯具、插座的接线是直接插入即可，不用螺钉紧固，孔内有锁紧装置，但必须插到底，并对导线的剥切及规格都有要求，如图 4.32 所示。然后把开关背面向里送进线盒，翘板有标志的应在上方，找正后用螺钉与盒上的螺孔拧紧即可，如图4.32所示。

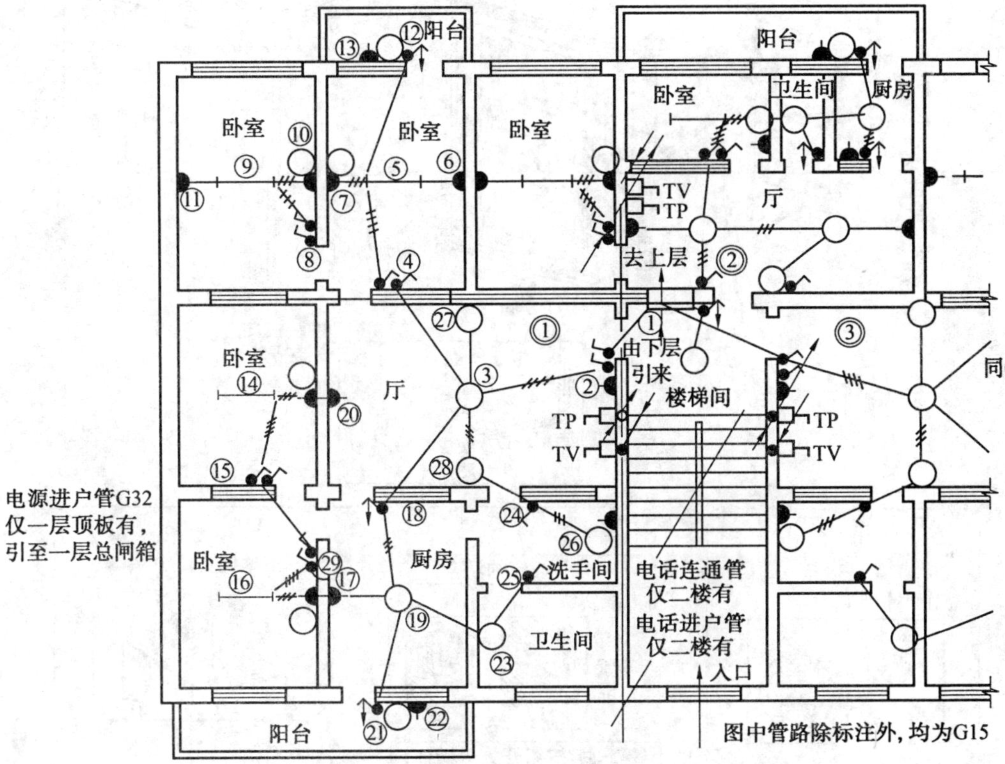

图4.29　某住宅照明平面图

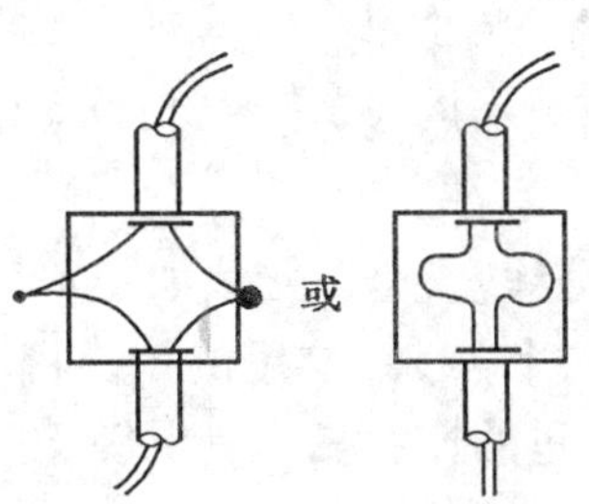

图4.30　①点盒内接线示意图

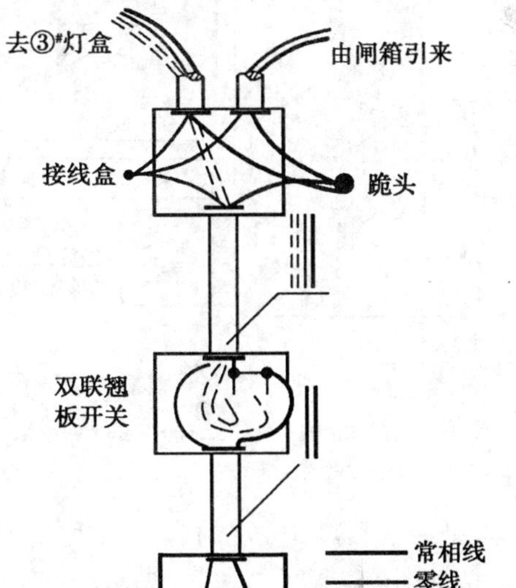

图4.31　②点盒内接线示意图

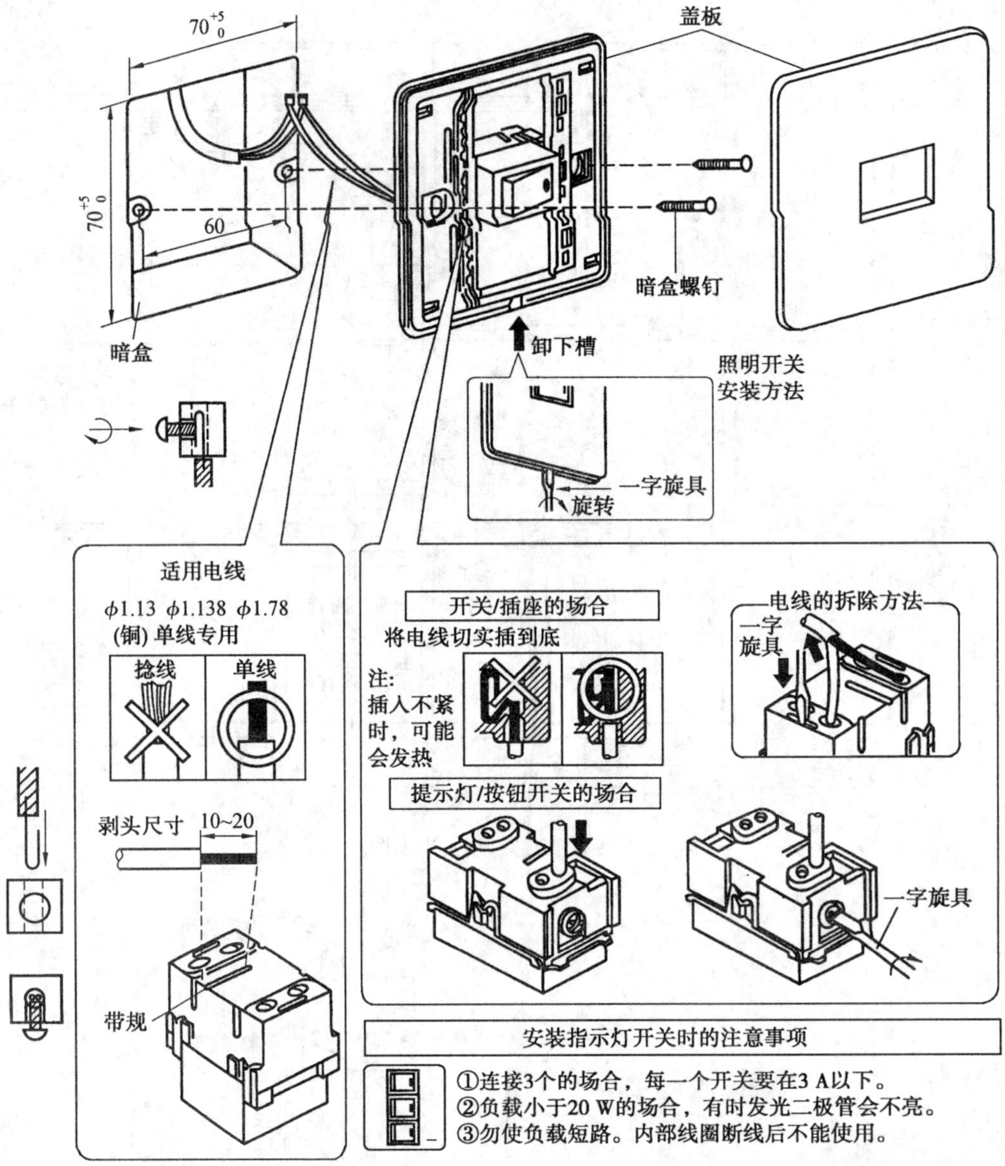

图 4.32　导线插入接线孔及开关盒安装方法

进入插座盒的一根常相线、一根零线应与翘板系列的插座接好，要左零右相，安装方法同翘板开关。

(3)③ 点是一吸顶灯，③ 点的盒既是接线盒，又是分线盒，全部接线如图 4.33 所示。这里的常相线将接至三个回路，一个去 ④，一个去 ⑱，一个去 ㉘；这里的零线将接至五个回路，分别去 ④，㉘，㉗，⑱，另一个接 ③ 本身吸顶灯；这里的控制相线一根接 ③ 本身吸顶灯，另一根接出两个支路分别至 ㉗，㉘ 壁灯。

③ 盒处将跪头塞入接线盒，将吸顶灯的底座用螺钉与灯盒固定，同时将 ③ 的一根控

制相线、一根零线从底座中间的孔穿出，把环形灯管在底座上固定，同时把控制相线接在镇流器的进线端，零线接在灯管的出线端，然后把灯罩装好即可。

如果吸顶较重，可用一根 ϕ6 mm 的、长小于 150 mm 的钢筋棍置入接线盒内，一端伸入通 ㉗ 的管口，另一端伸入通 ㉘ 的管口，同时把管内的导线置于管口上部，不得用钢筋棍挤压，然后用一根 10# 镀锌铁丝将吸顶灯底座与钢筋棍拧紧固定即可。底座的中间部位应预先钻出两孔使铁丝穿入，底座的中心应位于盒的中心。有条件的也可在顶板上用射钉枪打射钉固定。

如果 ③ 为多只白炽吊灯，处理方法同较重吸顶灯，接线时应先找出螺口舌片的接线端子与控制相线连接，螺旋口线与零线连接。

这里要注意，无论是哪种灯，都应用底座将 ③ 盒盖住，并使盒内的导线不外露；如灯无合适底座，可在 ③ 盒先装一只大小合适的圆木，并把线穿入圆木引出，再进行接线装灯。

㉗，㉘ 处的壁灯应先按其底座的几何形状选用合适的圆木，钻孔后将一根控制相线、一根零线从盒内穿孔引出，然后把圆木与盒用螺钉固定好，接线同吸顶灯或吊灯，最后把壁灯固定在圆木上，不得外露导线，如图 4.34 所示。

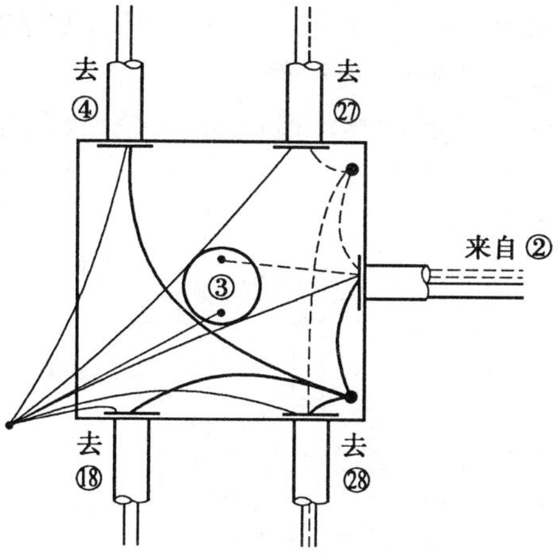

图 4.33　③ 点盒内接线示意图

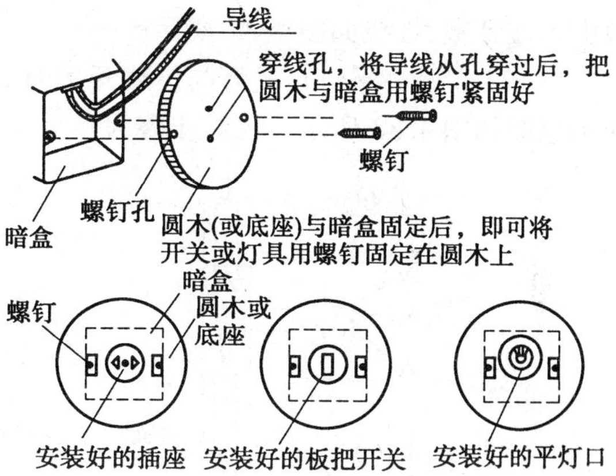

图 4.34　圆木的使用及灯具的安装

(4) ④ 点是双联翘板开关，基本同 ② 点，全部接线如图 4.35 所示。

(5) ⑤ 点是一只荧光吊灯，接线盒内的接线如图 4.36 所示。荧光灯安装时，先选择圆木，把盒盖住并用螺钉固定，同时将接线中的导线引出。然后将吊盒用木螺钉与圆木固定，将引出的导线接在吊盒的接线端子上，这时应记住哪个是控制相线，哪个是零线。成套的荧光灯一般用金属链吊装，两根链必须长度相等，才能使荧光灯水平。链与灯、吊盒的连接要可靠。接线时要注意两点：一点是荧光灯的出线应用软铜线，且应与链穿插在一起；再一点是镇流器和零线端的接线要正确。如果是吸顶安装应先将灯盒(罩) 用螺钉固定在圆木上，同时把控制相线、零线穿过圆木直接引入灯罩盒之内，在罩内接线。

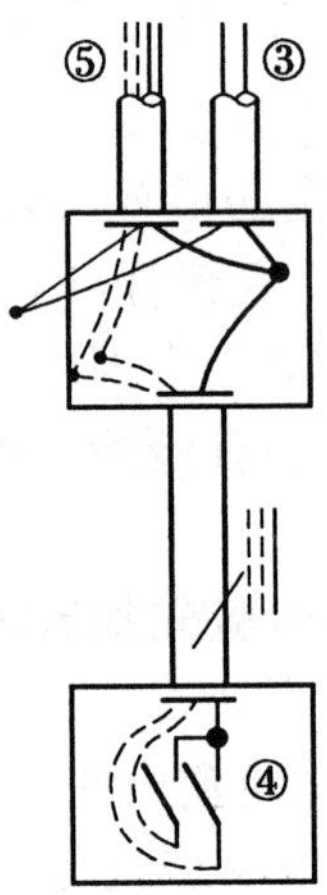

图 4.35　④点盒内接线示意图

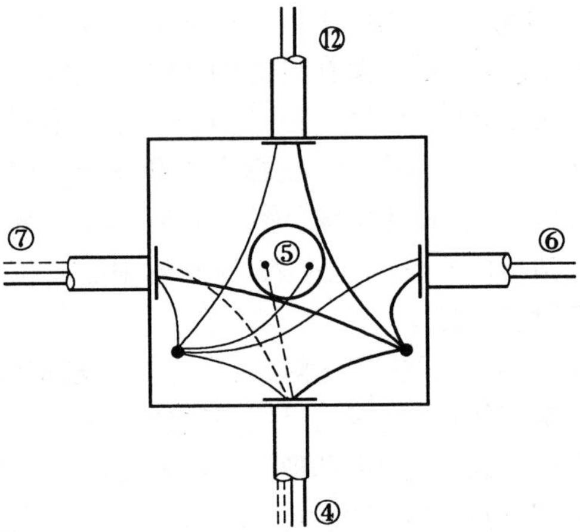

图 4.36　⑤点盒内接线示意图

(6)⑥点是一只单相插座、距顶 - 0.20 m 处有一盒，接线同②点，但中间无翘板开关。

(7)⑦点标高 1.85 m 处为一壁灯，0.30 m 处为一插座，但这里要注意，板下 - 0.20 m 处及标高 0.3 m 处的线盒与⑩点该标高处的线盒是连通的，目的是省掉一根竖管并把电源引入该卧室，接线如图 4.37 所示。

(8)⑫点是一平灯口壁灯与拉线开关的组合单元，⑬点是一单相插座，⑫，⑬点的接线示意图如图 4.38 所示。安装步骤为：

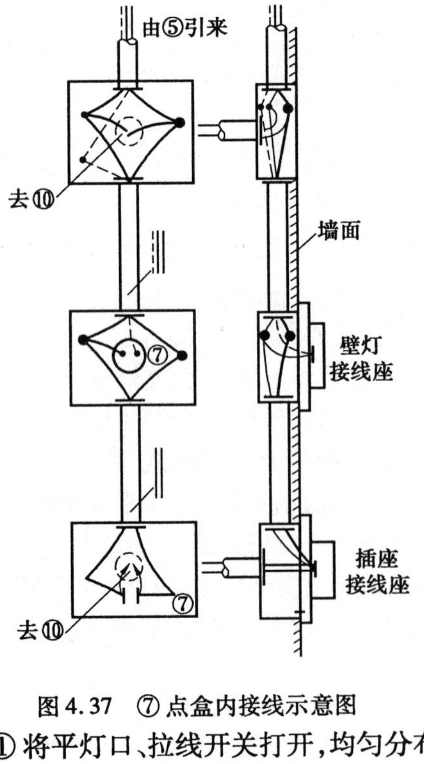

图 4.37　⑦点盒内接线示意图

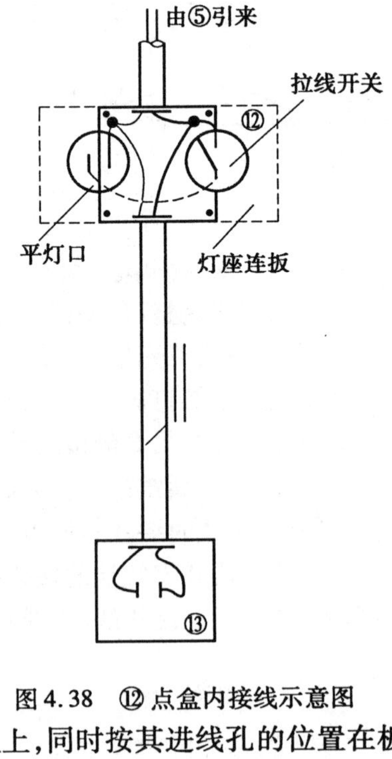

图 4.38　⑫点盒内接线示意图

①将平灯口、拉线开关打开，均匀分布在灯座板上，同时按其进线孔的位置在板上划

出开孔的位置，然后开孔（稍大于线外径即可）。

② 将盒内从 ⑤ 引来的相线和送至 ⑬ 的常相线一并穿过拉线开关静触头的进线孔，再把零线和送至 ⑬ 的零线一并穿过平灯口螺旋口的进线端。

③ 从拉线开关的动触头进线孔至平灯口舌片进线孔穿一根绝缘线，不宜太长。

④ 将灯座连板固定在灯盒上。

⑤ 将灯座板上的线分别穿过拉线开关和平灯口的进线孔，然后将其固定在灯座板上。

⑥ 比齐导线与端子接线的位置，将绝缘层剥掉，将导线与端子接好拧紧，同时把多余的导线剪去，然后把盖儿盖上，灯口套拧上。

⑦⑬ 点的接线同 ② 点。

（9）⑩ 点与 ⑦ 点基本相同，如图 4.39 所示。

（10）⑧ 点为两翘板开关，基本同 ④ 点，接线如图 4.40 所示。

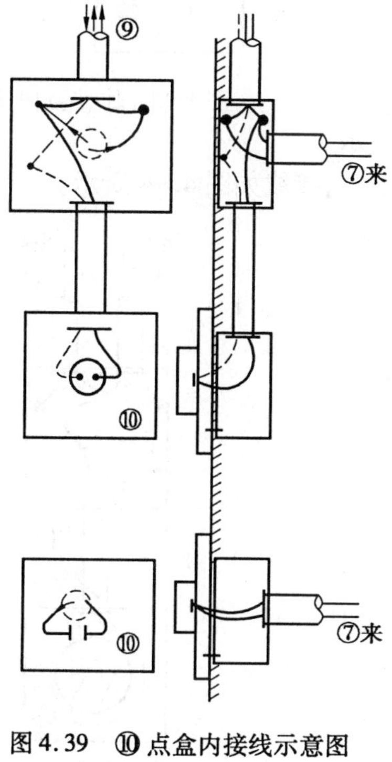

图 4.39　⑩ 点盒内接线示意图

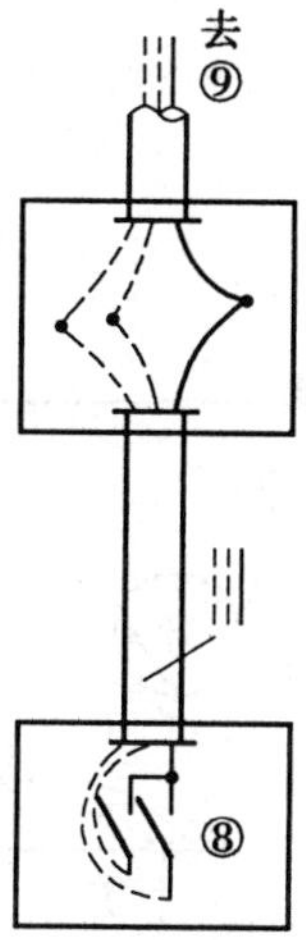

图 4.40　⑧ 点盒内接线示意图

（11）⑨ 点为一荧光灯，基本同 ⑤ 点，盒内接线如图 4.41 所示。

（12）⑪ 点同 ⑥ 点。

（13）⑳ 点为一壁灯及对背插座，基本同 ⑦ 点和 ⑩ 点，接线如图 4.42 所示。

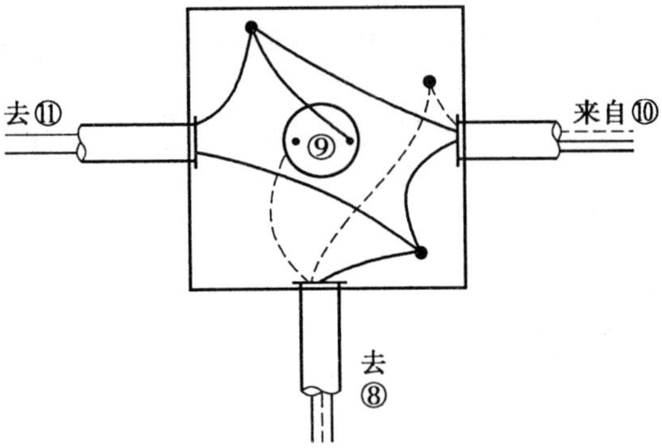

图 4.41　⑨ 点盒内接线示意图

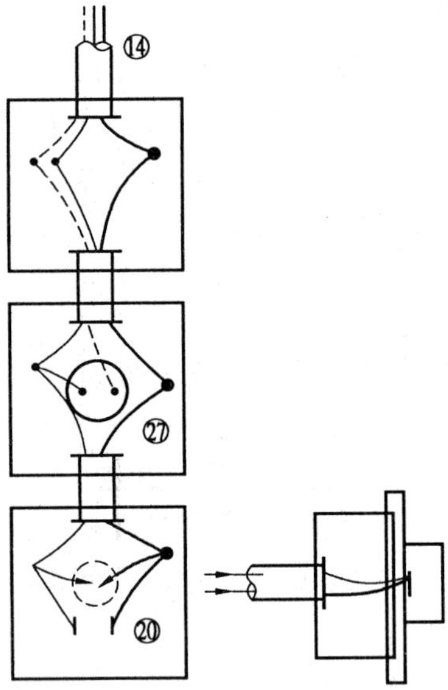

图 4.42　⑳ 点盒内接线示意图

(14)⑭ 点为一荧光灯,接线如图 4.43 所示。

(15)⑮ 点为一双联翘板开关,基本同 ② 点,接线如图 4.44 所示。

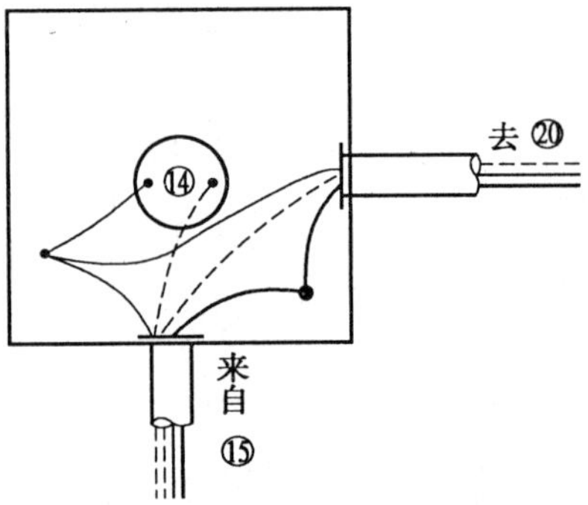

图 4.43　⑭ 点盒内接线示意图

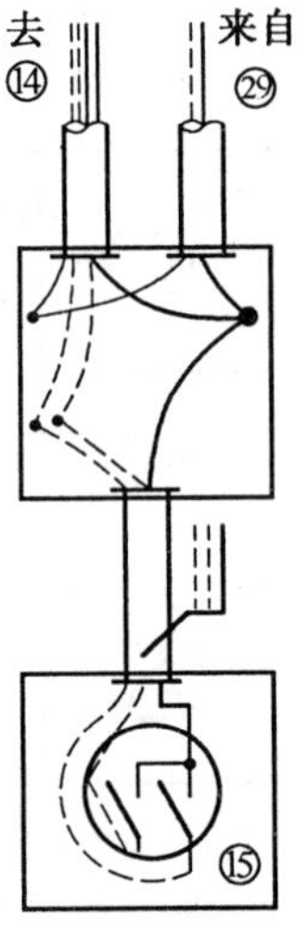

图 4.44　⑮ 点盒内接线示意图

(16)⑯ 点为一荧光灯,接线基本同 ⑭ 点。

(17)⑰ 点为一壁灯及对背插座,基本同 ⑦ 点和 ⑩ 点。

(18)㉙ 点为一双联翘板开关,基本同 ⑮ 点。

(19)⑲ 点为一吸顶防水防尘灯,基本同 ③ 点,但安装灯具时,必须把密封垫放正置平,使其严密,接线如图 4.45 所示。

(20)⑱ 点为一拉线开关,基本同 ⑫ 点,盒内接线如图 4.46 所示。

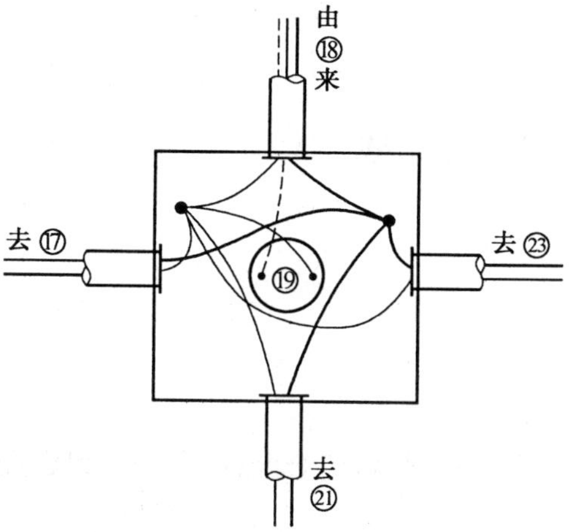

图 4.45　⑲ 点盒内接线示意图

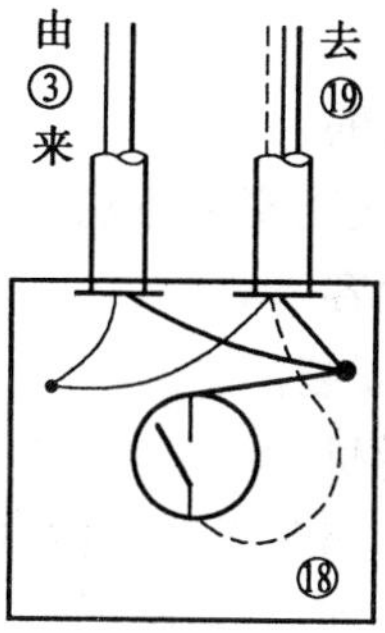

图 4.46　⑱ 点盒内接线示意图

(21)㉑,㉒ 点与 ⑫,⑬ 点相同。

(22)㉓ 点为一壁灯,安装与 ㉘ 点相同,接线如图 4.47 所示。

(23)㉕ 点为一翘板开关,安装同 ② 点,接线如图 4.48 所示。

(24)㉔ 点为一翘板开关,安装同 ㉕ 点,接线基本同图 4.48。

(25)㉖ 点为一壁灯插座,安装同前,接线如图 4.49 所示。

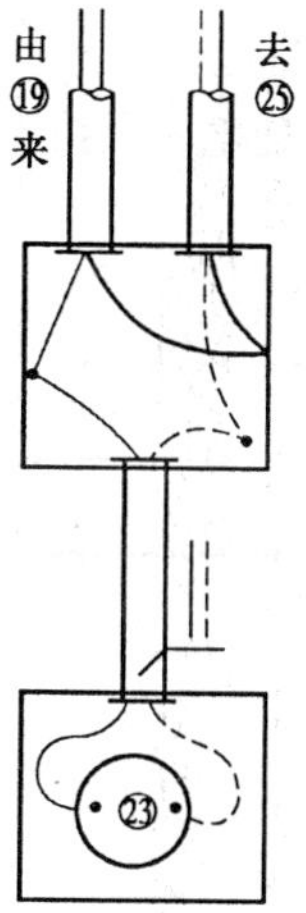

图 4.47　㉓ 点盒内接线示意图

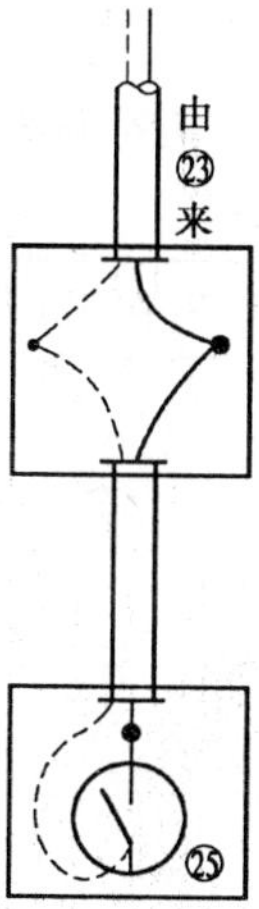

图 4.48　㉕ 点盒内接线示意图

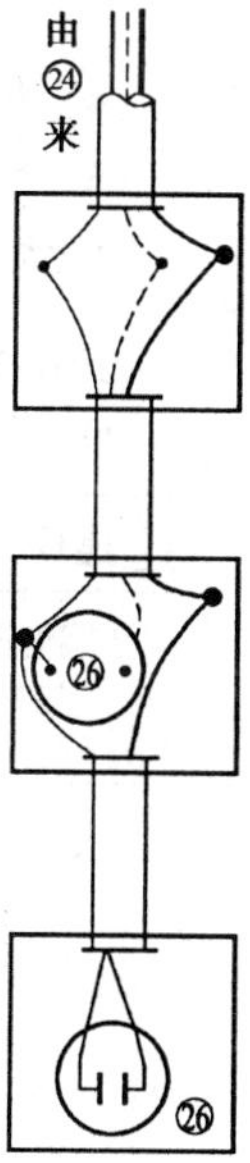

图 4.49　㉖ 点盒内接线示意图

在实际工程中,盒内接线与电具的安装是分步进行的,也就是说,先将盒内所有的线接好并将接于灯具、开关、插座的线甩出来,并做好记号(工作零线、控制相线或相线、保护零线）。等所有的线接完并摇测绝缘正常后，再进行灯具开关的安装。灯具、开关、插座安装好后应及时锁门，以免丢失。

技能训练　室内配线

一、训练目的

掌握室内配线安装方法。

二、实训内容

室内配线安装。

三、实训器材

电工工具一套；万用表一块；连接导线若干根；白炽灯组合配件、荧光灯组合配件各一套。

四、考核配分及评分标准

考核配分及评分标准见表4.1。

表4.1　考核配分及评分标准

序号	项目内容	评分标准	配分	扣分	得分
1	线路的安装	(1) 导线分配错误，扣10分 (2) 线盒连线错误，每处扣5分 (3) 线盒连线工艺不符合规定，每处扣5分 (4) 电气元器件损坏，每只扣10分 (5) 相线未进开关，扣5分 (6) 线芯剖削有损伤，每处扣5分	70		
2	通电试验	安装线路错误，造成短路、断路故障，每多通电一次扣10分，扣完20分为止	20		
3	安全生产	违反安全生产规程，扣10分	10		
4	工时( )	不准超时			
合计			100		

第5章

电动机控制箱装配技术

电动机控制电路是用导线将电动机、电器、仪表等电气元件连接起来，并实现某种要求的电气控制电路。根据不同的生产机械运动，对电动机运转提出的要求，包括启动、正反转、制动、调速及联锁等。为了实现这些要求，需用各种电器组成一个电气控制系统。目前广泛采用的接触器、继电器控制系统具有结构简单、价格低廉、维修方便等优点。

5.1　电动机全压启动单向运转控制箱

三相异步电动机的直接启动方式又称全压启动，也就是说电动机在启动过程中，电源的额定电压直接加在三相绕组上。这种启动方式启动电流大，一般为电动机额定电流的 4 ~ 7 倍，因此存在启动时瞬时电压降较大的不利因素，但因有控制电路简单、操作方便、启动设备简单且启动迅速、启动转矩较大的优点，因此电动机符合直接启动条件时宜首选直接启动控制电路。

5.1.1　单向点动控制电路

单向点动控制电路如图 5.1 所示。

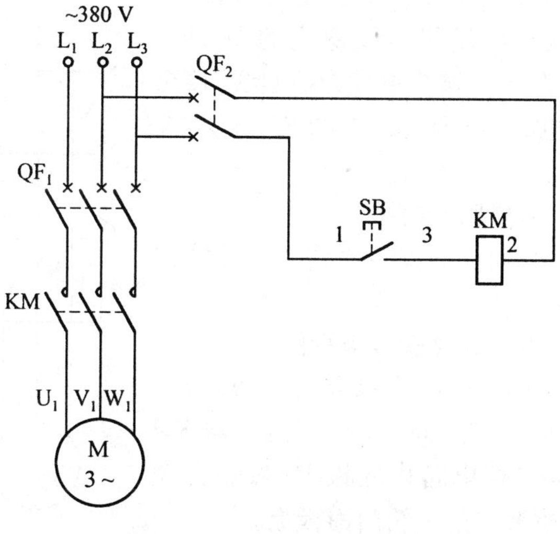

图 5.1　单向点动控制电路

1. 工作原理分析

首先合上主回路断路器 QF_1、控制回路断路器 QF_2，为电路工作提供准备条件。

(1) 点动。按下点动按钮 SB，交流接触器 KM 线圈得电吸合，KM 三相主触点闭合，电动机得电运转，拖动设备工作。按住点动按钮的时间即电动机点动运转的时间。

(2) 停止。松开点动按钮 SB，交流接触器 KM 线圈断电释放，KM 三相主触点断开，电动机失电停止运转，拖动设备停止。

2. 电路布线图

如图 5.2 所示，从图中可以看出，XT 为接线端子排，通过端子排 XT 来区分电气元件的安装位置，XT 的上方为放置在配电箱内底板上的电气元件，XT 的下方为外接或引至配电箱门面板上的电气元件。

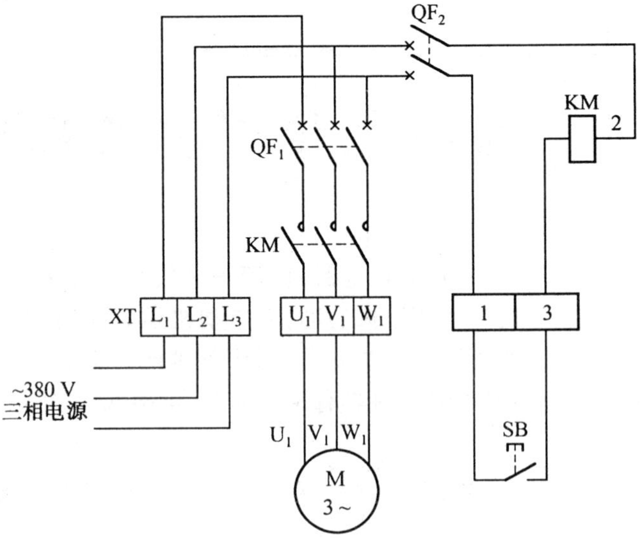

图 5.2　单向点动控制电路布线图

从端子排 XT 上看，共有 8 个接线端子。其中，L_1，L_2，L_3 这 3 根线为由外引入配电箱的三相380 V 电源，U_1，V_1，W_1 这 3 根线为电动机线，穿管接至电动机接线盒内的 U_1，V_1，W_1 上；1，3 这 2 根线为控制线，接至配电箱门面板上的按钮开关 SB 上。

3. 电路接线图

单向点动控制电路实际接线如图 5.3 所示。

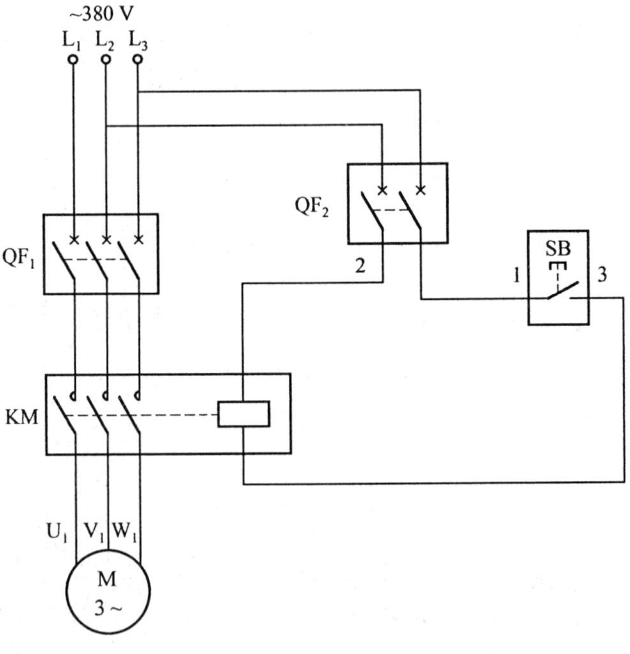

图 5.3　单向点动控制电路实际接线

4. 元器件安装排列图

如图 5.4 所示，从图可以看出，断路器 QF_1，QF_2 及交流接触器 KM 安装在配电箱内底板上；按钮开关 SB 安装在配电箱门面板上。

通过端子 L_1，L_2，L_3 将三相 380 V 交流电源接入配电箱中，端子

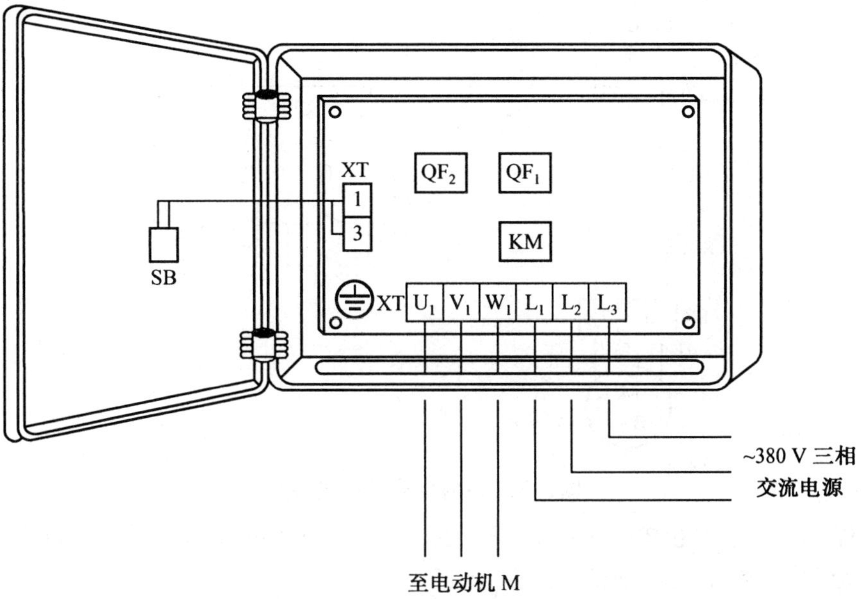

图 5.4　单向点动控制电路元器件安装排列图

U_1,V_1,W_1 接至电动机接线盒中的 U_1,V_1,W_1 上,端子 1,3 将配电箱内器件与配电箱门面板上的按钮开关 SB 连接起来。

5. 按钮接线

单向点动控制电路按钮接线如图 5.5 所示。

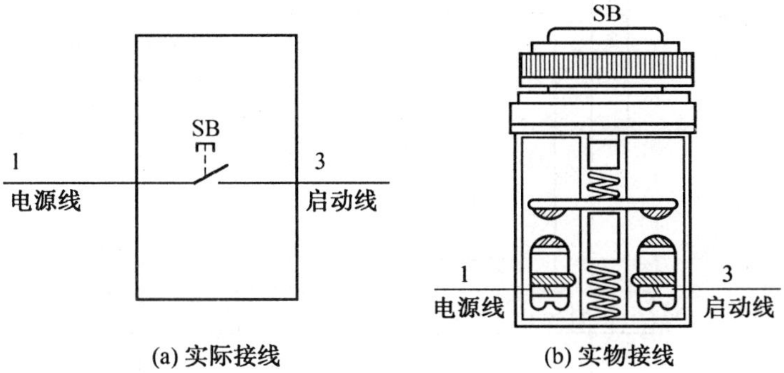

图 5.5　单向点动控制电路按钮接线

5.1.2　单向启动、停止电路

单向启动、停止电路如图 5.6 所示。

1. 工作原理分析

首先合上主回路断路器 QF_1、控制回路断路器 QF_2,为电路工作提供准备条件。

(1) 启动。按下启动按钮 SB_2(3 – 5),交流接触器 KM 线圈得电吸合且 KM 辅助常开触点(3 – 5) 闭合自锁,KM 三相主触点闭合,电动机得电运转,拖动设备开始工作。

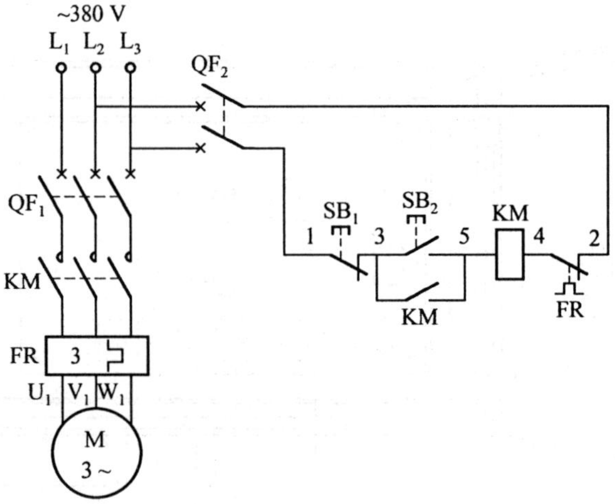

图 5.6　单向启动、停止电路

(2) 停止。按下停止按钮SB_1(1-3)，交流接触器KM线圈断电释放，KM三相主触点断开，电动机失电停止运转，拖动设备停止工作。

2. 电路布线图

如图5.7所示，从图中可以看出，XT为接线端子排，通过端子排XT来区分电气元件的安装位置，XT的上方为放置在配电箱内底板上的电气元件，XT的下方为外接或引至配电箱门面板上的电气元件。

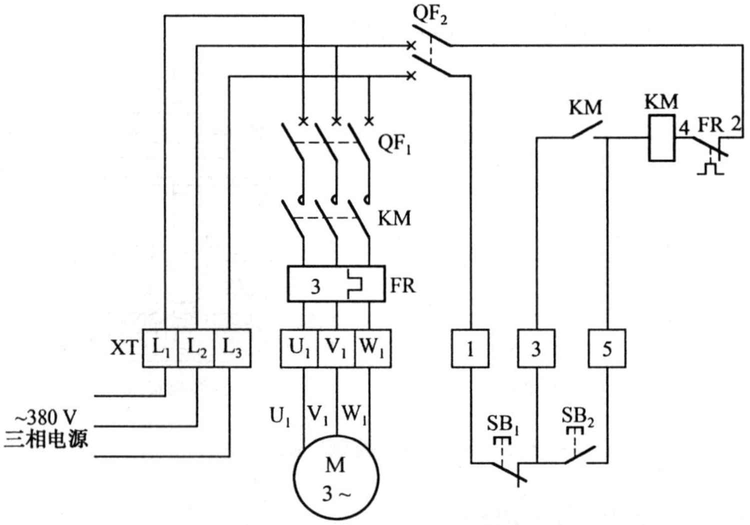

图 5.7　单向启动、停止电路布线图

从端子排XT上看，共有9个接线端子。其中L_1，L_2，L_3这3根线由外引入配电箱内的三相380 V电源，并穿管引入；U_1，V_1，W_1这3根线为电动机线，穿管接至电动机接线盒内的U_1，V_1，W_1上；1，3，5这3根线为控制线，接至配电箱门面板上的按钮开关SB_1，SB_2上。

3. 电路接线图

单向启动、停止电路接线如图5.8所示。

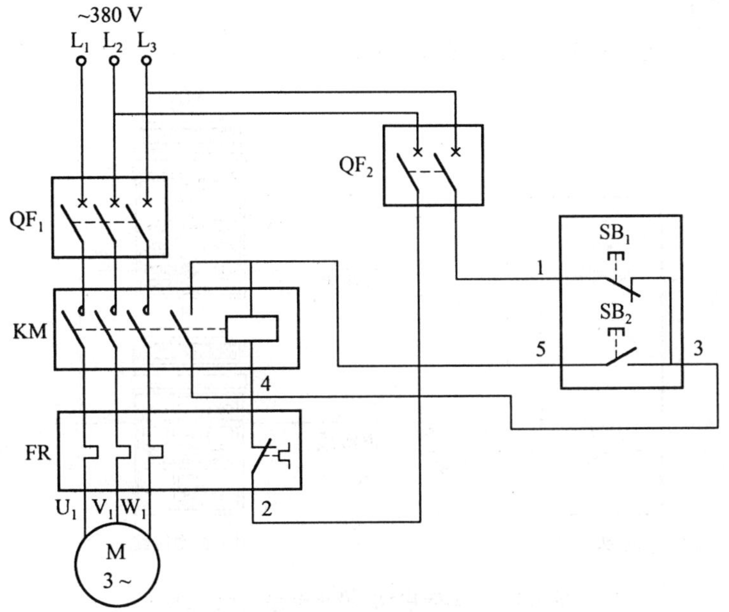

图 5.8　单向启动、停止电路接线图

4. 元器件安装排列图

元器件安装排列图如图 5.9 所示，从图中可以看出，断路器 QF_1 和 QF_2、交流接触器 KM、热继电器 FR 安装在配电箱内底板上；按钮开关 SB_1，SB_2 安装在配电箱门面板上。通过端子 L_1，L_2，L_3 将三相380 V交流电源接入配电箱中，端子 U_1，V_1，W_1 接至电动机接线盒中的 U_1，V_1，W_1 上，端子1，3，5将配电箱内的器件与配电箱门面板上的按钮开关 SB_1，SB_2 连接起来。

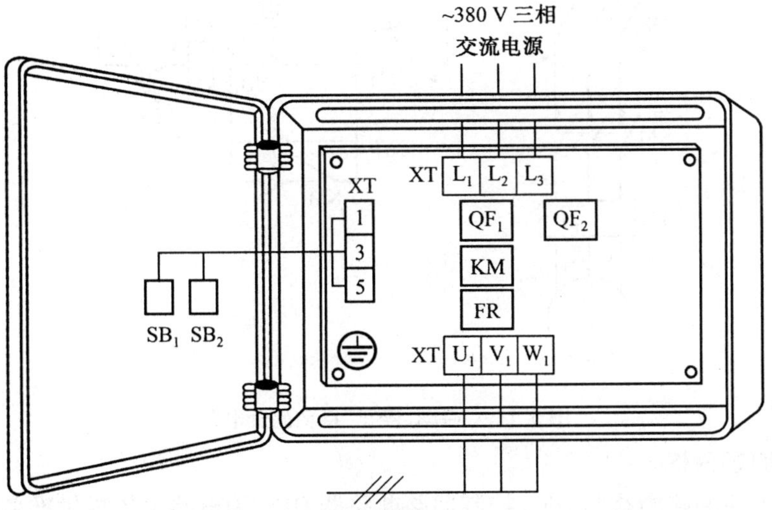

图 5.9　单向启动、停止电路元器件安装排列图

5. 按钮接线图

单向启动、停止电路按钮接线如图 5.10 所示。

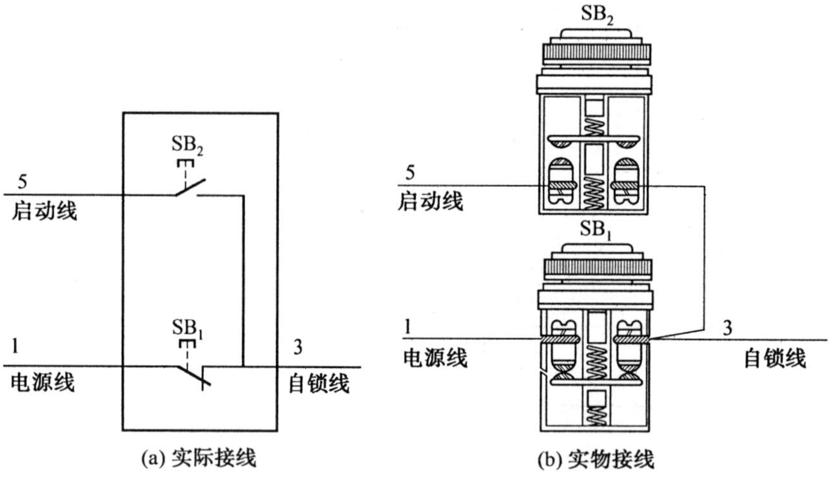

图 5.10　单向启动、停止电路按钮接线

5.1.3　启动、停止、点动混合电路

启动、停止、点动混合电路如图 5.11 所示。

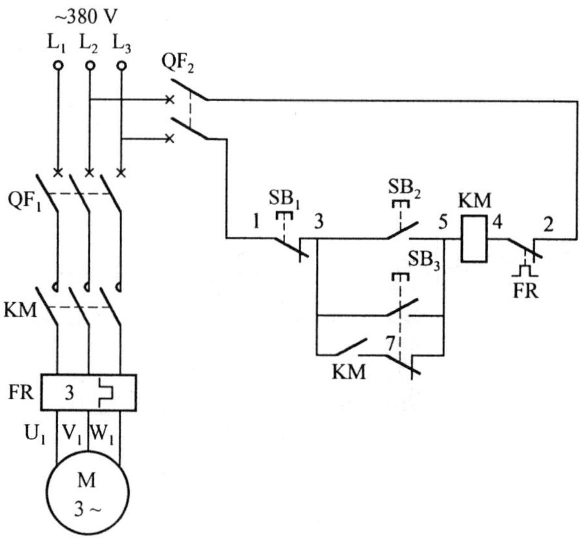

图 5.11　启动、停止、点动混合电路

1. 工作原理分析

首先合上主回路断路器 QF_1、控制回路断路器 QF_2，为电路工作提供准备条件。

(1) 启动。按下启动按钮 SB_2(3 - 5)，交流接触器 KM 线圈得电吸合且 KM 辅助常开触点(3 - 7) 与点动按钮 SB_3 的一组常闭触点(5 - 7) 相串联组成自锁，KM 三相主触点闭合，电动机得电运转，拖动设备工作。

(2) 停止。按下停止按钮 SB_1(1 - 3)，交流接触器 KM 线圈断电释放，KM 三相主触点断开，电动机失电停止运转，拖动设备停止工作。

(3) 点动。按下点动按钮 SB_3，SB_3 的一组常闭触点(5 - 7) 断开，解除自锁，SB_3 的另一组常开触点(3 - 5) 闭合，交流接触器 KM 线圈得电吸合，KM 三相主触点闭合，电动机得电运转，拖动设备工作；松开点动按钮 SB_3，交流接触器 KM 线圈断电释放，KM 三相主触点断开，电动机失电停止运转，拖动设备停止工作。

2. 电路布线图

如图 5.12 所示，从图中可以看出，XT 为接线端子排，通过 XT 来区分电气元件的安装位置。XT 的上方为放置在配电箱内底板上的电气元件，XT 的下方为外接或引至配电箱门面板上的电气元件。

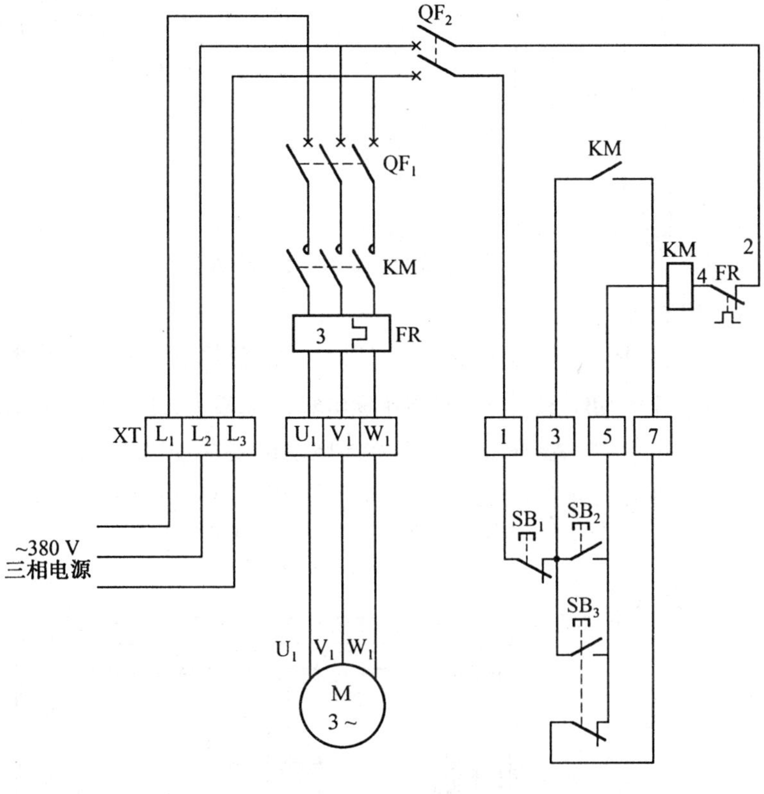

图 5.12　启动、停止、点动混合电路布线图

从端子排 XT 上看，共有 10 个接线端子。其中，L_1，L_2，L_3 这 3 根线为由外引入配电箱内的三相 380 V 电源；U_1，V_1，W_1 这 3 根线为电动机线，穿管接至电动机接线盒内的 U_1，V_1，W_1 上；1，3，5，7 这 4 根线为控制线，接至配电箱门面板上的按钮开关 SB_1，SB_2，SB_3 上。

3. 电路接线图

启动、停止、点动混合电路接线如图 5.13 所示。

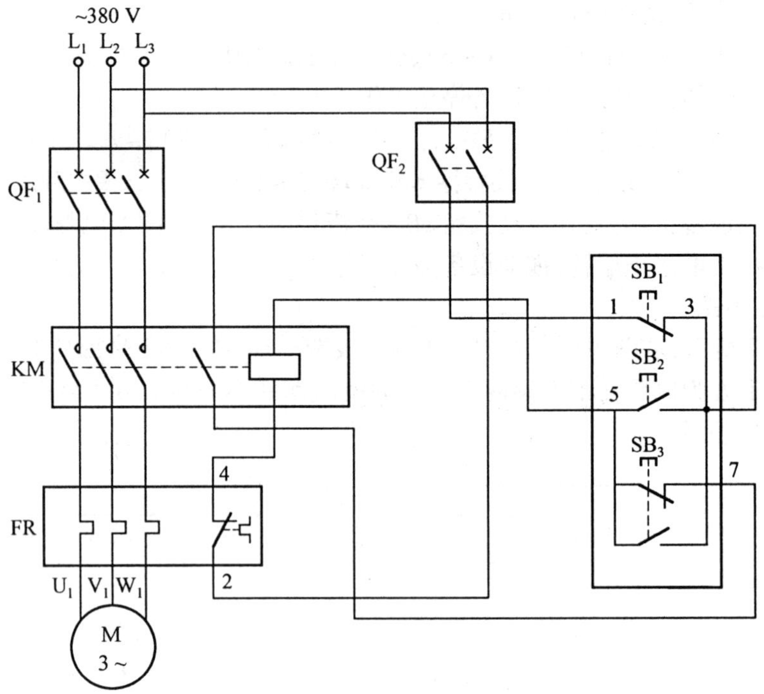

图 5.13　启动、停止、点动混合电路接线

4. 元器件安装排列图

如图5.14所示，从图中可以看出，断路器QF_1和QF_2、交流接触器KM、热继电器FR安装在配电箱内底板上；按钮开关SB_1，SB_2，SB_3安装在配电箱门面板上，通过端子L_1，L_2，L_3将三相380 V交流电源接入配电箱中。端子U_1，V_1，W_1接至电动机接线盒中的U_1，V_1，W_1上。端子1，3，5，7将配电箱内的器件与配电箱门面板上的按钮开关SB_1，SB_2，SB_3连接起来。

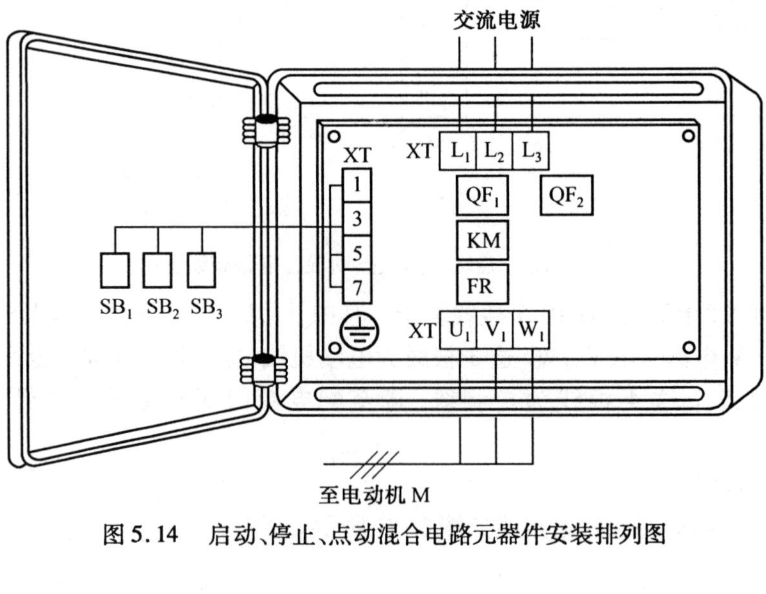

图 5.14　启动、停止、点动混合电路元器件安装排列图

5. 按钮接线图

按钮接线如图 5.15 所示。

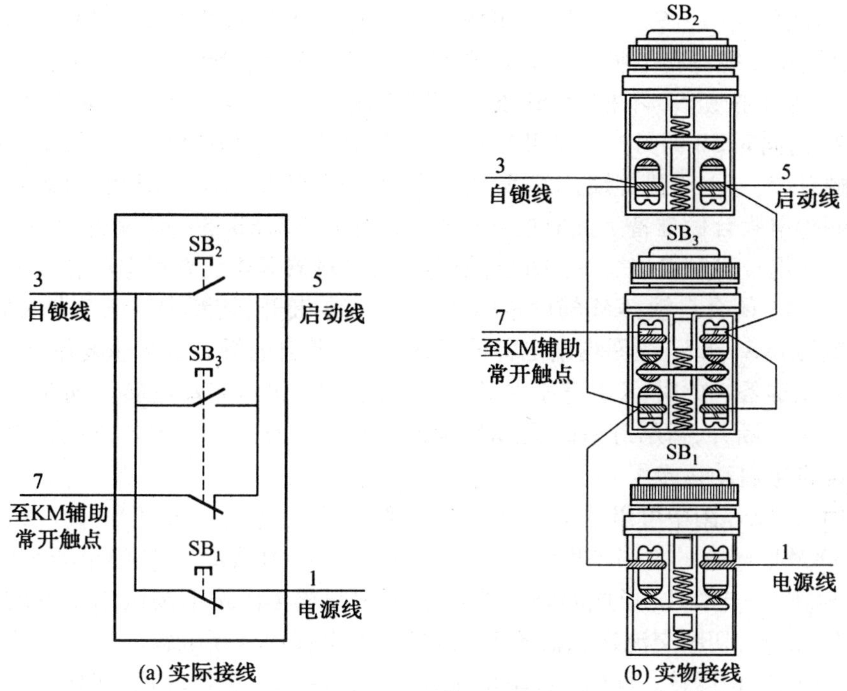

图 5.15　启动、停止、点动混合电路按钮接线

5.1.4　单按钮控制电动机启停电路

单按钮控制电动机启停电路如图 5.16 所示。

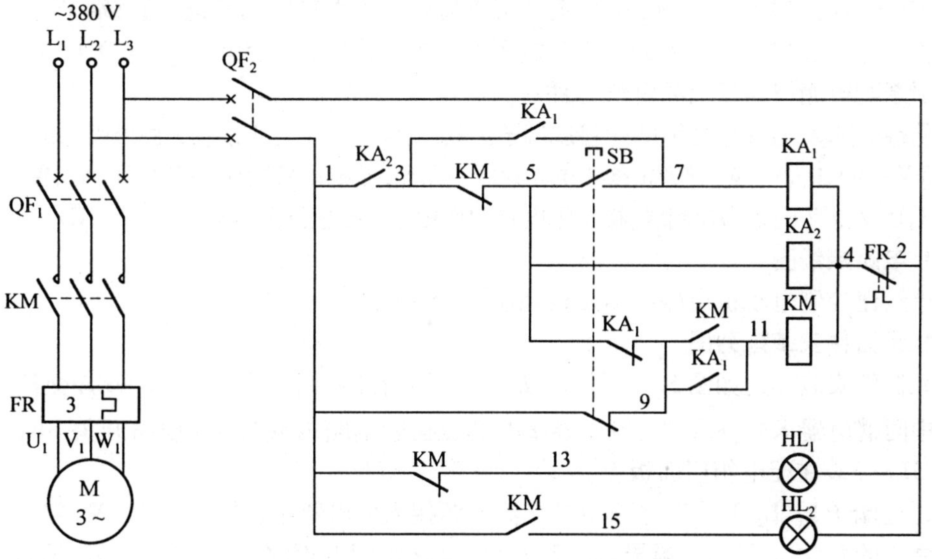

图 5.16　单按钮控制电动机启停电路

1. 工作原理分析

合上断路器 QF_1，QF_2，指示灯 HL_1 亮，说明电源正常；中间继电器 KA_2 线圈通过按钮 SB 的一组常闭触点（1－9）→KA_1 常闭触点（5－9）→KA_2 自身线圈→FR 常闭触点（2－4）形成回路，KA_2 线圈得电吸合且 KA_2 常开触点（1－3）闭合自锁，为电路转换做准备。

启动时，按下按钮 SB 不松手，SB 的一组常闭触点（1－9）断开，先限制交流接触器 KM 线圈吸合，同时 SB 的另一组常开触点（5－7）闭合，中间继电器 KA_1 线圈得电吸合且 KA_1 常开触点（3－7）闭合自锁，KA_1 常闭触点（5－9）断开，KA_1 常开触点（9－11）闭合，为 KM 线圈得电吸合做准备。此时松开被按下的按钮 SB，SB 的一组常开触点（5－7）断开，SB 的另一组常闭触点（1－9）闭合，使得交流接触器 KM 线圈得电吸合且 KM 辅助常开触点（9－11）闭合自锁，KM 辅助常闭触点（3－5）断开，切断中间继电器 KA_1，KA_2 线圈的回路电源，KA_1，KA_2 线圈均断电释放，KA_1，KA_2 各自的触点全部恢复原始状态，为电路停止控制做准备。此时，KM 三相主触点闭合，电动机得电启动运转。同时 KM 辅助常闭触点（1－13）断开，指示灯 HL_1 灭，KM 辅助常开触点（1－15）闭合，指示灯 HL_2 亮，说明电动机已得电启动运转了。

停止时，从原理图中可以清晰地分析出，电源 L_2 经过 QF_2→按钮 SB 的一组常闭触点（1－9）→KM 已闭合的自锁辅助常开触点（9－11）→KM 线圈→热继电器 FR 常闭触点（2－4）→QF_2→电源 L_3 形成回路。所以，停止时只需再次按下按钮 SB，SB 的一组常闭触点（1－9）断开，切断交流接触器 KM 线圈的回路电源使其断电释放，KM 三相主触点断开，电动机失电停止运转。同时 KM 辅助常开触点（1－15）断开，指示灯 HL_2 灭，KM 辅助常闭触点（1－13）闭合，指示灯 HL_1 亮，说明电动机已停止运转了。

当交流接触器 KM 线圈断电释放后，KM 所有触点恢复原始状态，为再次按下按钮 SB 进行启动操作做准备，从而完成单按钮对电动机进行启停控制。

2. 电路布线图

电路布线图如图 5.17 所示，从图中可以看出，XT 为接线端子排，通过端子排 XT 来区分电气元件的安装位置，XT 的上方为放置在配电箱内底板上的电气元件，XT 的下方为外接或引至配电箱门面板上的电气元件。

从端子排 XT 上看，共有 13 个接线端子。其中，L_1，L_2，L_3 这 3 根线为由外引入配电箱的三相 380 V 电源；U_1，V_1，W_1 这 3 根线为电动机线，穿管接至电动机接线盒内的 U_1，V_1，W_1 上；1，5，7，9，13，15，2 这 7 根线为控制线，接至配电箱门面板上的按钮开关 SB 及指示灯 HL_1，HL_2 上。

3. 电路接线图

单按钮控制电动机启停电路接线如图 5.18 所示。

4. 元器件安装排列图

元器件安装排列如图 5.19 所示，从图中可以看出，断路器 QF_1 和 QF_2，交流接触器 KM，中间继电器 KA_1，KA_2，热继电器 FR 安装在配电箱内底板上；按钮开关 SB，指示灯 HL_1，HL_2 安装在配电箱门面板上。

通过端子 L_1，L_2，L_3 将三相380 V 交流电源接入配电箱中，端子 U_1，V_1，W_1 接至电动机接线盒中的 U_1，V_1，W_1 上，端子 1，5，7，9，13，15，2 将配电箱内器件与配电箱门面板上的按钮开关 SB、指示灯 HL_1 和 HL_2 连接起来。

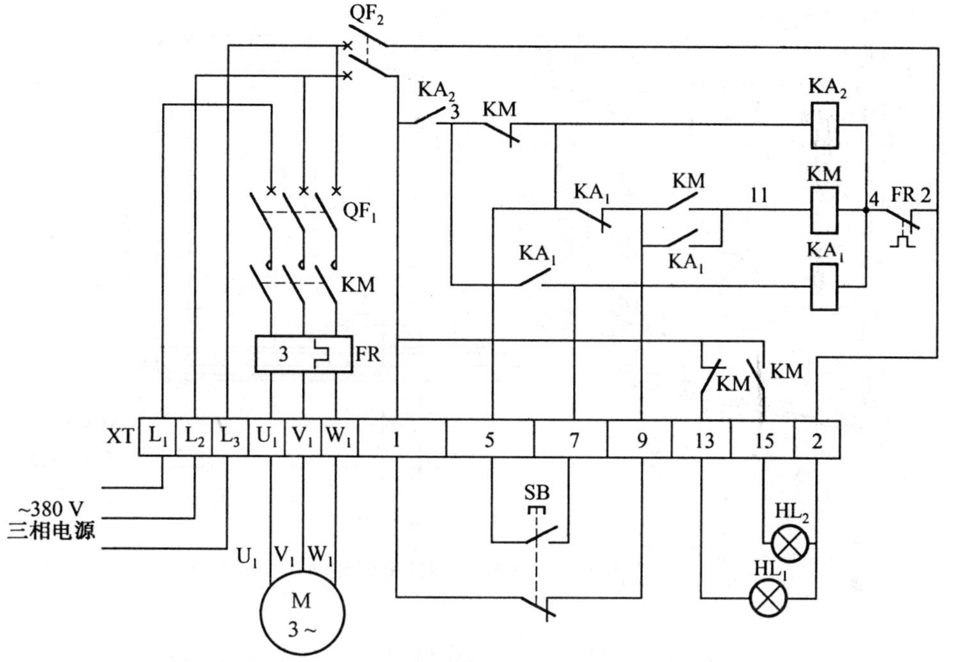

图 5.17　单向点动控制电路布线图

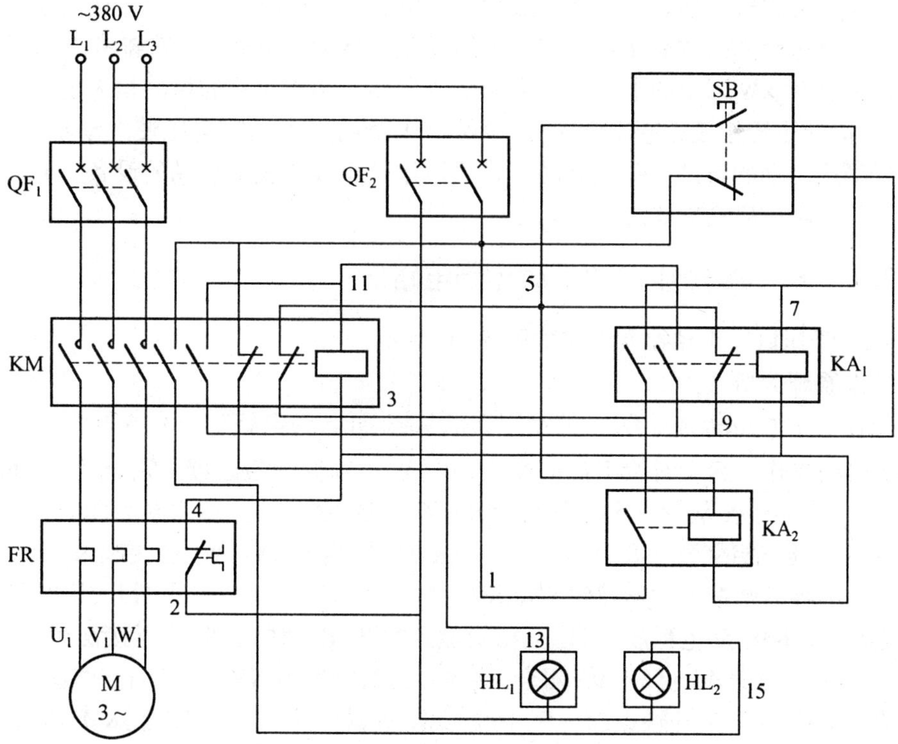

图 5.18　单按钮控制电动机启停电路接线

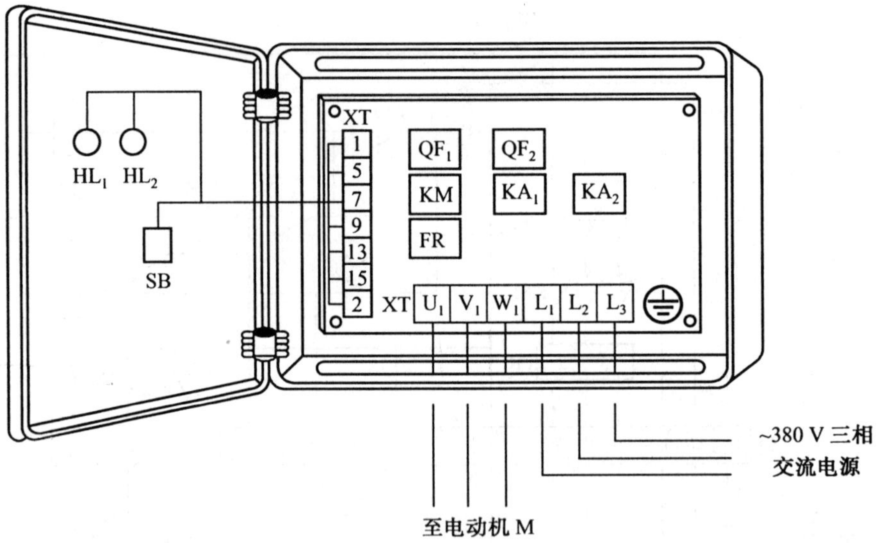

图 5.19　单按钮控制电动机启停电路元器件安装排列图

5.2　电动机降压启动控制箱

三相异步电动机直接启动电流一般为额定电流的4 ~ 7倍，当采用直接启动方式引起线路电压降超过允许值或变压器的容量不能满足直接启动要求时，就需考虑选用降压启动方式。一般10 kW以上的电动机应采用降压启动。降压启动的目的是为了减小电动机启动电流，待转子转速接近额定转速后，再给定子绕组加以额定电压使电动机正常运行，从而达到降压启动的目的。降压启动方式只适用于空载或轻载启动的设备。Y – △ 降压启动是常用的降压启动方式之一。

5.2.1　Y – △ 降压启动手动控制电路

Y – △ 降压启动手动控制电路如图 5.20 所示。

1. 工作原理分析

首先合上主回路断路器 QF_1、控制回路断路器 QF_2，为电路工作准备条件。

(1) 启动操作。启动时按下启动按钮 SB_2(3 – 5)，交流接触器 KM_1，KM_3 线圈得电吸合且 KM_1 辅助常开触点(3 – 5) 闭合自锁，KM_1，KM_3 各自的三相主触点闭合，其中，KM_1 三相主触点接通三相交流电源，KM_3 三相主触点将绕组 U_2，V_2，W_2 短接起来，电动机接成 Y 形启动。运转时则按下运转按钮 SB_3，SB_3 的一组常闭触点(5 – 7) 断开，切断了 KM_3 线圈回路电源，使 KM_3 断电释放，KM_3 三相主触点断开，电动机绕组 Y 形接法解除；与此同时，SB_3 的另一组常开触点(5 – 9) 闭合，接通了交流接触器 KM_2 线圈回路电源，KM_2 线圈得电吸合且 KM_2 辅助常开触点(5 – 9) 闭合自锁，KM_2 三相主触点闭合，KM_2 将绕组 U_1 与 W_2，V_1 与 U_2，W_1 与 V_2 分别短接起来，电动机接成 △ 形全压运转。

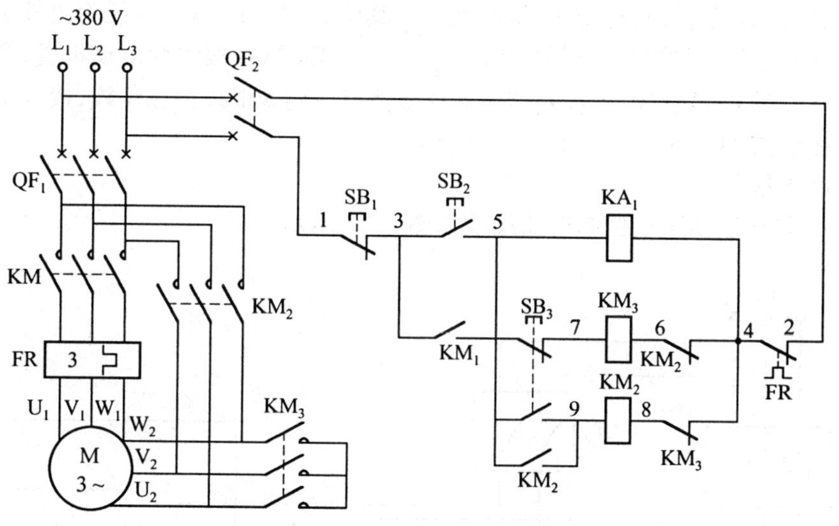

图 5.20　Y – △ 降压启动手动控制电路

(2) 停止操作。按下停止按钮 SB_1(1 – 3),交流接触器 KM_1,KM_2 线圈断电释放,KM_1,KM_2 各自的三相主触点断开,电动机失电停止运转。

2. 电路布线图

电路布线如图 5.21 所示,从图中可以看出,XT 为接线端子排,通过端子排 XT 来区分电气元件的安装位置,XT 的上方为放置在配电箱内底板上的电气元件,XT 的下方为外接或引至配电箱门面板上的电气元件。

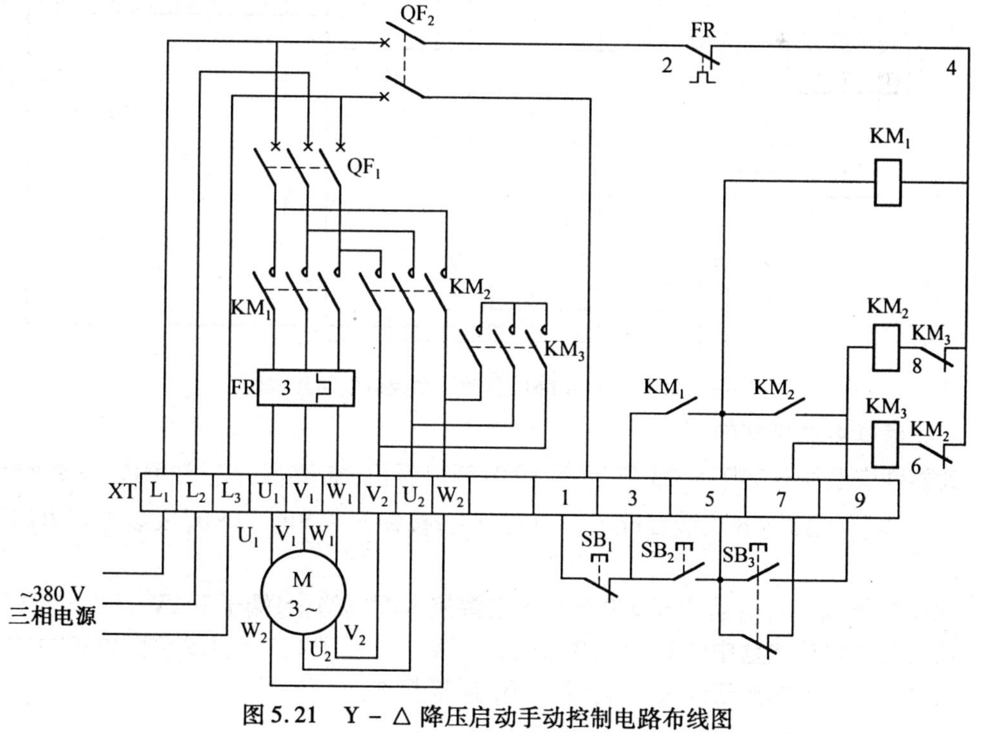

图 5.21　Y – △ 降压启动手动控制电路布线图

从端子排 XT 上看，共有 14 个接线端子。其中 L_1，L_2，L_3 这 3 根线为由外引入配电箱的三相 380 V 电源，并穿管引入；U_1，V_1，W_1，U_2，V_2，W_2 这 6 根线为电动机线，穿管接至电动机接线盒内的 U_1，V_1，W_1，U_2，V_2，W_2 上；1，3，5，7，9 这 5 根线为控制线，接至配电箱门面板上的按钮开关 SB_1，SB_2，SB_3 上。

3. 电路接线图

Y－△ 降压启动手动控制电路接线如图 5.22 所示。

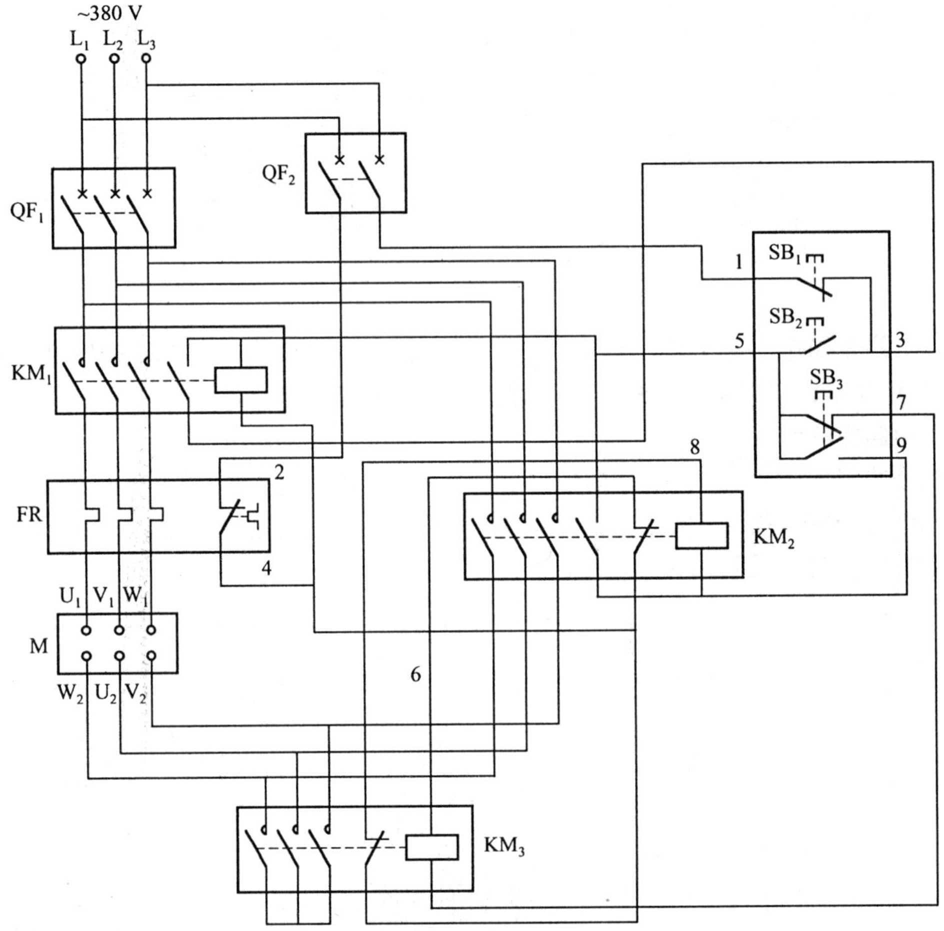

图 5.22　Y－△ 降压启动手动控制电路接线图

4. 元器件安装排列图

元器件安装排列如图 5.23 所示，从图中可以看出，断路器 QF_1 和 QF_2、交流接触器 KM_1 ～ KM_3、继电器 FR 安装在配电箱内底板上；按钮开关 SB_1 ～ SB_3 安装在配电箱门面板上。

通过端子 L_1，L_2，L_3 将三相 380 V 交流电源接入配电箱中，端子 U_1，V_1，W_1，U_2，V_2，W_2 对应接至电动机接线盒中的 U_1，V_1，W_1，U_2，V_2，W_2 上，端子 1，3，5，7，9 将配电箱内的器件与配电箱门面板上的按钮开关 SB_1，SB_2，SB_3 连接起来。

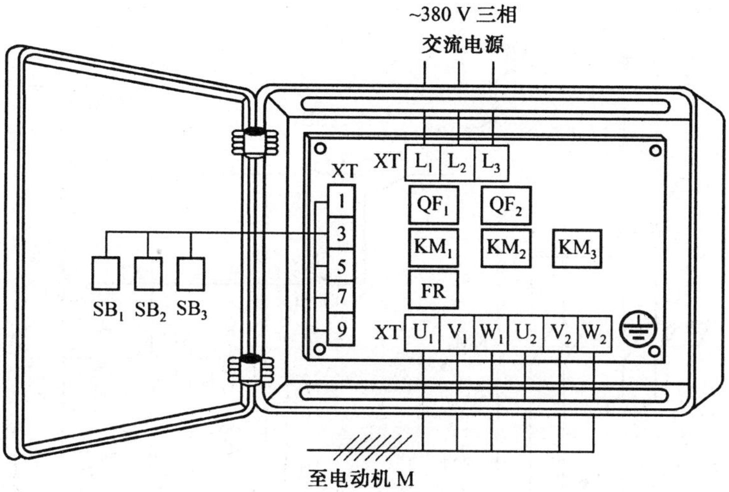

图5.23　Y－△降压启动手动控制电路元器件安装排列图

5. 按钮接线图

按钮接线如图5.24所示。

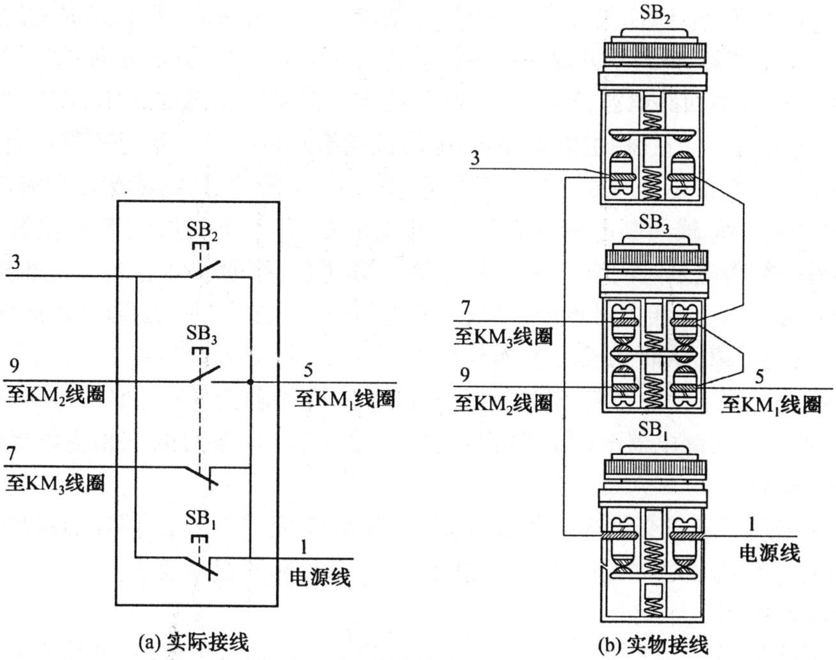

图5.24　Y－△降压启动手动控制电路按钮接线

5.2.2　Y－△降压启动自动控制电路

Y－△降压启动自动控制电路如图5.25所示。

1. 工作原理分析

首先合上主回路断路器 QF_1、控制回路断路器 QF_2，为电路工作提供准备条件。

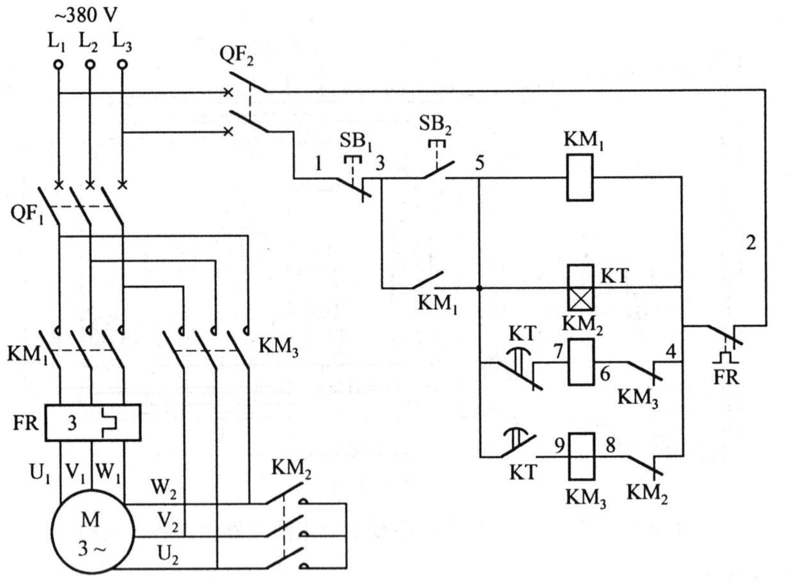

图 5.25　Y－△ 降压启动自动控制电路

(1) 启动。按下启动按钮SB_2(3－5),电源交流接触器KM_1、得电延时时间继电器KT线圈得电吸合且KM_1辅助常开触点(3－5)闭合自锁,同时KT开始延时;接通Y形启动交流接触器KM_2线圈回路电源,KM_2线圈得电吸合。在交流接触器KM_1,KM_2线圈得电吸合后,KM_1,KM_2各自的三相主触点闭合,电动机绕组得电接成Y形进行降压启动。经KT延时后,KT的一组得电延时断开的常闭触点(5－7)先断开,切断了Y形交流接触器KM_2线圈回路电源,KM_2线圈断电释放,KM_2三相主触点断开,电动机绕组Y接解除;与此同时,KT的另一组得电延时闭合的常开触点(5－9)闭合,接通了△形运转交流接触器KM_3线圈回路电源,KM_3三相主触点闭合,电动机绕组由Y形改接成△形全压运转。至此整个Y－△启动结束,从而完成由Y形启动到△形运转的自动控制。

(2) 停止。按下停止按钮SB_1(1－3),电源交流接触器KM_1、△形运转交流接触器KM_3、得电延时时间继电器KT线圈均断电释放,KM_1,KM_3各自的三相主触点断开,电动机失电停止运转。

本电路采用了三只交流接触器KM_1,KM_2,KM_3来完成Y－△降压启动自动控制,电路中Y形启动交流接触器KM_2触点容量较大,能满足频繁启动要求。

2. 电路布线图

电路布线如图5.26所示,从图中可以看出,XT为接线端子排,通过端子排XT来区分电气元件的安装位置,XT的上方为放置在配电箱内底板上的电气元件,XT的下方为外接或引至配电箱门面板上的电气元件。

从端子排XT上看,共有12个接线端子。其中L_1,L_2,L_3这3根线为由外引入配电箱的三相380 V电源,并穿管引入;U_1,V_1,W_1,U_2,V_2,W_2这6根线为电动机线,穿管接至电动机接线盒内的U_1,V_1,W_1,U_2,V_2,W_2上;1,3,5这3根线为控制线,接至配电箱门面板上的按钮开关SB_1,SB_2上。

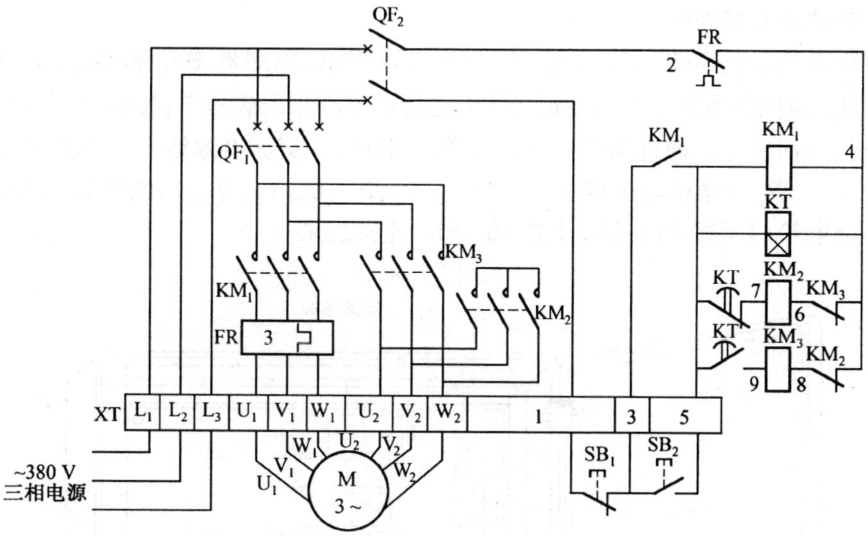

图 5.26　Y－△降压启动自动控制电路布线图

3. 电路接线图

电路接线如图 5.27 所示。

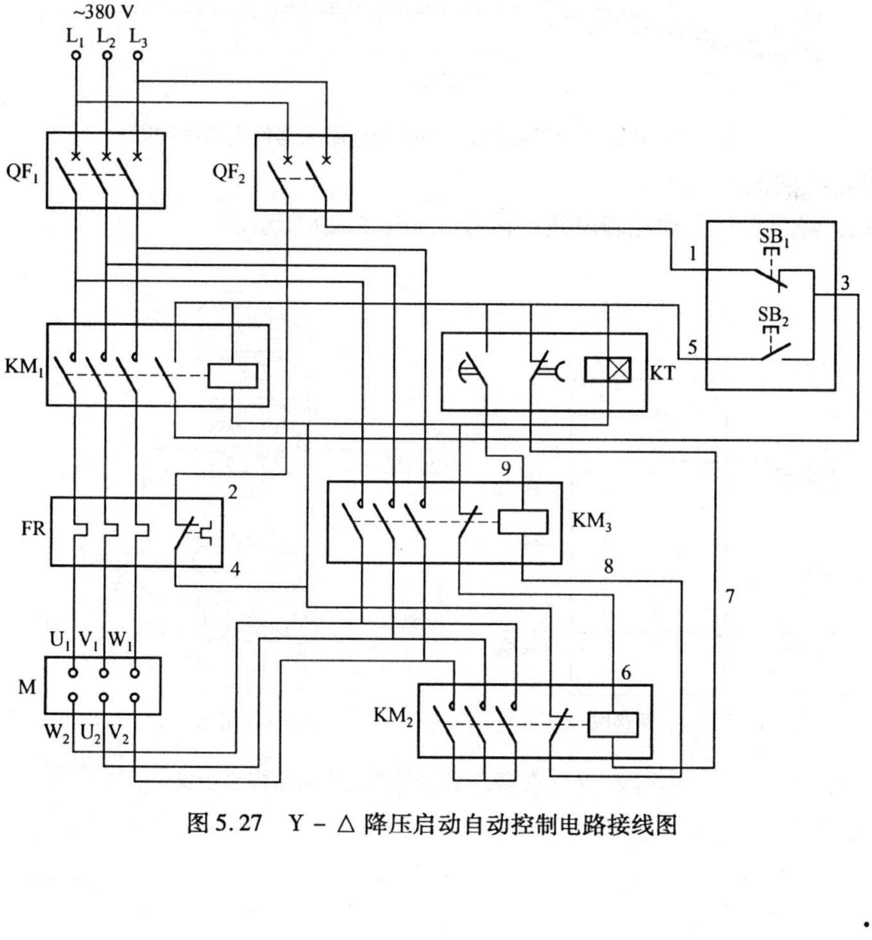

图 5.27　Y－△降压启动自动控制电路接线图

4. 元器件安装排列图

元器件安装排列如图5.28所示，从图中可以看出，断路器 QF_1 和 QF_2、交流接触器 KM_1 ~ KM_3、时间继电器KT、热继电器FR安装在配电箱内底板上；按钮开关 SB_1，SB_2 安装在配电箱门面板上。通过端子 L_1，L_2，L_3 将三相380 V交流电源接入配电箱中，端子 U_1，V_1，W_1，U_2，V_2，W_2 接至电动机接线盒中的 U_1，V_1，W_1，U_2，V_2，W_2 上，端子1,3,5将配电箱内器件与配电箱门面板上的按钮开关 SB_1，SB_2 连接起来。

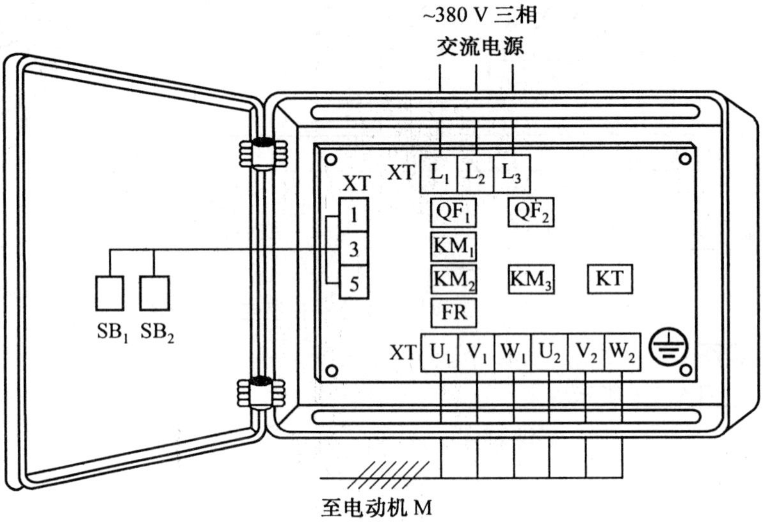

图5.28 Y－△降压启动自动控制电路元器件安装排列图

5. 按钮接线图

Y－△降压启动自动控制电路按钮接线如图5.29所示。

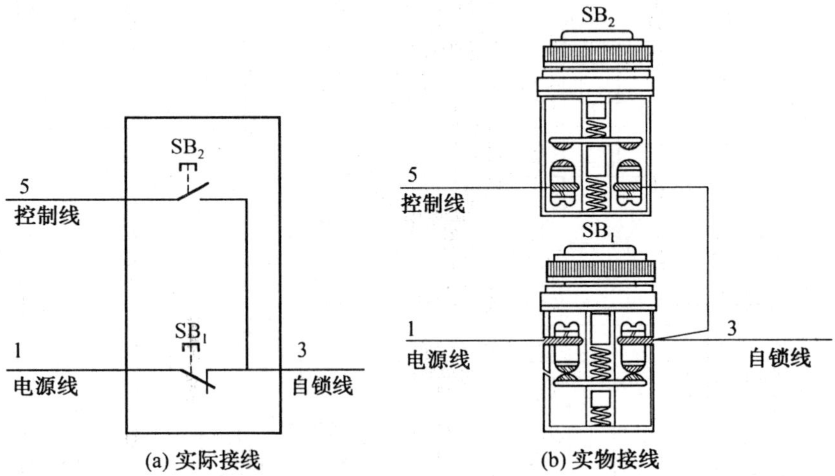

图5.29 Y－△降压启动自动控制电路按钮接线

5.2.3　电动机 △ – Y 启动自动控制电路

电动机 △ – Y 启动自动控制电路如图 5.30 所示。

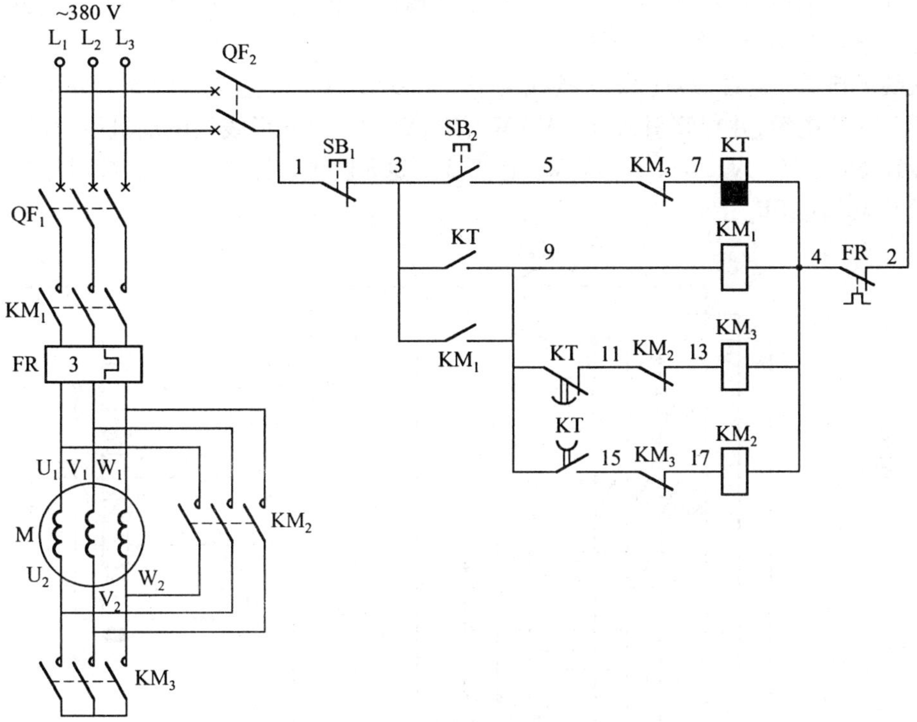

图 5.30　电动机 △ – Y 启动自动控制电路

1. 工作原理分析

对于一些惯性较大、运转时转矩较小的设备，启动时往往需要很大的转矩，这就需要用 △ 形启动、Y 形运转来实现，如图 5.30 所示。

启动时，按下启动按钮 SB_2(3 – 5) 后再松开，失电延时时间继电器 KT 线圈得电吸合后又断电释放，KT 开始延时。此时 KT 不延时瞬动常开触点(3 – 9) 立即闭合后又断开，KT 失电延时闭合的常闭触点(9 – 11) 立即断开，KT 失电延时断开的常开触点(9 – 15) 立即闭合，这样，交流接触器 KM_1 线圈得电吸合且 KM_1 辅助常开触点(3 – 9) 闭合自锁，KM_1 三相主触点闭合，将三相电源接入电动机绕组，同时交流接触器 KM_2 线圈也得电吸合，KM_2 三相主触点闭合，绕组接成 △ 形，电动机得电以 △ 形连接开始启动。经 KT 一段延时后，电动机的转速升至额定转速时，KT 失电延时断开的常开触点(9 – 15) 断开，切断 △ 形连接交流接触器 KM_2 线圈的回路电源，KM_2 线圈断电释放，KM_2 三相主触点断开，电动机 △ 形连接方式解除；同时 KT 失电延时闭合的常闭触点(9 – 11) 闭合，接通了 Y 形交流接触器 KM_3 线圈回路电源，KM_3 线圈得电吸合，KM_3 三相主触点闭合，电动机绕组被连接成 Y 形正常运转。从而完成 △ 形启动、Y 形运转控制。

停止时，按下停止按钮 SB_1(1 – 3)，交流接触器 KM_1，KM_3 线圈断电释放，KM_1，KM_3

各自的三相主触点断开，电动机失电停止运转。

2. 电路布线图

电路布线如图5.31所示，从图中可以看出，XT为接线端子排，通过端子排XT来区分电气元件的安装位置，XT的上方为放置在配电箱内底板上的电气元件，XT的下方为外接或引至配电箱门面板上的电气元件。

从端子排XT上看，共有12个接线端子。其中L_1，L_2，L_3这3根线为由外引入配电箱的三相380 V电源，并穿管引入；U_1，V_1，W_1，U_2，V_2，W_2这6根线为电动机线，穿管接至电动机接线盒内的U_1，V_1，W_1，U_2，V_2，W_2上；1，3，5这3根线为控制线，接至配电箱门面板上的按钮开关SB_1，SB_2上。

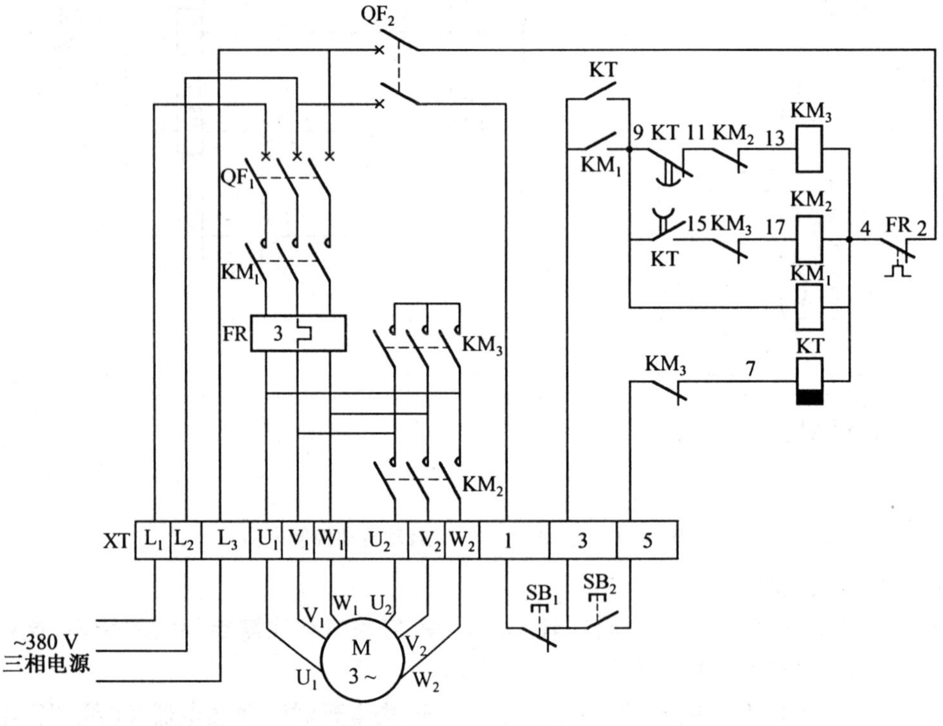

图5.31 电动机△－Y启动自动控制电路布线图

3. 电路接线图

电动机△－Y启动自动控制电路接线如图5.32所示。

4. 元器件安装排列图

元器件安装排列如图5.33所示，从图中可以看出，断路器QF_1和QF_2，交流接触器KM_1，KM_2，KM_3，失电延时时间继电器KT，热继电器FR安装在配电箱内底板上；按钮开关SB_1，SB_2安装在配电箱门面板上。

通过端子L_1，L_2，L_3将三相380 V交流电源接入配电箱中，端子U_1，V_1，W_1，U_2，V_2，W_2接至电动机接线盒中的U_1，V_1，W_1，U_2，V_2，W_2上，端子1，3，5将配电箱内器件与配电箱门面板上的按钮开关SB_1，SB_2连接起来。

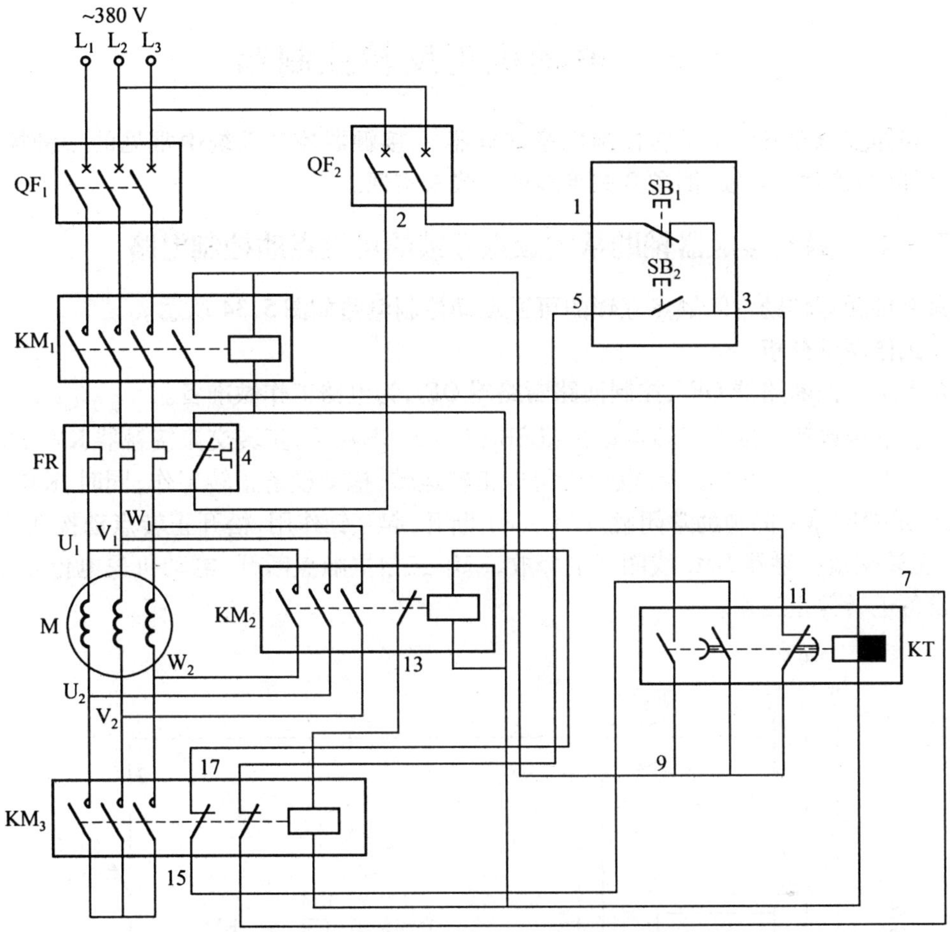

图 5.32　电动机 △ - Y 启动自动控制电路接线图

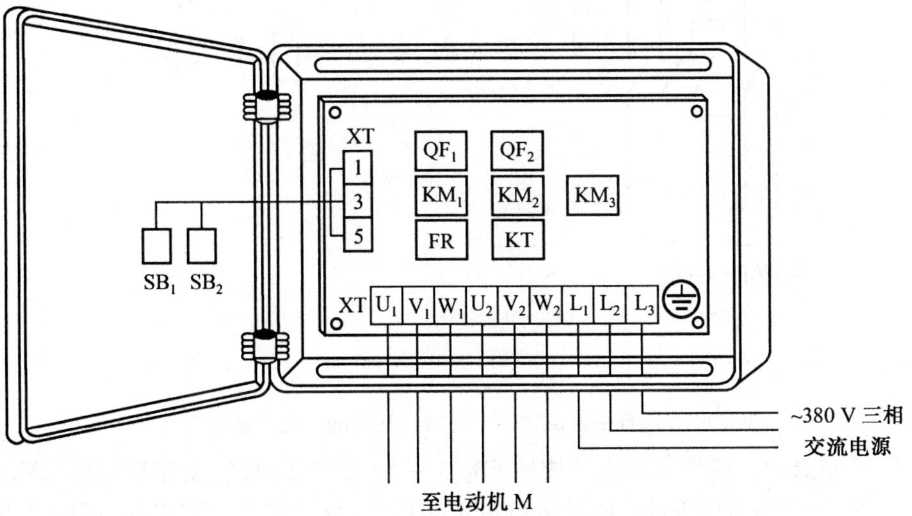

图 5.33　电动机 △ - Y 启动自动控制电路元器件安装排列图

5.3 电动机正反转控制箱

三相异步电动机的正反转控制也是继电器 - 接触器控制系统中常见的一种控制方式，它可以用接触器互锁、倒顺开关等多种形式来实现。

5.3.1 只有接触器辅助常闭触点互锁的可逆点动控制电路

只有接触器辅助常闭触点互锁的可逆点动控制电路如图 5.34 所示。

1. 工作原理分析

合上主回路断路器 QF_1、控制回路断路器 QF_2，为电路工作做准备。

（1）正转点动。按下正转点动按钮 SB_1(1 - 3) 不松手，正转交流接触器 KM_1 线圈得电吸合，KM_1 三相主触点闭合，电动机得电正转运转，拖动设备正转工作；同时，KM_1 串联在 KM_2 线圈回路中的辅助常闭触点(4 - 8) 断开，起互锁作用；松开正转点动按钮 SB_1(1 - 3)，正转交流接触器 KM_1 线圈断电释放，KM_1 三相主触点断开，电动机失电停止运转，拖动设备正转停止工作。

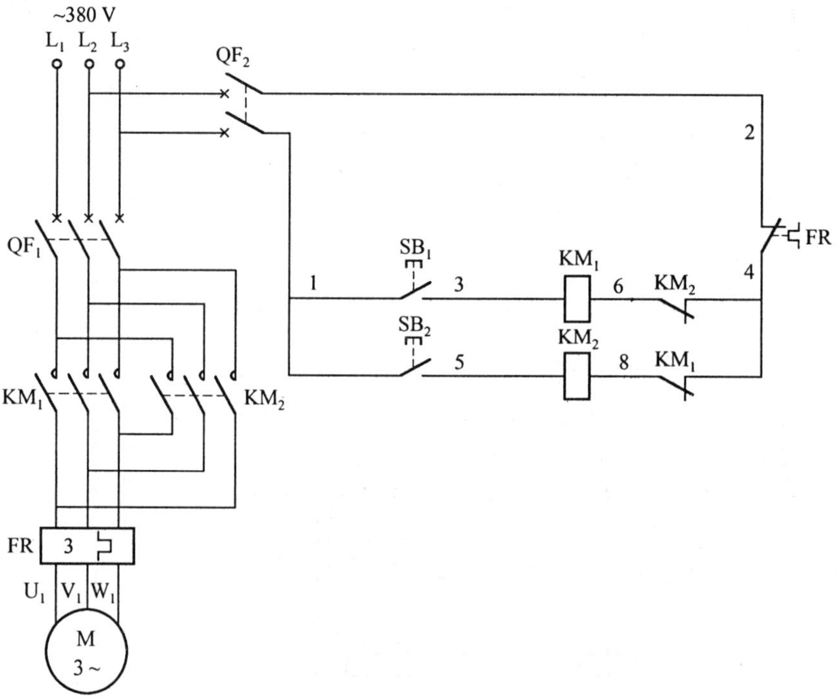

图 5.34 只有接触器辅助常闭触点互锁的可逆点动控制电路

（2）反转点动。按下反转点动按钮 SB_2(1 - 5) 不松手，反转交流接触器 KM_2 线圈得电吸合，KM_2 三相主触点闭合，电动机得电反转运转，拖动设备反转工作；同时，KM_2 串联在 KM_1 线圈回路中的辅助常闭触点(4 - 6) 断开，起互锁作用；松开反转点动按钮 SB_2(1 - 5)，反转交流接触器 KM_2 线圈断电释放，KM_2 三相主触点断开，电动机失电停止运转，拖动设备反转停止工作。

2. 电路布线图

从图 5.35 中可以看出，XT 为接线端子排，通过端子排 XT 来区分电气元件的安装位置，XT 的上方为放置在配电箱内底板上的电气元件，XT 的下方为外接或引至配电箱门面板上的电气元件。

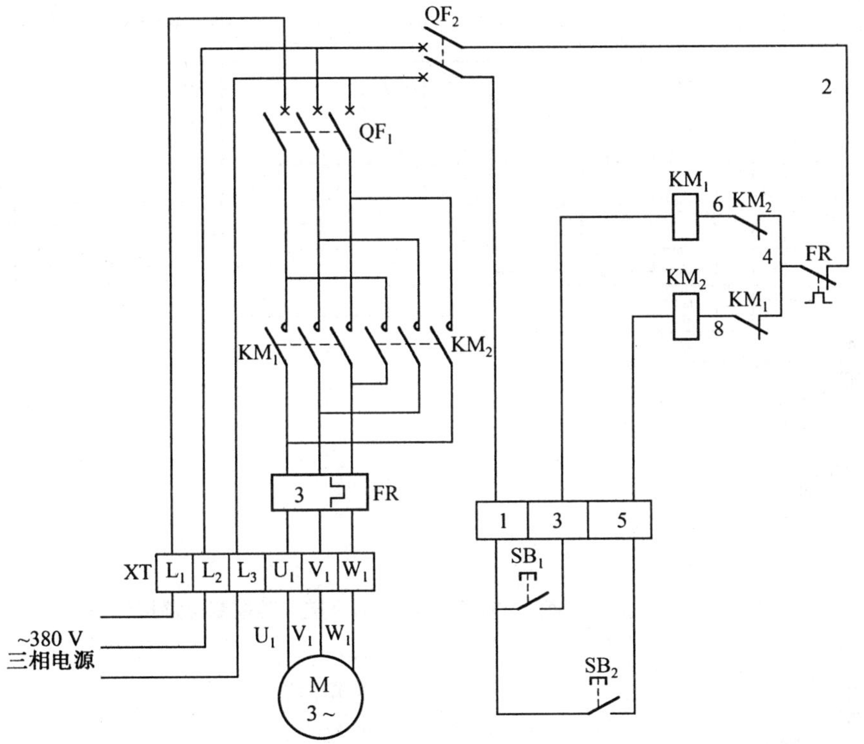

图 5.35　只有接触器辅助常闭触点互锁的可逆点动控制电路布线图

从端子排 XT 上看，共有 9 个接线端子。其中 L_1，L_2，L_3 这 3 根线为由外引入配电箱的三相 380 V 电源，并穿管引入；U_1，V_1，W_1 这 3 根线为电动机线，穿管接至电动机接线盒内的 U_1，V_1，W_1 上；1，3，5 这 3 根线为控制线，接至配电箱门面板上的按钮开关 SB_1，SB_2 上。

3. 电路接线图

接触器辅助常闭触点互锁的可逆点动控制电路接线如图 5.36 所示。

4. 元器件安装排列图

从图 5.37 可以看出，断路器 QF_1 和 QF_2、交流接触器 KM_1 和 KM_2、热继电器 FR 安装在配电箱内底板上；按钮开关 SB_1，SB_2 安装在配电箱门面板上。

通过端子 L_1，L_2，L_3 将三相 380 V 交流电源接入配电箱中，端子 U_1，V_1，W_1 接至电动机接线盒中的 U_1，V_1，W_1 上。端子 1，3，5 将配电箱内的器件与配电箱门面板上的按钮开关 SB_1，SB_2 连接起来。

5. 按钮接线

只有接触器辅助常闭触点互锁的可逆点动控制电路按钮接线如图 5.38 所示。

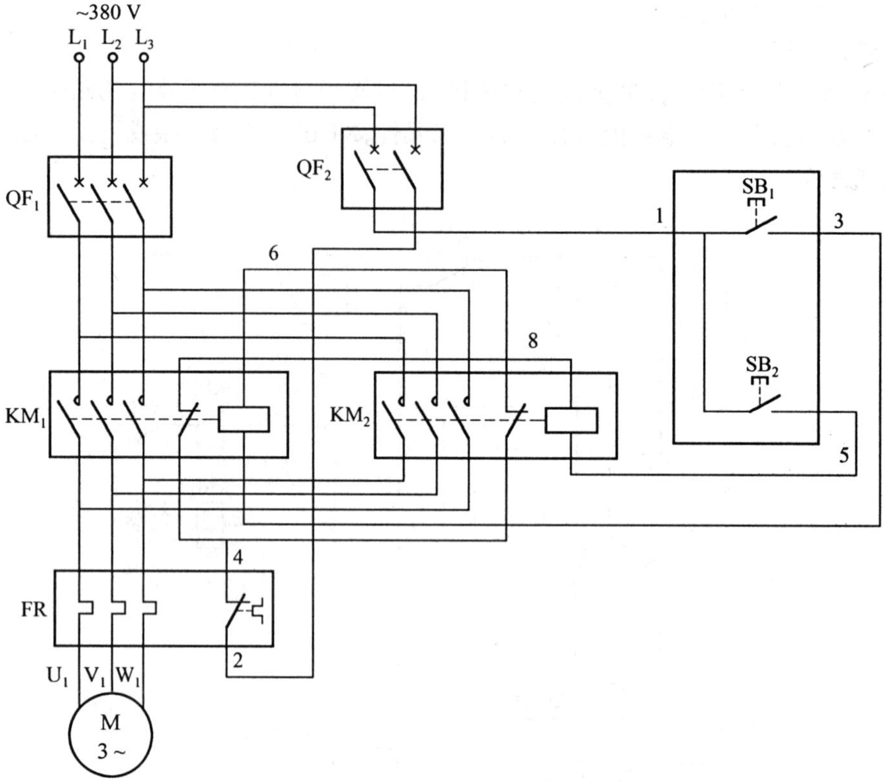

图 5.36　只有接触器辅助常闭触点互锁的可逆点动控制电路接线图

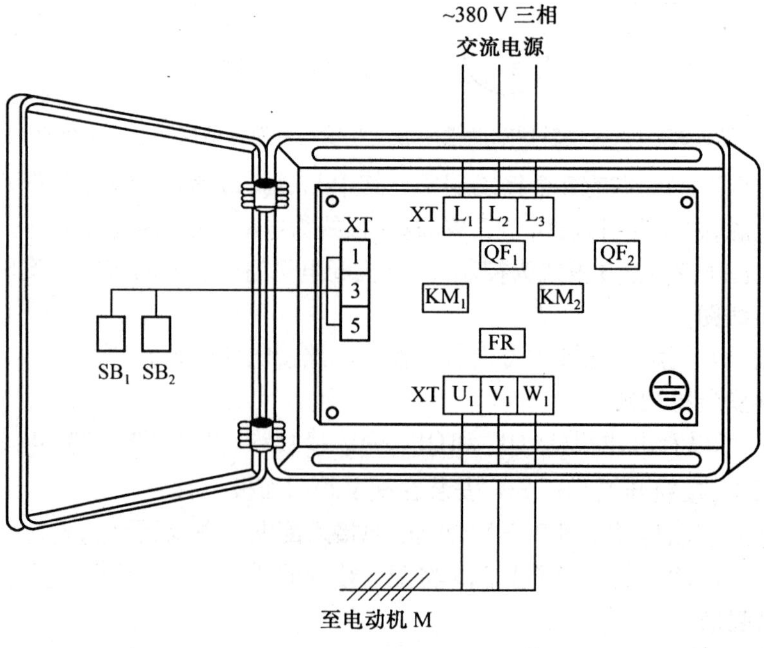

图 5.37　只有接触器辅助常闭触点互锁的可逆点动控制电路元器件安装排列图

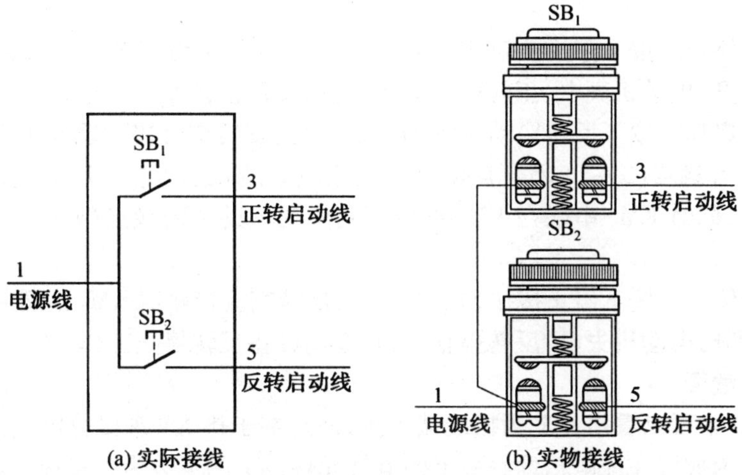

图 5.38　只有接触器辅助常闭触点互锁的可逆点动控制电路按钮接线

5.3.2　只有接触器辅助常闭触点互锁的可逆启停控制电路

只有接触器辅助常闭触点互锁的可逆启停控制电路如图 5.39 所示。

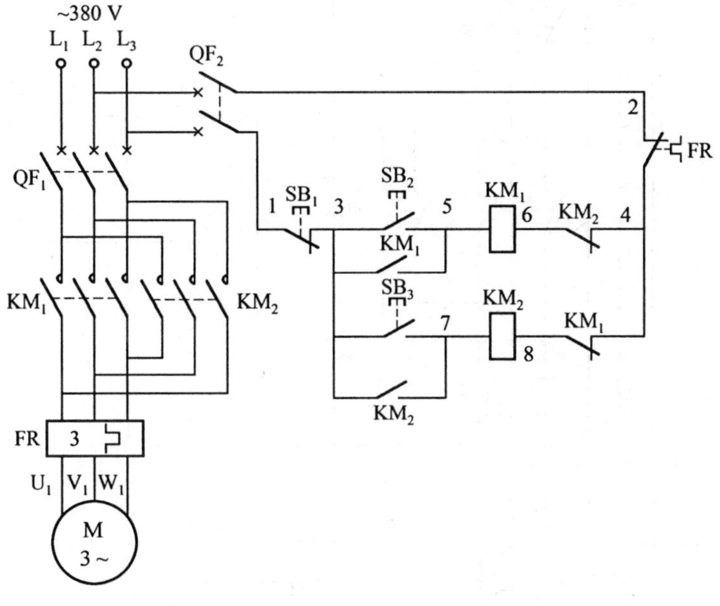

图 5.39　只有接触器辅助常闭触点互锁的可逆启停控制电路

1. 工作原理分析

首先合上主回路断路器 QF_1、控制回路断路器 QF_2，为电路工作提供准备条件。

（1）正转启动。按下正转启动按钮 SB_2（3－5），正转交流接触器 KM_1 线圈得电吸合且 KM_1 辅助常开触点（3－5）闭合自锁，KM_1 三相主触点闭合，电动机得电正转运转，拖动设备正转工作；同时 KM_1 串联在 KM_2 线圈回路中的辅助常闭触点（4－8）断开，起互锁作用。

(2) 正转停止。按下停止按钮 SB_1(1 - 3),正转交流接触器 KM_1 线圈断电释放,KM_1 三相主触点断开,电动机失电,正转停止运转,拖动设备正转停止工作。

(3) 反转启动。按下反转启动按钮 SB_3(3 - 7),反转交流接触器 KM_2 线圈得电吸合且 KM_2 辅助常开触点(3 - 7)闭合自锁,KM_2 三相主触点闭合,电动机得电反转运转,拖动设备反转工作;同时 KM_2 串联在 KM_1 线圈回路中的辅助常闭触点(4 - 6) 断开,起互锁作用。

(4) 反转停止。按下停止按钮 SB_1(1 - 3),反转交流接触器 KM_2 线圈断电释放,KM_2 三相主触点断开,电动机失电,反转停止运转,拖动设备反转停止工作。

2. 电路布线图

从图 5.40 中可以看出,XT 为接线端子排,通过端子排 XT 来区分电气元件的安装位置,XT 的上方为放置在配电箱内底板上的电气元件,XT 的下方为外接或引至配电箱门面板上的电气元件。

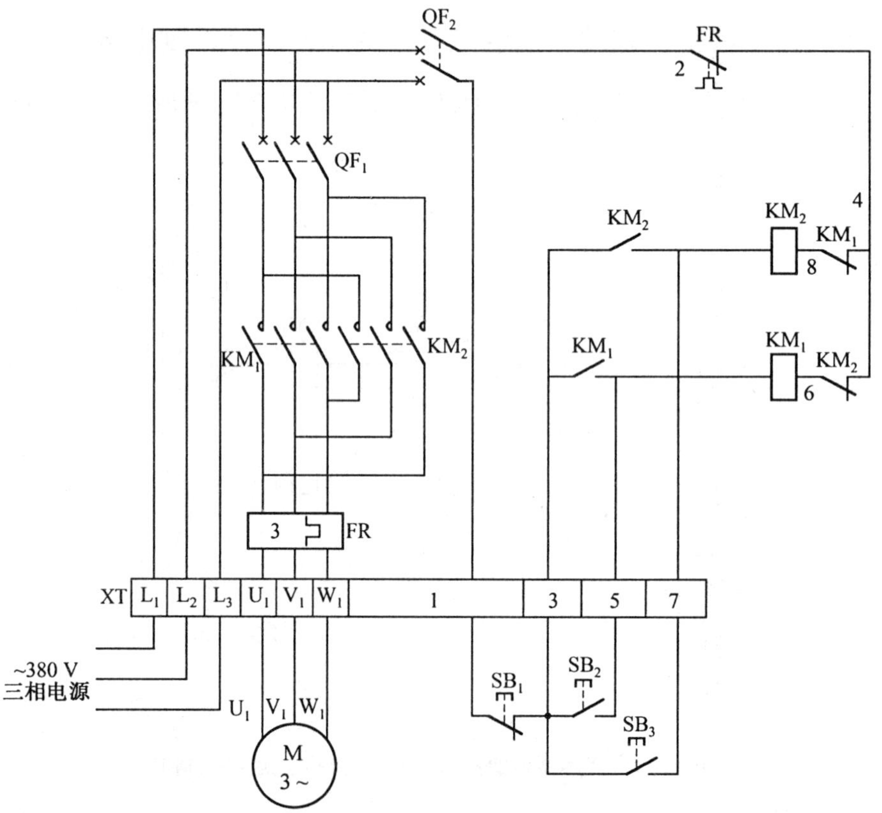

图 5.40　只有接触器辅助常闭触点互锁的可逆启停控制电路布线图

从端子排 XT 上看,共有 10 个接线端子。其中 L_1,L_2,L_3 这 3 根线为由外引入配电箱的三相 380 V 电源,并穿管引入;U_1,V_1,W_1 这 3 根线为电动机线,穿管接至电动机接线盒内的 U_1,V_1,W_1 上;1,3,5,7 这 4 根线为控制线,接至配电箱门面板上的按钮开关 SB_1,

SB_2，SB_3 上。

3. 电路接线图

只有接触器辅助常闭触点互锁的可逆启停控制电路实际接线如图 5.41 所示。

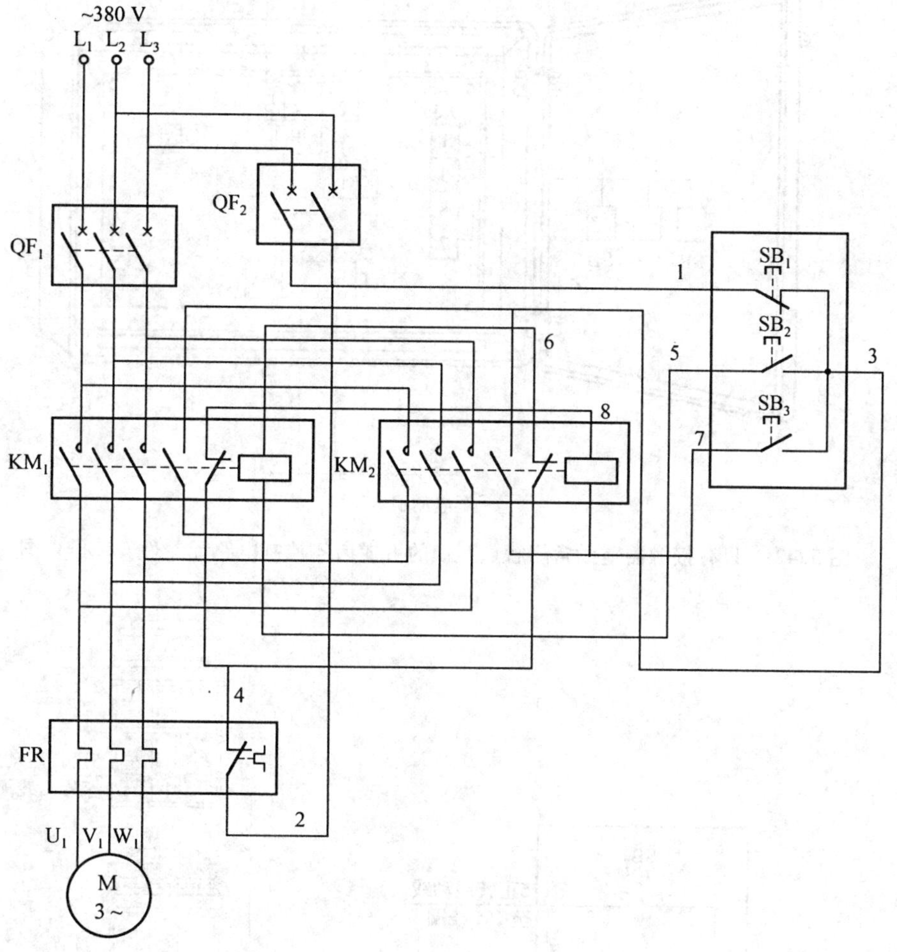

图 5.41　只有接触器辅助常闭触点互锁的可逆启停控制电路接线图

4. 元器件安装排列图

从图5.42可以看出，断路器 QF_1 和 QF_2、交流接触器 KM_1 和 KM_2、热继电器FR安装在配电箱内底板上；按钮开关 SB_1 ～ SB_3 安装在配电箱门面板上。

通过端子 L_1，L_2，L_3 将三相380 V交流电源接入配电箱中，端子 U_1，V_1，W_1 接至电动机接线盒中的 U_1，V_1，W_1 上，端子1，3，5，7将配电箱内的器件与配电箱门面板上的按钮开关 SB_1，SB_2，SB_3 连接起来。

5. 按钮接线图

只有接触器辅助常闭触点互锁的可逆启停控制电路按钮接线图如图 5.43 所示。

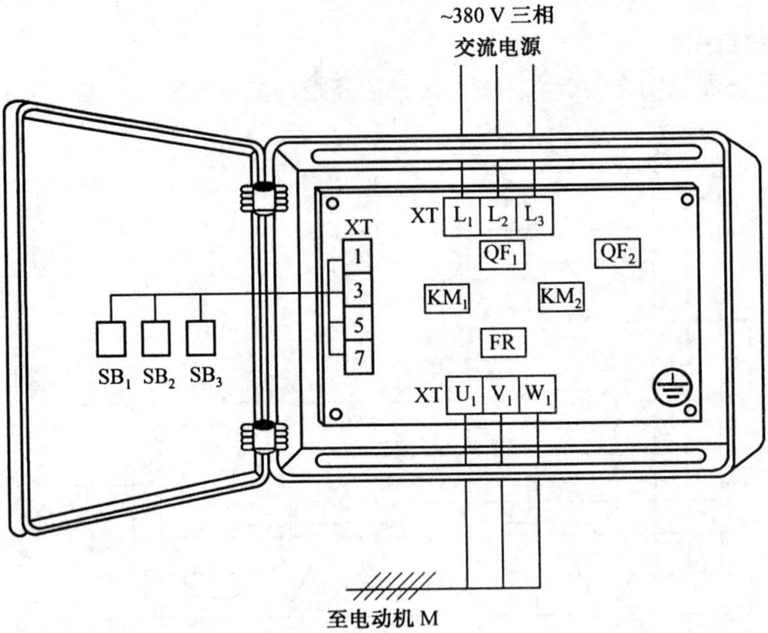

图 5.42　只有接触器辅助常闭触点互锁的可逆启停控制电路元器件安装排列图

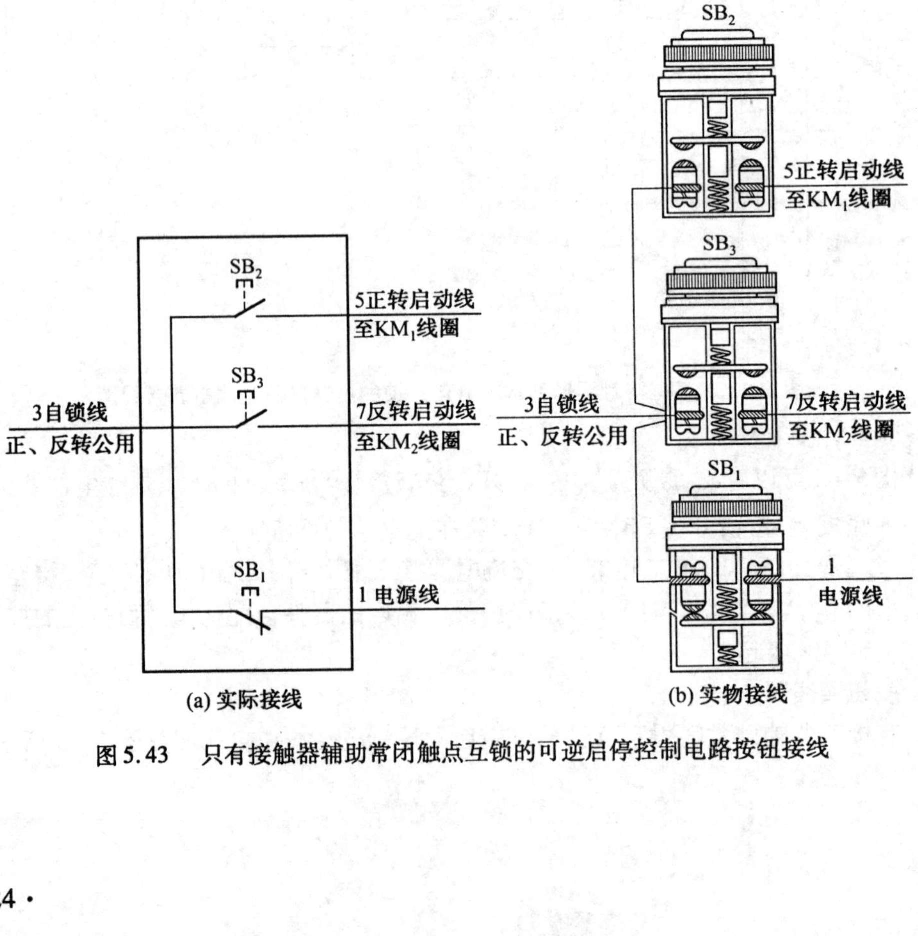

(a) 实际接线　　(b) 实物接线

图 5.43　只有接触器辅助常闭触点互锁的可逆启停控制电路按钮接线

5.3.3　接触器、按钮双互锁可逆启停控制电路

接触器、按钮双互锁可逆启停控制电路如图 5.44 所示。

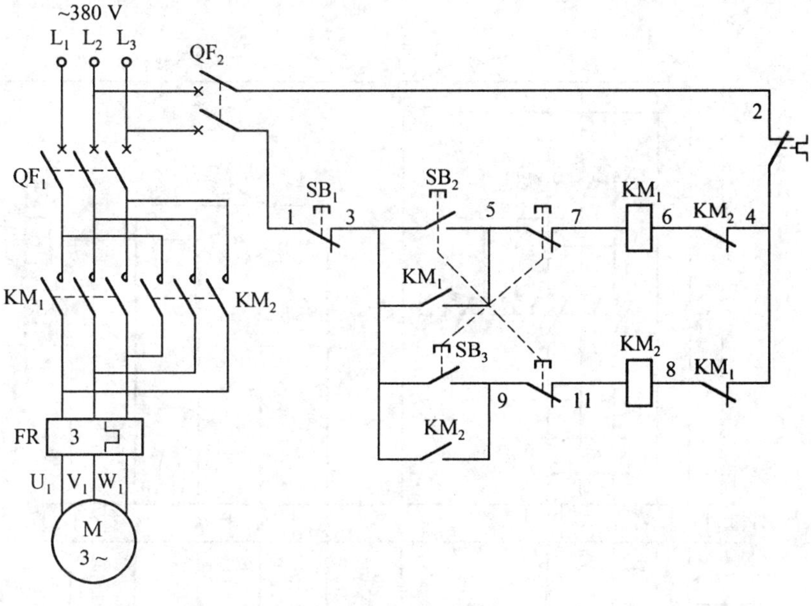

图 5.44　接触器、按钮双互锁可逆启停控制电路

1. 工作原理分析

首先合上主回路断路器 QF_1、控制回路断路器 QF_2，为电路工作提供准备条件。

(1) 正转启动。按下正转启动按钮 SB_2，SB_2 的一组串联在反转交流接触器 KM_2 线圈回路中的常闭触点(9 - 11) 断开，为按钮常闭触点互锁保护；SB_2 的另一组常开触点(3 - 5) 闭合，正转交流接触器 KM_1 线圈得电吸合且 KM_1 辅助常开触点(3 - 5) 闭合自锁，KM_1 三相主触点闭合，电动机得电正转运转，拖动设备正转工作；与此同时 KM_1 串联在反转交流接触器 KM_2 线圈回路中的辅助常闭触点(4 - 8) 断开，为接触器常闭触点互锁保护。

(2) 反转启动。按下反转启动按钮 SB_3，SB_3 的一组串联在正转交流接触器 KM_1 线圈回路中起到按钮互锁保护作用的常闭触点(5 - 7) 断开，切断了正转交流接触器 KM_1 线圈回路电源，KM_1 三相主触点断开，电动机失电正转停止运转；与此同时，起到接触器互锁保护作用的 KM_1 辅助常闭触点(4 - 8) 恢复常闭状态，为启动反转做准备。由于 SB_3 的另一组常开触点(3 - 9) 已按下，此时反转交流接触器 KM_2 线圈得电吸合且 KM_2 辅助常开触点(3 - 9) 闭合自锁，KM_2 三相主触点闭合，电动机得电反转运转，拖动设备反转工作；同时 KM_2 串联在正转交流接触器 KM_1 线圈回路中起到接触器互锁保护作用的辅助常闭触点(4 - 6) 断开，为双互锁保护。

(3) 停止。无论正转还是反转运转，欲停止时，则按下停止按钮 SB_1(1 - 3)，正转交流接触器 KM_1 或反转交流接触器 KM_2 线圈断电释放，KM_1 或 KM_2 三相主触点断开，电动机失电停止运转，拖动设备停止工作。

2. 电路布线图

从图 5.45 中可以看出，XT 为接线端子排，通过端子排 XT 来区分电气元件的安装位置，XT 的上方为放置在配电箱内底板上的电气元件，XT 的下方为外接或引至配电箱门面板上的电气元件。

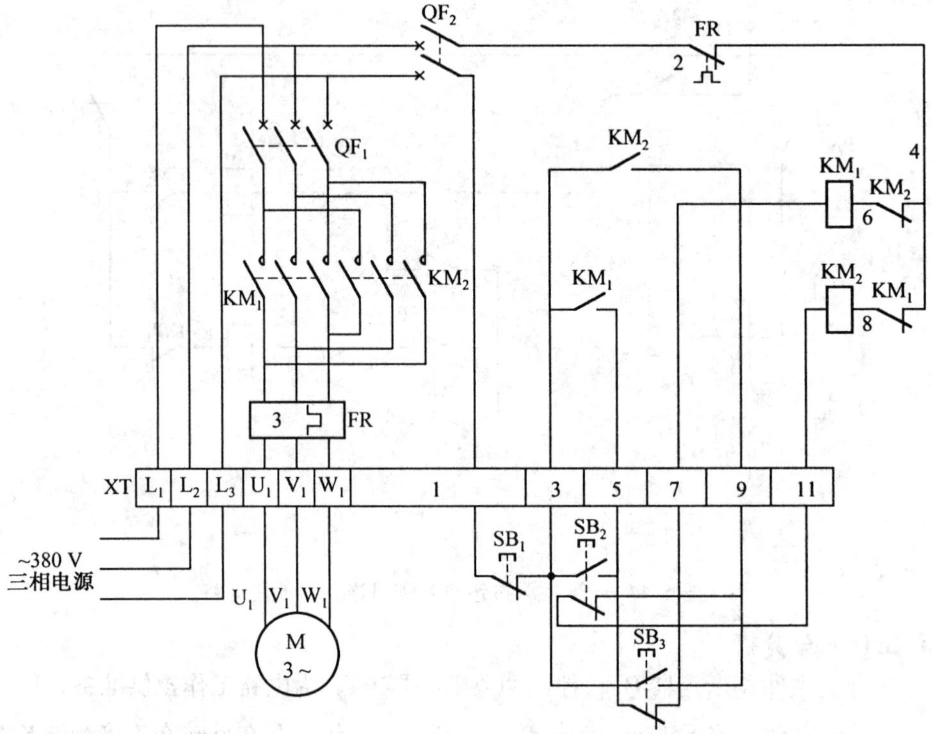

图 5.45　接触器、按钮双互锁可逆启停控制电路布线图

从端子排 XT 上看，共有 12 个接线端子。其中 L_1，L_2，L_3 这 3 根线为由外引入配电箱的三相 380 V 电源，并穿管引入；U_1，V_1，W_1 这 3 根线为电动机线，穿管接至电动机接线盒内的 U_1，V_1，W_1 上；1，3，5，7，9，11 这 6 根线为控制线，接至配电箱门面板上的按钮开关 SB_1，SB_2，SB_3 上。

3. 电路接线

接触器、按钮双互锁可逆启停控制电路接线如图 5.46 所示。

4. 元器件安装排列图

从图5.47 可以看出，断路器 QF_1 和 QF_2、交流接触器 KM_1 和 KM_2、热继电器 FR 安装在配电箱内底板上；按钮开关 SB_1，SB_2，SB_3 安装在配电箱门面板上。

通过端子 L_1，L_2，L_3 将三相380 V 交流电源接入配电箱中，端子 U_1，V_1，W_1 接至电动机接线盒中的 U_1，V_1，W_1 上，端子 1，3，5，7，9，11 将配电箱内的器件与配电箱门面板上的按钮开关 SB_1，SB_2，SB_3 连接起来。

5. 按钮接线

接触器、按钮双互锁可逆启停控制电路按钮接线如图 5.48 所示。

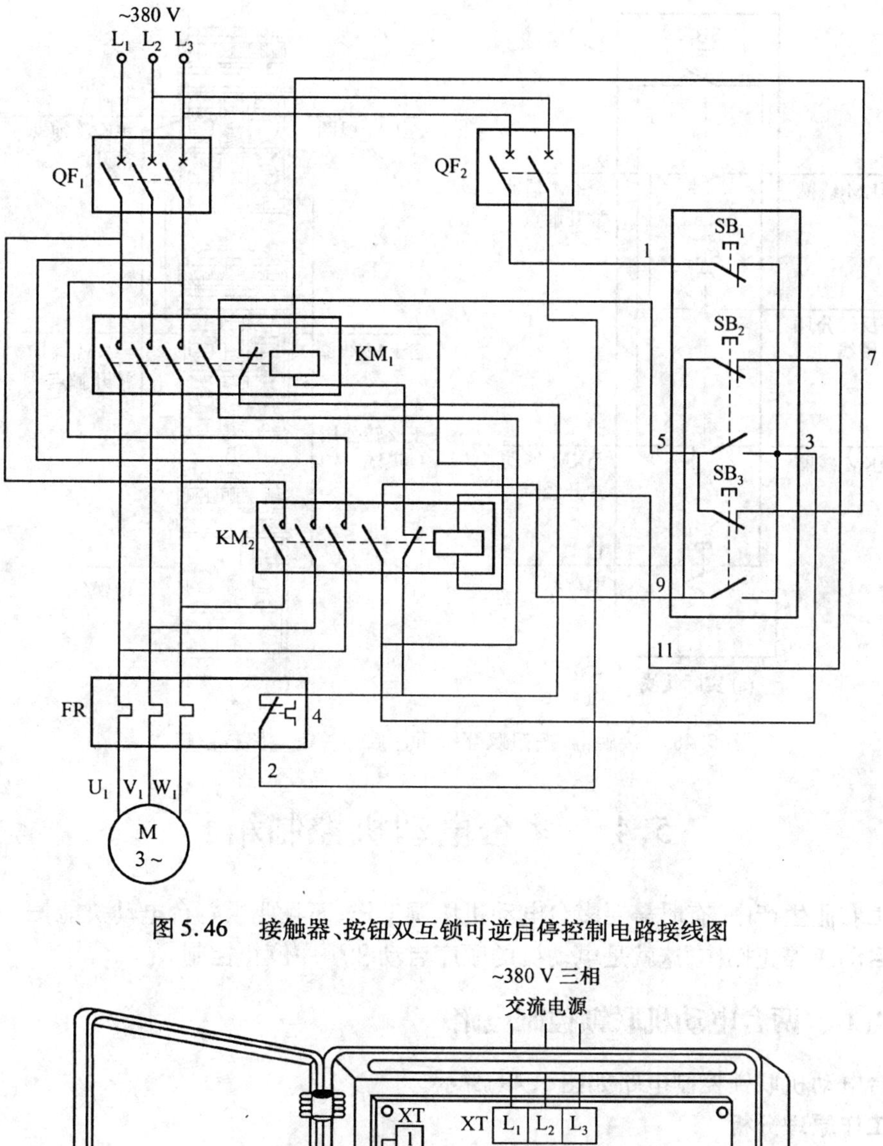

图5.46　接触器、按钮双互锁可逆启停控制电路接线图

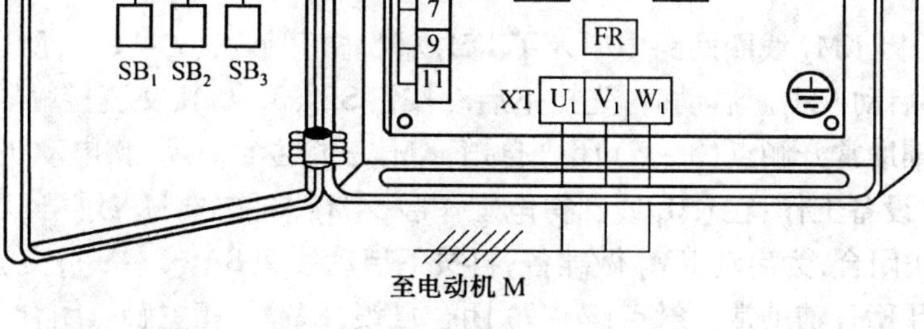

图5.47　接触器、按钮双互锁可逆启停控制电路元器件安装排列图

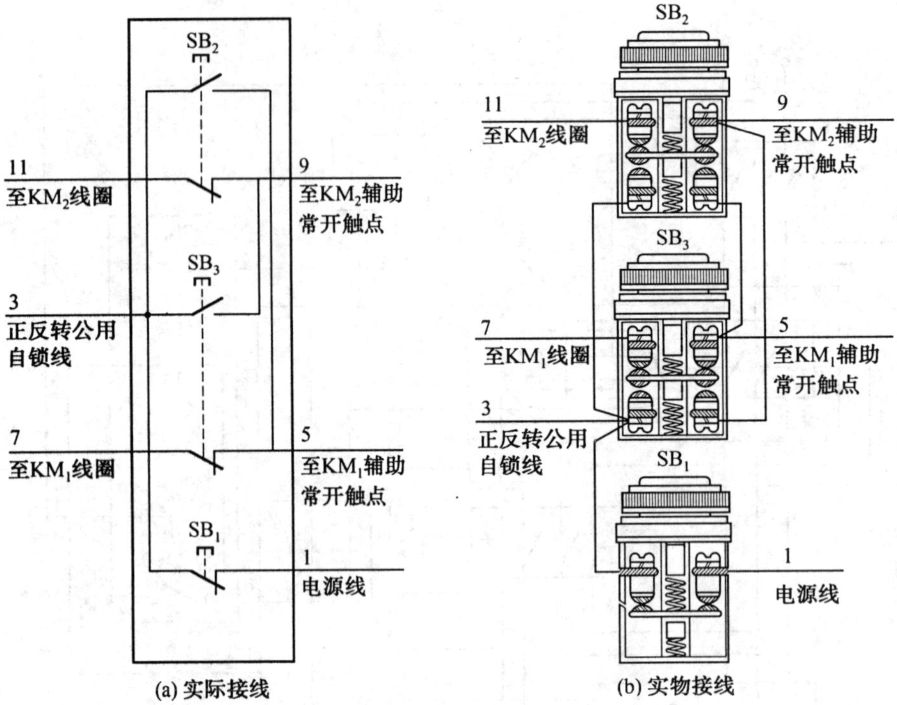

图 5.48　接触器、按钮双互锁可逆启停控制电路按钮接线

5.4　多台电动机控制箱

在工农业生产中,有时需要多台电动机协调工作,而且要求各台电动机能按一定的顺序进行启动或停止操作,这就是电动机的顺序启动和顺序停止控制。

5.4.1　两台电动机联锁控制电路

两台电动机联锁控制电路如图 5.49 所示。

1. 工作原理分析

首先合上主回路断路器 QF_1 和 QF_2、控制回路断路器 QF_3,为电路工作提供准备条件。

(1) 启动。因 KM_2 线圈回路中串入了 KM_1 辅助常开触点(9 - 11),所以启动时必须先启动 KM_1,再启动 KM_2。启动时,先按下启动按钮 SB_2(3 - 5),交流接触器 KM_1 线圈得电吸合且 KM_1 辅助常开触点(3 - 5) 闭合自锁,KM_1 三相主触点闭合,电动机 M_1 先得电启动运转,拖动 1# 设备工作;在 KM_1 线圈得电工作后,KM_1 串联在 KM_2 线圈回路中的辅助常开触点(9 - 11) 闭合,为启动 KM_2 做准备,再按下启动按钮 SB_4(7 - 9),交流接触器 KM_2 线圈得电吸合且 KM_2 辅助常开触点(7 - 9) 闭合自锁,KM_2 三相主触点闭合,电动机 M_2 后得电启动运转,拖动 2# 设备工作,从而实现两台电动机联锁控制。

(2) 停止。若停止时先按下 SB_3(1 - 7),再按下 SB_1(1 - 3),将实现两台电动机分别

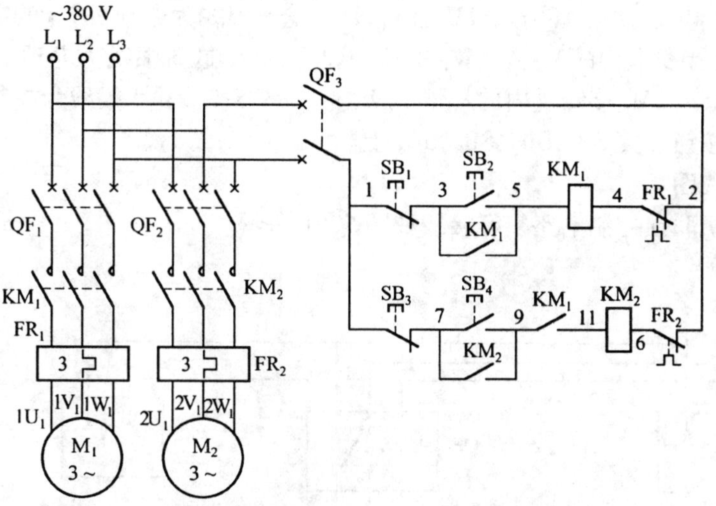

图 5.49　两台电动机联锁控制电路

停止控制；若停止时按下 SB_1(1 - 3)，将会使两台电动机同时完成停止控制。

2. 电路布线图

从图 5.50 中可以看出，XT 为接线端子排，通过端子排 XT 来区分电气元件的安装位置，XT 的上方为放置在配电箱内底板上的电气元件，XT 的下方为外接或引至配电箱门面板上的电气元件。

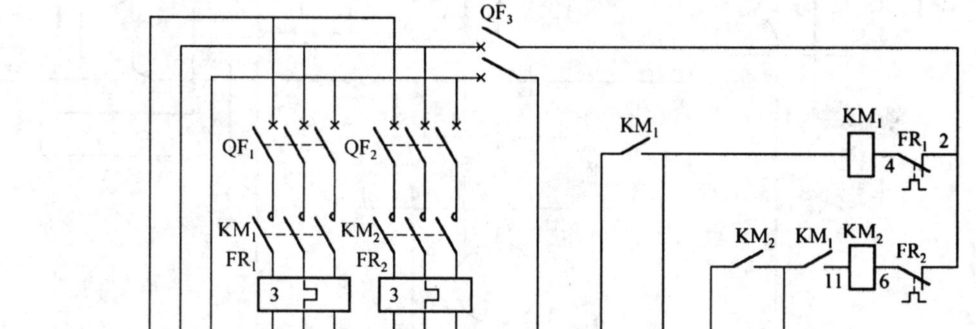

图 5.50　两台电动机联锁控制电路布线图

从端子排 XT 上看，共有 14 个接线端子。其中 L_1，L_2，L_3 这 3 根线为由外引入配电箱内的三相380 V电源,并穿管引入;$1U_1$,$1V_1$,$1W_1$ 这3根线为电动机 M_1 的电动机线,穿管接至电动机 M_1 接线盒内的 U_1,V_1,W_1 上;$2U_1$,$2V_1$,$2W_1$ 这3根线为电动机 M_2 的电动机线,穿管接至电动机 M_2 接线盒内的 U_1,V_1,W_1 上;1,3,5,7,9这5根线为控制线,接至配电箱门面板上的按钮开关 SB_1,SB_2,SB_3,SB_4 上。

3. 电路接线图

两台电动机联锁控制电路实际接线如图5.51所示。

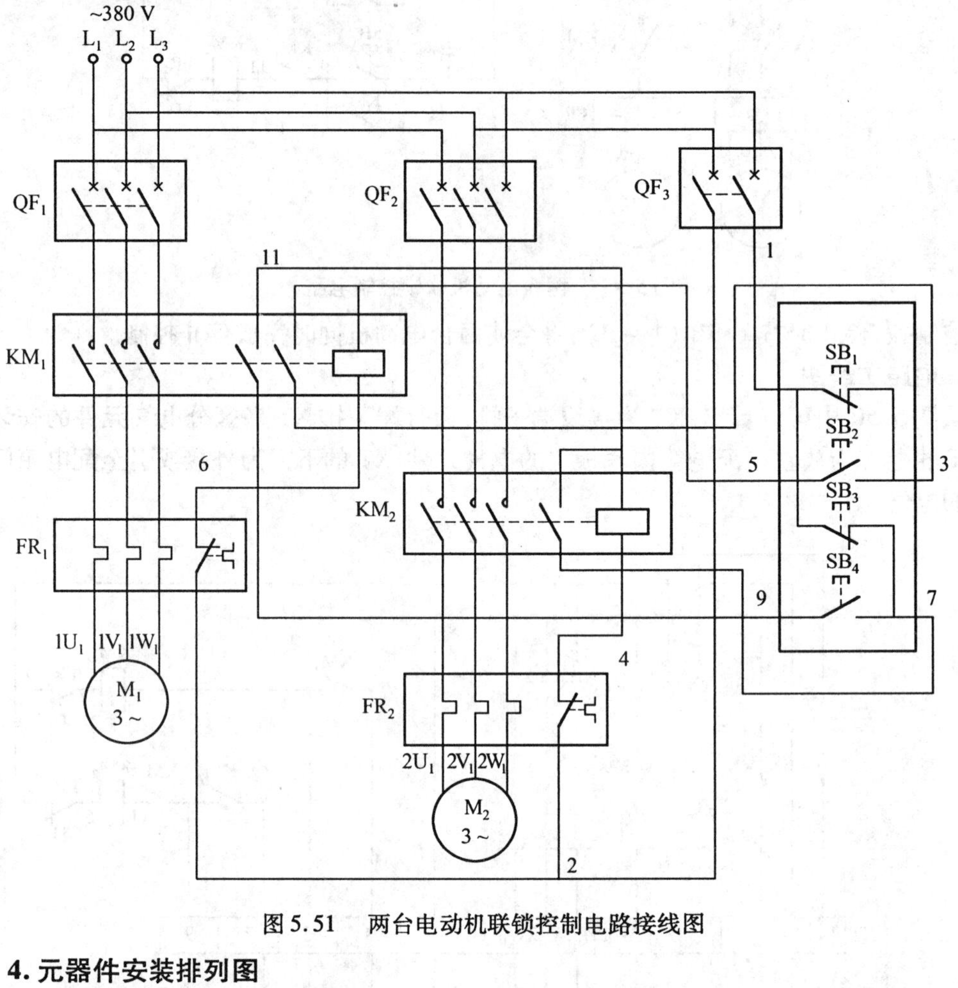

图5.51 两台电动机联锁控制电路接线图

4. 元器件安装排列图

从图5.52可以看出,断路器 QF_1 ~ QF_3 和交流接触器 KM_1,KM_2 及热继电器 FR_1,FR_2 安装在配电箱内底板上;按钮开关 SB_1 ~ SB_4 安装在配电箱门面板上。

通过端子 L_1,L_2,L_3 将三相380 V交流电源接入配电箱中,端子 $1U_1$,$1V_1$,$1W_1$ 接至电动机 M_1 接线盒中的 U_1,V_1,W_1 上,端子 $2U_1$,$2V_1$,$2W_1$ 接至电动机 M_2 接线盒中的 U_1,V_1,W_1 上,端子1,3,5,7,9将配电箱内器件与配电箱门面板上的按钮开关 SB_1 ~ SB_4 连接起来。

5. 按钮接线图

两台电动机联锁控制电路按钮接线如图5.53所示。

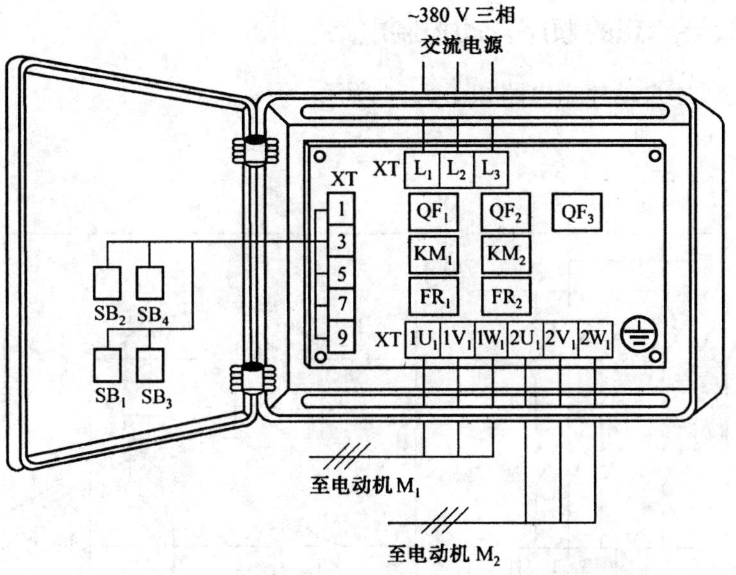

图 5.52　两台电动机联锁控制电路元器件安装排列图

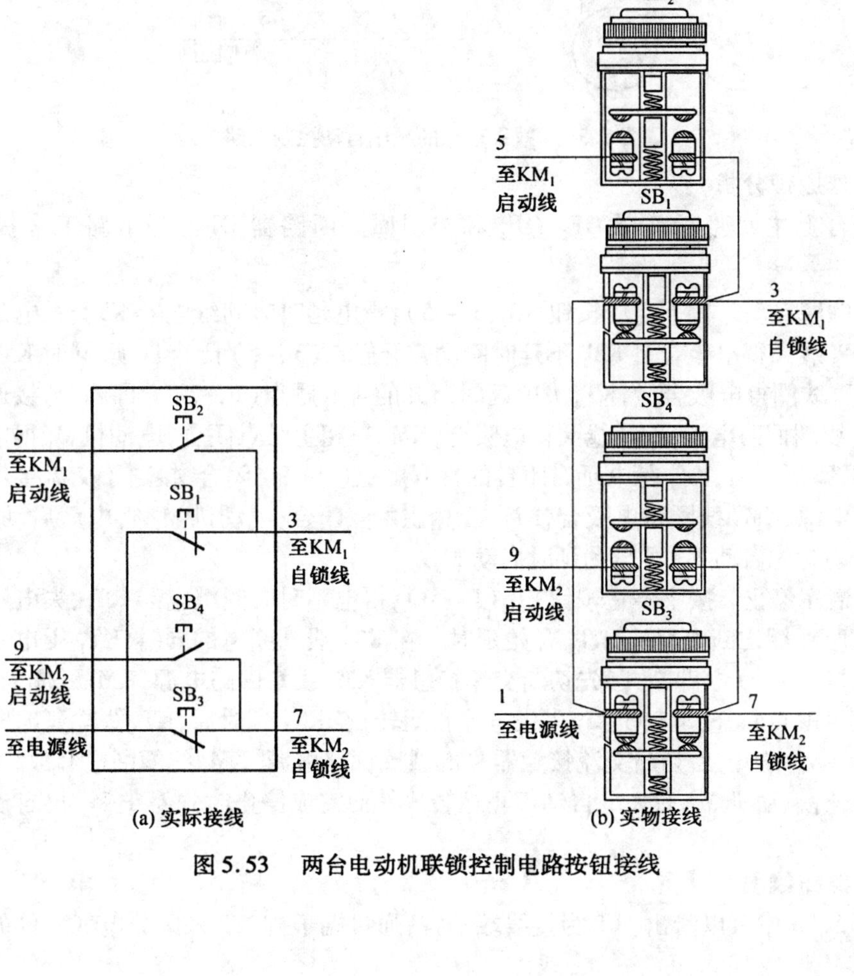

图 5.53　两台电动机联锁控制电路按钮接线

5.4.2 效果理想的顺序自动控制电路

效果理想的顺序自动控制电路如图 5.54 所示。

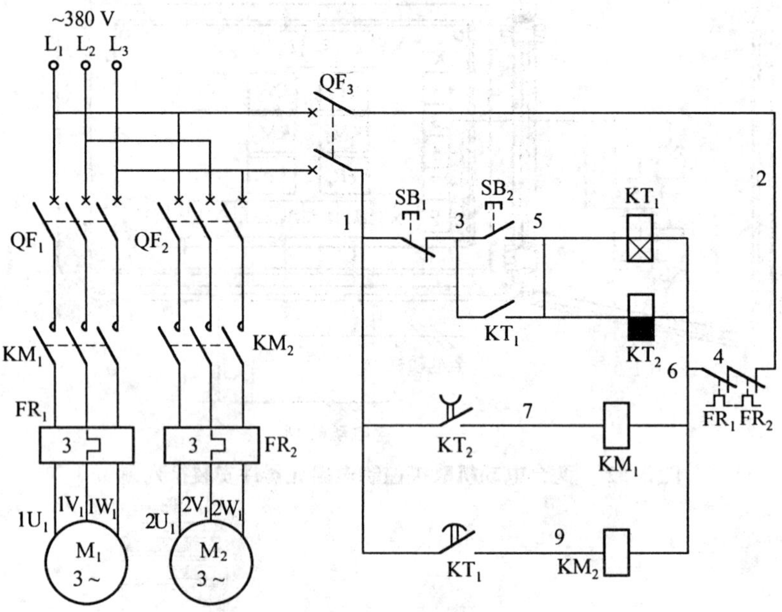

图 5.54　效果理想的顺序自动控制电路

1. 工作原理分析

首先合上主回路断路器 QF_1, QF_2 和控制回路断路器 QF_3，为电路工作提供准备条件。

(1) 顺序启动。按下启动按钮 SB_2(3 – 5)，得电延时时间继电器 KT_1、失电延时时间继电器 KT_2 线圈得电吸合且 KT_1 不延时瞬动常开触点(3 – 5) 闭合自锁，同时 KT_1 开始延时。在 KT_2 线圈得电吸合后，KT_2 失电延时断开的常开触点(1 – 7) 立即闭合，接通交流接触器 KM_1 线圈回路电源，KM_1 线圈得电吸合，KM_1 三相主触点闭合，电动机 M_1 得电先启动运转；经 KT_1 延时后，KT_1 得电延时闭合的常开触点(1 – 9) 闭合，接通了交流接触器 KM_2 线圈回路电源，KM_2 线圈得电吸合，KM_2 三相主触点闭合，电动机 M_2 得电后启动运转，从而完成启动时先启动 M_1 再自动延时启动 M_2。

(2) 逆序停止。按下停止按钮 SB_1(1 – 3)，得电延时时间继电器 KT_1、失电延时时间继电器 KT_2 线圈均断电释放，KT_2 开始延时。在 KT_1 线圈断电的同时，KT_1 得电延时闭合的常开触点(1 – 9) 立即断开，先切断交流接触器 KM_2 线圈回路电源，KM_2 线圈断电释放，KM_2 三相主触点断开，电动机 M_2 先失电停止运转；经 KT_2 延时后，KT_2 失电延时断开的常开触点(1 – 7) 断开，后切断交流接触器 KM_1 线圈回路电源，KM_1 线圈断电释放，KM_1 三相主触点断开，电动机 M_1 后失电自动停止运转。从而完成停止时先停止 M_2 再自动延时停止 M_1。

2. 电路布线图

从图 5.55 中可以看出，XT 为接线端子排，通过端子排 XT 来区分电气元件的安装位置，XT的上方为放置在配电箱内底板上的电气元件，XT的下方为外接或引至配电箱门面板上的电气元件。

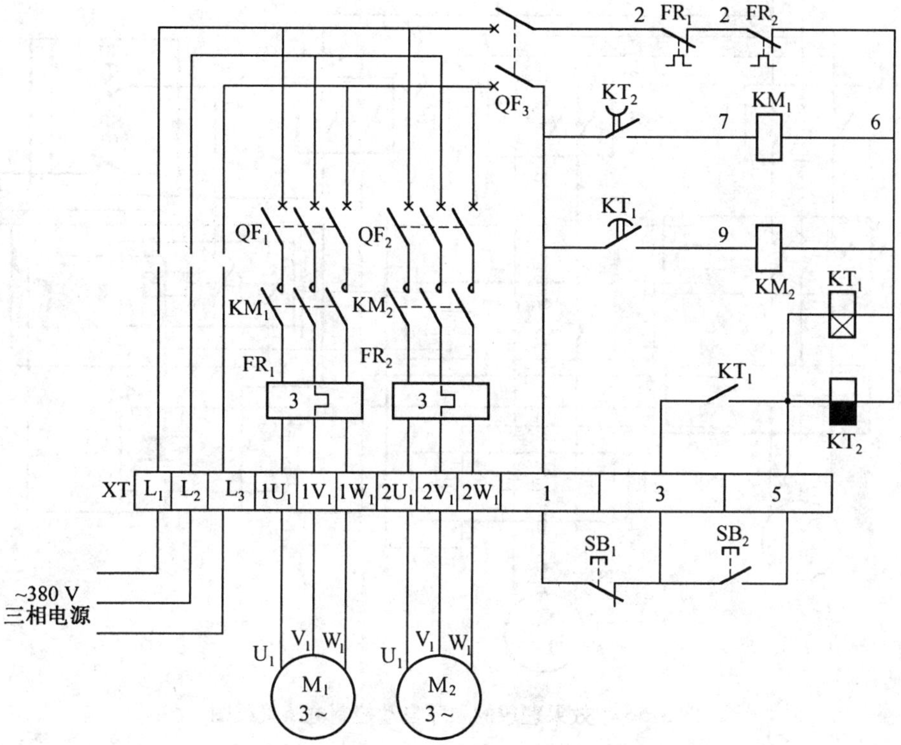

图5.55　效果理想的顺序自动控制电路布线图

从端子排XT上看，共有12个接线端子。其中L_1，L_2，L_3这3根线为由外引入配电箱的三相380 V电源，并穿管引入；$1U_1$，$1V_1$，$1W_1$这3根线为电动机M_1的电动机线，穿管接至电动机M_1接线盒内的U_1，V_1，W_1上；$2U_1$，$2V_1$，$2W_1$这3根线为电动机M_2的电动机线，穿管接至电动机M_2接线盒内的U_1，V_1，W_1上；1，3，5这3根线为控制线，接至配电箱门面板上的按钮开关SB_1，SB_2上。

3. 电路接线图

效果理想的顺序自动控制电路接线如图5.56所示。

4. 元器件安装排列图及端子图

从图5.57中可以看出，断路器QF_1～QF_3、交流接触器KM_1和KM_2、得电延时时间继电器KT_1、失电延时时间继电器KT_2、热继电器FR_1和FR_2安装在配电箱内底板上；按钮开关SB_1，SB_2安装在配电箱门面板上。

通过端子L_1，L_2，L_3将三相380 V交流电源接入配电箱中，端子$1U_1$，$1V_1$，$1W_1$接至电动机M_1接线盒中的U_1，V_1，W_1上，$2U_1$，$2V_1$，$2W_1$接至电动机M_2接线盒中的U_1，V_1，W_1上，端子1，3，5将配电箱内器件与配电箱门面板上的按钮开关SB_1，SB_2连接起来。

5. 按钮接线图

效果理想的顺序自动控制电路按钮接线如图5.58所示。

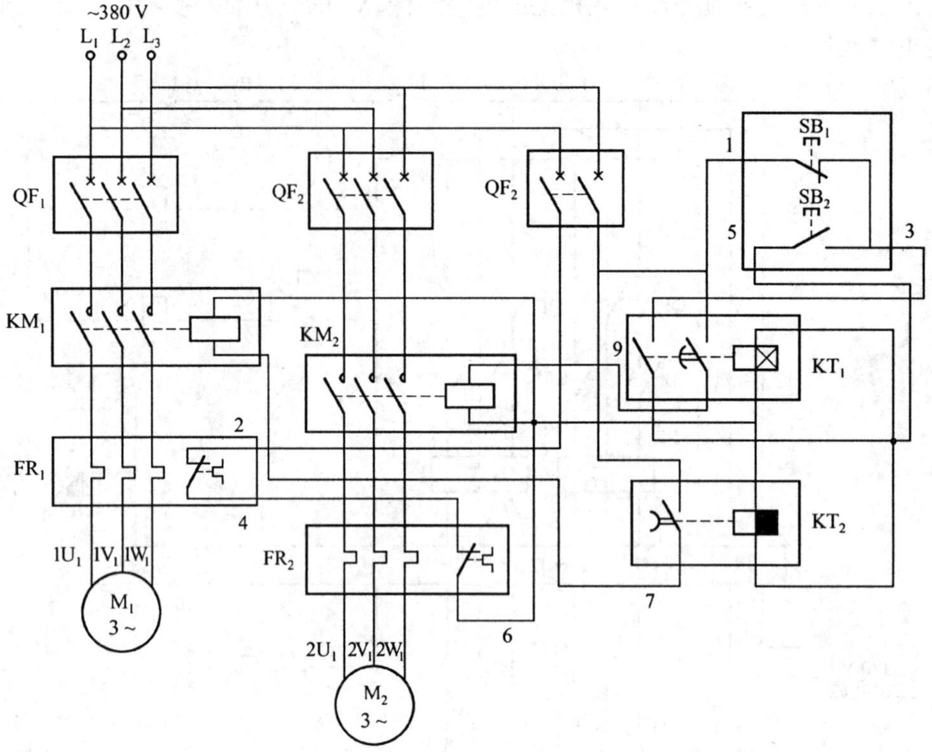

图 5.56　效果理想的顺序自动控制电路接线图

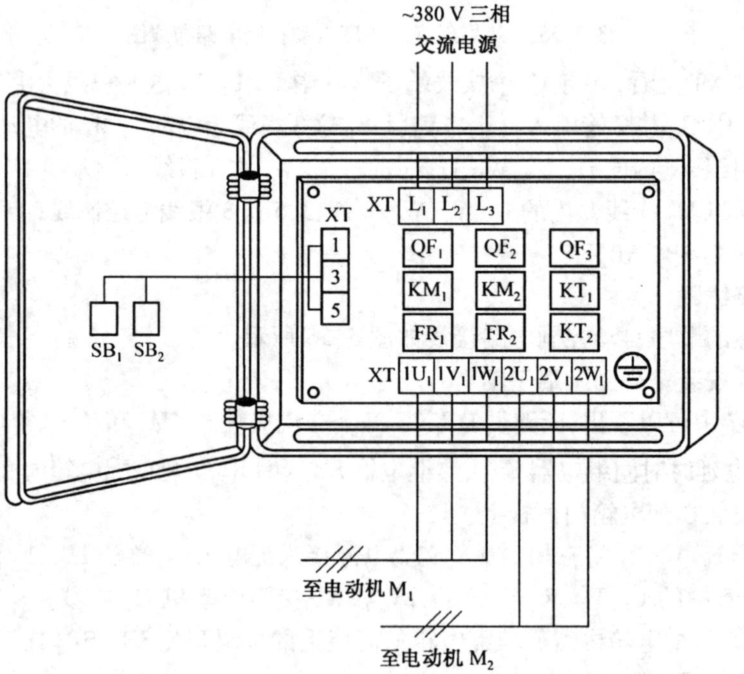

图 5.57　效果理想的顺序自动控制电路元器件安装排列图

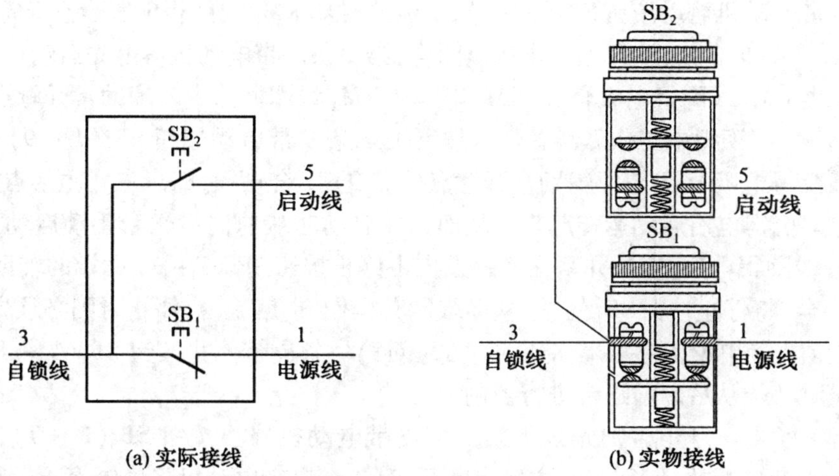

图 5.58　效果理想的顺序自动控制电路按钮接线

5.4.3　多条皮带运输原料控制电路

多条皮带运输原料控制电路如图 5.59 所示。

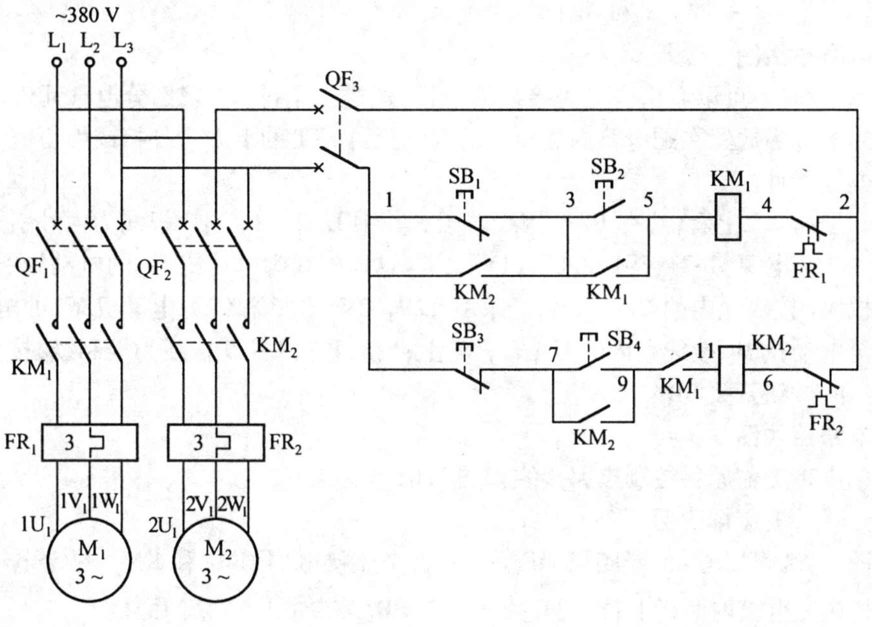

图 5.59　多条皮带运输原料控制电路

1. 工作原理分析

首先合上主回路断路器 QF_1、控制回路断路器 QF_2，为电路工作提供准备条件。

(1) 启动。因 KM_2 线圈回路中串入了一只交流接触器 KM_1 辅助常开触点(9 - 11)，所以在 KM_1 未闭合之前操作第二条皮带启动按钮 SB_4(7 - 9) 无效。从电路中可以看出，启动时必须先启动第一条皮带电动机后方可再启动第二条皮带电动机。启动时先按下第一条皮带电动机启动按钮 SB_2(3 - 5)，交流接触器 KM_1 线圈得电吸合且 KM_1 辅助常开触点(3 - 5) 闭合自锁，KM_1 三相主触点闭合，第一条皮带电动机得电先启动运转起来；在交流接触器 KM_1 线圈得电吸合后，KM_1 串联在 KM_2 线圈回路中的辅助常开触点(9 - 11) 闭合，为 KM_2 线圈得电工作做准备。再按下第二条皮带启动按钮 SB_4(7 - 9)，交流接触器 KM_2 线圈得电吸合且 KM_2 辅助常开触点(7 - 9) 闭合自锁，KM_2 三相主触点闭合，第二条皮带电动机得电后启动运转起来。从而完成启动时从前向后逐台手动启动控制。注意：在 KM_2 线圈得电后，KM_2 并联在第一条皮带停止按钮 SB_1(1 - 3) 两端的辅助常开触点(1 - 3) 闭合，将停止按钮 SB_1 短接，从而限制其操作，也就是说，停止时则必须先停止第二条皮带电动机控制交流接触器 KM_2 后，方可对第一条皮带停止按钮 SB_1(1 - 3) 进行操作，即停止时必须从后向前逐台进行控制。

(2) 停止。停止时则先按下第二条皮带电动机停止按钮 SB_3(1 - 7)，交流接触器 KM_2 线圈断电释放，KM_2 三相主触点断开，第二条皮带电动机先失电停止运转；当 KM_2 线圈断电释放后，KM_2 并联在 SB_1(1 - 3) 上的辅助常开触点(1 - 3) 断开，解除对 SB_1(1 - 3) 的短接，可对 SB_1(1 - 3) 进行停止操作。再按下第一条皮带电动机停止按钮 SB_1(1 - 3)，交流接触器 KM_1 线圈断电释放，KM_1 三相主触点断开，第一条皮带电动机后失电停止运转。从而完成停止时从后向前逐台手动停止控制，即停止时先停止第二条皮带电动机 M_2，再停止第一条皮带电动机 M_1。

2. 电路布线图

从图 5.60 中可以看出，XT 为接线端子排，通过端子排 XT 来区分电气元件的安装位置，XT 的上方为放置在配电箱内底板上的电气元件，XT 的下方为外接或引至配电箱门面板上的电气元件。

从端子排 XT 上看，共有 14 个接线端子。其中 L_1，L_2，L_3 这 3 根线为由外引入配电箱的三相 380 V 电源，并穿管引入；$1U_1$，$1V_1$，$1W_1$ 这 3 根线为电动机 M_1 的电动机线，穿管接至电动机 M_1 接线盒内的 U_1，V_1，W_1 上；$2U_1$，$2V_1$，$2W_1$ 这 3 根线为电动机 M_2 的电动机线，穿管接至电动机 M_2 接线盒内的 U_1，V_1，W_1 上；1，3，5，7，9 这 5 根线为控制线，接至配电箱门面板上的按钮开关 SB_1 ~ SB_4 上。

3. 电路接线图

多条皮带运输原料控制电路接线如图 5.61 所示。

4. 元器件安装排列图

从图 5.62 可以看出，断路器 QF_1 ~ QF_3、交流接触器 KM_1 和 KM_2、热继电器 FR_1 和 FR_2 安装在配电箱内底板上；按钮开关 SB_1 ~ SB_4 安装在配电箱门面板上。

通过端子 L_1，L_2，L_3 将三相 380 V 交流电源接入配电箱中，端子 $1U_1$，$1V_1$，$1W_1$ 接至电动机 M_1 接线盒中的 U_1，V_1，W_1 上，端子 $2U_1$，$2V_1$，$2W_1$ 接至电动机 M_2 接线盒中的 U_1，V_1，W_1 上，端子 1，3，5，7，9 将配电箱内器件与配电箱门面板上的按钮开关 SB_1 ~ SB_4 连接起来。

5. 按钮接线图

多条皮带运输原料控制电路按钮接线如图 5.63 所示。

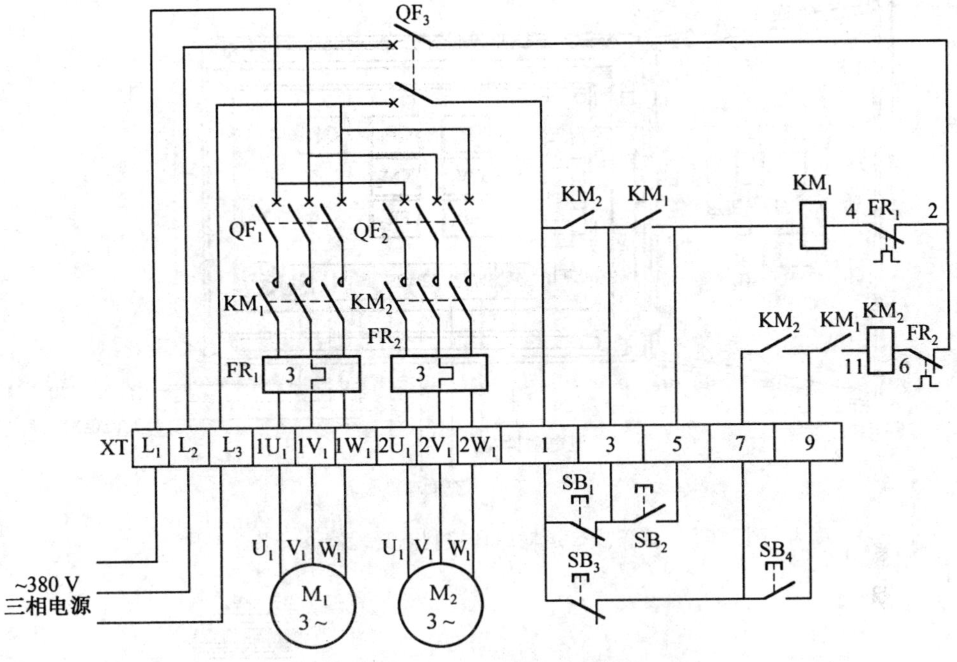

图 5.60　多条皮带运输原料控制电路布线图

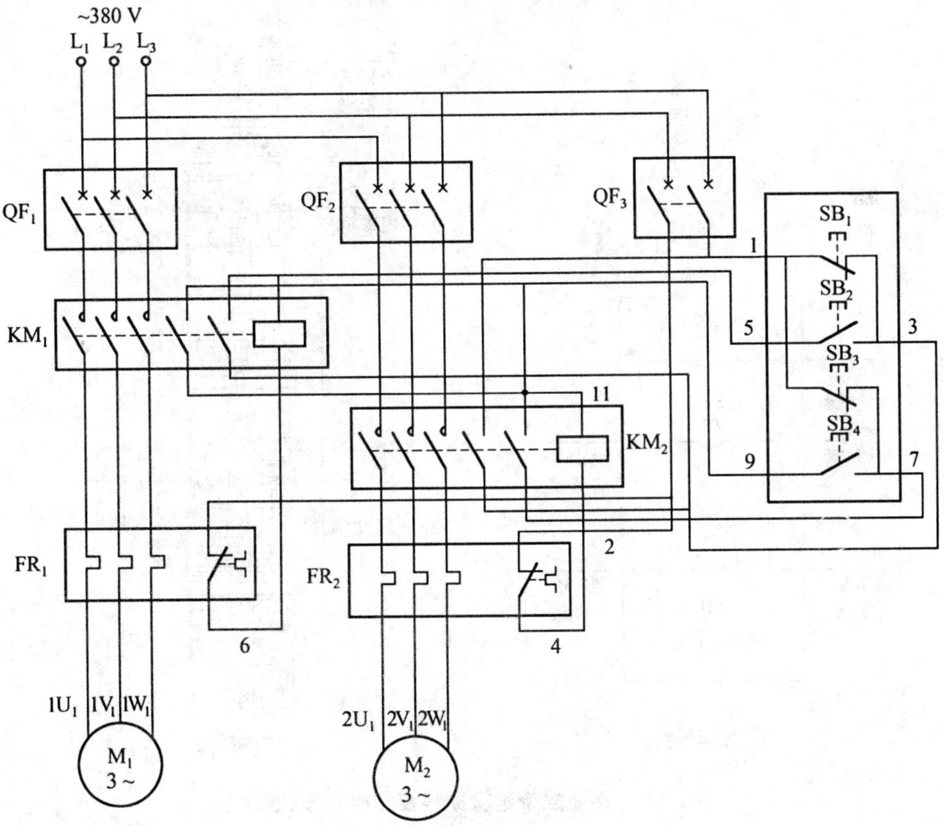

图 5.61　多条皮带运输原料控制电路接线

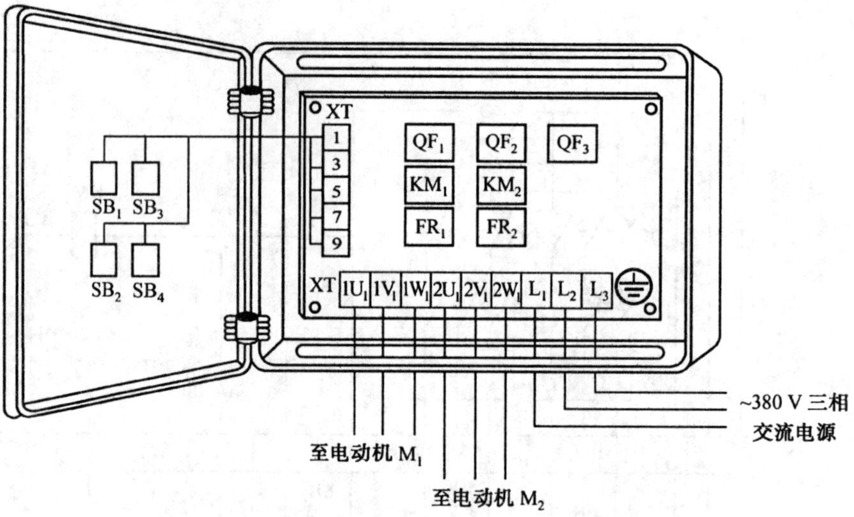

图 5.62　多条皮带运输原料控制电路元器件安装排列图

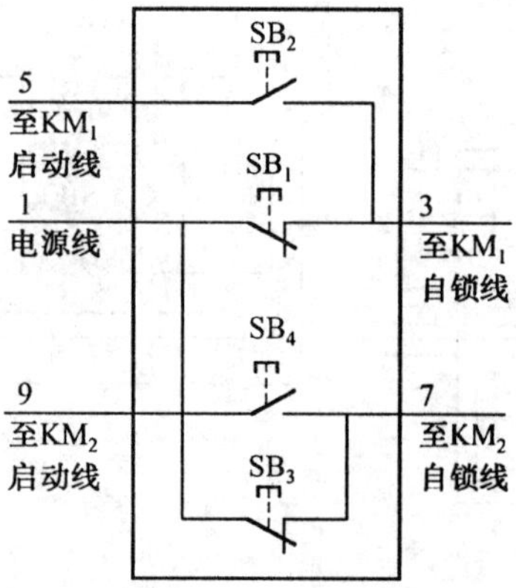

(a) 实际接线

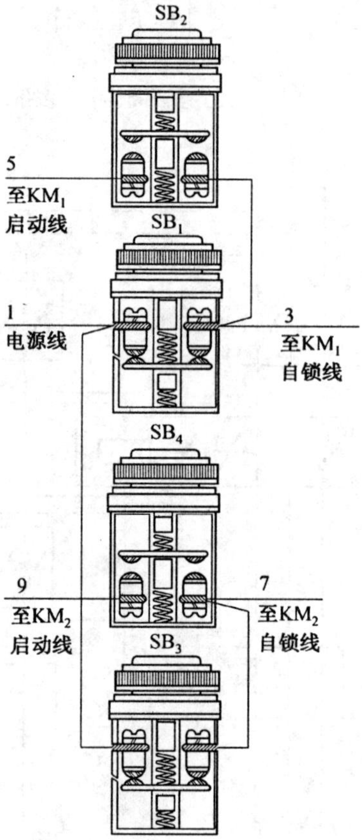

(b) 实物接线

图 5.63　多条皮带运输原料控制电路按钮接线

技能训练　装配电动机控制箱

一、训练目的

掌握电动机控制箱的装配方法。

二、实训内容

(1) 电动机单向启动、停止控制箱的装配。

(2) 电动机 Y – △ 降压启动手动控制箱的装配。

(3) 接触器辅助常闭触点互锁的可逆启停控制箱的装配。

(4) 两台电动机联锁控制箱的装配。

三、实训器材

电工工具一套；万用表、钳形电流表各一块；所需常用低压电器；连接导线若干根。

四、考核配分及评分标准

考核配分及评分标准见表 5.1。

表 5.1　考核配分及评分标准

序号	项目内容	评分标准	配分	扣分	得分
1	装前检查	元件漏检或错检，每项扣 5 分	10		
2	安装元器件	(1) 不按布置图安装固定元器件，扣 5 分 (2) 损坏元器件，每件扣 5 分	30		
3	线路敷设	(1) 不按接线图接线，扣 15 分 (2) 线路敷设不整齐、导线压接不紧固、线芯裸露过长等，每处扣 1 分	20		
4	通电试车	试车不成功，每次扣 5 分	20		
5	线路检测	(1) 查不出故障，扣 10 分 (2) 查出但不能排除故障，扣 5 分	10		
6	安全生产	违反安全生产规程，扣 10 分	10		
7	工时( )	不准超时			
合　计			100		

第 6 章

三相异步电动机拆装与检修

随着工农业生产电气化、自动化程度的不断提高,电动机(特别是异步电动机)的使用范围日益扩大。在电动机运行过程中,可能发生这样或那样的故障,造成电动机运行失常,甚至烧毁电动机。为了保证异步电动机安全、可靠地运行,除进行正常维护外,还必须对电动机进行定期检修,通过检查试验,找出故障隐患并消除缺陷。

6.1 三相异步电动机的拆装

电动机在使用中因发生故障需检修或维护保养等原因,需要拆卸和装配。如果拆装方法不正确,会给电动机造成新故障或留下使用隐患。因此,掌握正确的拆卸和装配技术是保证电动机修理质量的前提。

6.1.1 三相异步电动机的结构

三相笼型异步电动机的结构如图6.1所示,三相绕线转子异步电动机结构如图6.2所示。

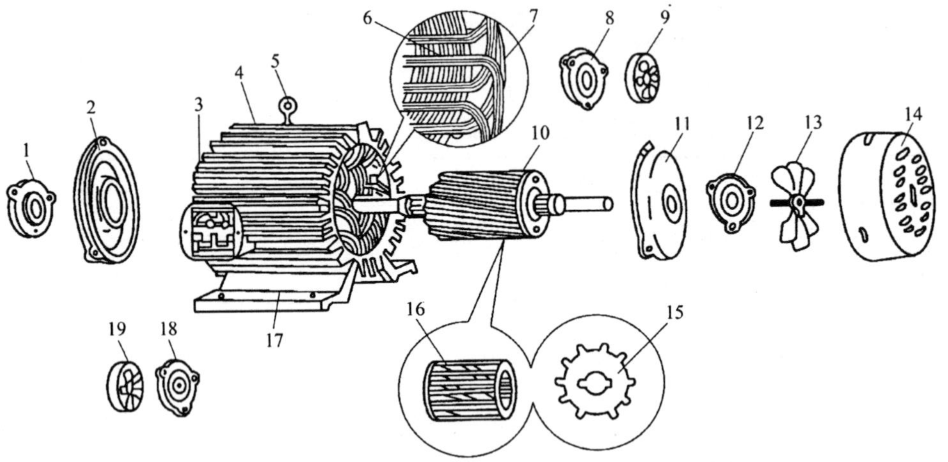

图6.1 三相笼型异步电动机的结构

1—前轴承外盖;2—前端盖;3—接线盒;4—散热筋;5—吊环;6—定子铁芯;7—定子绕组;8—后轴承内盖;9—后轴承;10—转子;11—后端盖;12—后轴承外盖;13—风叶;14—风罩;15—转子铁芯;16—笼型转子绕组;17—机座;18—前轴承内盖;19—前轴承

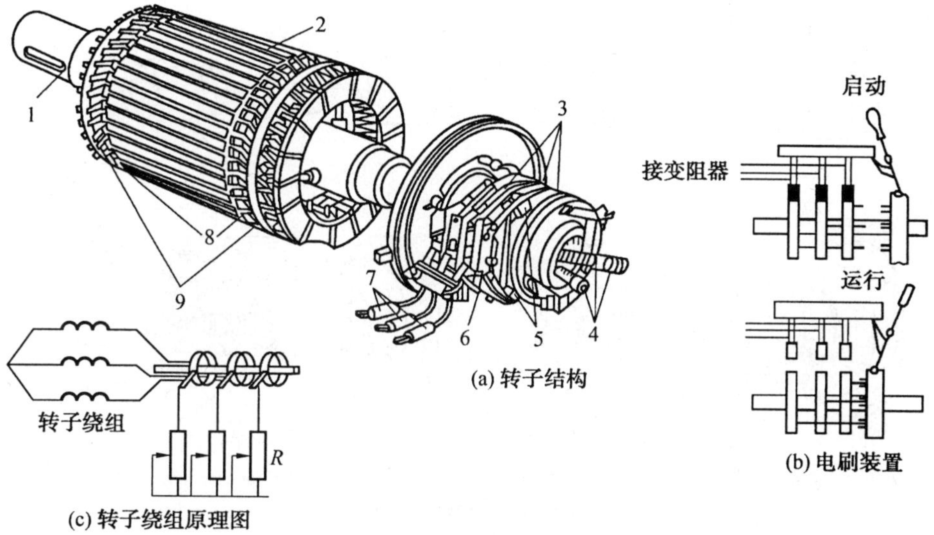

图 6.2　三相绕线转子异步电动机结构

1— 转轴;2— 转子铁芯;3— 集电环;4— 转子绕组出线头;5— 电刷;6— 刷架;7— 电刷外接线;8— 三相转子绕组;9— 镀锌钢丝箍

6.1.2　中、小型异步电动机拆装工艺

1. 拆卸前的准备工作

(1) 备齐拆卸电动机的专用工具。如拉具、套筒、喷灯、卡圈钳、喷灯、油盘、活扳手、手锤、螺钉旋具、纯铜棒、钢铜套、毛刷、砧木等。

(2) 选好电动机拆装的合适地点,整理好现场环境,清洁电动机表面灰尘和污垢。

(3) 熟悉被拆电动机的结构特点、拆装技术要求。

(4) 做好记录和标记。如标出联轴器或皮带轮与轴台的距离;标出端盖、轴承及轴承盖的负荷端和非负荷端;标出机座在基础上的详细位置;标出绕组引出线在机座上的出口方向。

(5) 拆除电动机外部接线,做好记录(例如在电动机不允许反转的情况下),并做好线头的绝缘处理。

2. 电动机的拆卸步骤

三相异步电动机按结构分为笼型和绕线式。绕线式结构相对复杂,拆卸时除了按笼型电动机的拆卸步骤操作外,尤其要在转子接线端、刷握处做好标记和记录电刷装置把手的行程。无前轴承盖笼型电动机的拆卸步骤比较简单,下面介绍有前后轴承盖笼型电动机的拆卸步骤:

(1) 卸下传送带或负载端联轴器。

(2) 拆掉接线盒内的电源接线和接地线,拆掉电源接线时要做好原始记录,必要时拴上临时标志牌。

(3) 卸下带轮,卸下方法如图 6.3 所示。

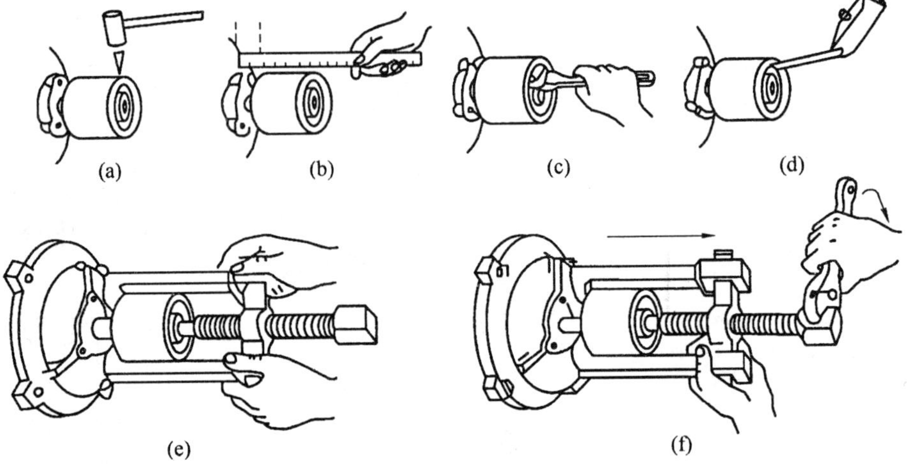

图 6.3　皮带轮或联轴器的拆卸

(4) 卸下前轴承外盖。

(5) 做好前端盖与机座的配合处原始记录(如果原来有,可确认后不再记录),然后拆下前端盖。

(6) 拆下风扇罩,所有螺栓、螺钉、垫圈放在专用盒内保存,以免遗失。

(7) 取下外风扇卡箍,卸下外风扇。

(8) 卸下后轴承外盖。

(9) 卸下后端盖,事先也要做好与机座配合间的记录。

(10) 抽转子,放在转子支架或平坦干净的地面上。

(11) 最后可拆卸转子上的前后轴承和前后轴承内盖。

3. 几个主要部件的拆卸方法

(1) 拆卸联轴器或皮带轮时,做好原始记录,如带轮或联轴器的前后位置,以防安装时装反。另外,要测量带轮或联轴器与电动机前端盖或转轴根部间的距离,如图 6.3(a) ~(d) 所示。

先旋松皮带轮上的固定螺钉或固定键,敲去定位销,在皮带轮或联轴器内孔和转轴结合处加入煤油,待数分钟后拆卸。装上拆卸专用工具——拉具,调整好各拉脚之间距离,如图 6.3(e) ~ (f) 所示。拉具有两爪和三爪两种,小型的是丝杆式的,重型的有液压式的,操作时,拉钩要对称地钩住皮带轮或联轴器内圈,两钩爪受力一致。有时为了防滑,还得用金属丝将两拉杆捆绑在一起。中间主螺杆应与转轴中心线一致。在旋动螺杆时,要保持两臂平衡,用力均匀、平稳。对轴中心较高的电动机,可在拉具下面垫上木块。若转轴与皮带轮内孔结合处锈蚀或过盈尺寸偏大,拉不下来时,可用加热法先将拉具装好并扭紧到一定程度,用石棉包住转轴,然后用热水(最好 100 ℃) 快速浇皮带轮或联轴器,或用氧乙炔火焰或喷灯快速而均匀地加热皮带轮或联轴器,待温升到 250 ℃ 左右,加力旋转拉具螺杆,可顺利地将皮带轮或联轴器拔下。拆卸较大的皮带轮或联轴器时,可用规格较大的液压三爪拉具来完成。注意,对于齿轮传动件,不可直接用高温加热齿部,以防齿轮退火。

（2）拆卸轴承盖时，拆卸前做好记号，以防安装时前后装反，然后用扳手拧下轴承外盖的固定螺钉即可。

拆端盖之前，要做好机壳与端盖连接处的记号。然后用扳手或套管扳手旋下端盖的固定螺钉，如大、中型电动机，可用端盖上的顶丝均匀加力，将端盖从机座止口中顶出。没有顶丝孔的端盖，可用撬棍或大螺钉旋具插入端盖突起的根部均匀加力，将端盖撬出止口，如图6.4所示。若是拆卸小型电动机，在前后轴承盖和端盖螺钉全部拆掉后，可双手抱住电动机，使其竖立，轴头向下，利用自身重力，在垫有厚木板的地面上轻轻一触，就可松脱端盖。拆卸较重的端盖，在拆卸前必须用吊车或其他起重设备将端盖吊好再拆，否则容易破坏端盖或碰伤其他机件，甚至伤及操作人员。

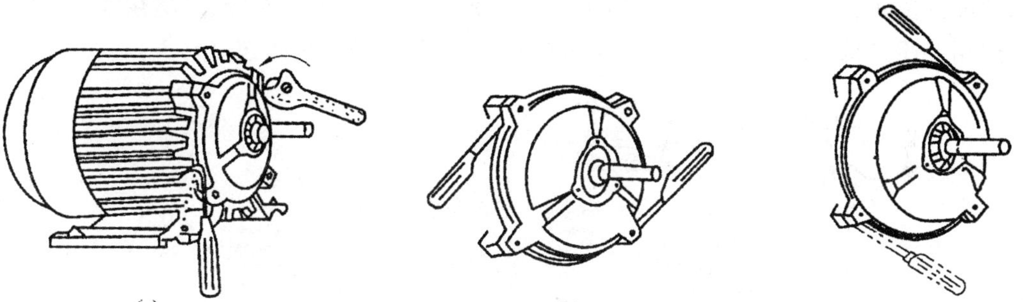

(a)　(b)　(c)

图6.4　拆卸端盖

（3）抽出转子时，如果转子质量不大，可用手将转子托起抽出；质量较大的转子就应用起重机来吊出，如图6.5所示，用钢丝绳套住转子两端轴颈，在钢丝绳与轴颈间填衬一层纸板或棉纱头，吊起转子，如图6.5（a）所示；将转子重心移出定子后，在定、转子气隙间塞入纸板垫衬，如图6.5（b）所示；在转子重心移出后，在轴端填入支架或木块，再将钢丝绳改吊转子，并在其间填以纸板衬垫，吊起并逐步移出转子，如图6.5（c）所示。注意不能碰伤定子线圈；如果轴伸端不够长，可在轴颈套上钢管，为了不使轴颈刮伤，应在钢管内垫一层厚纸板。

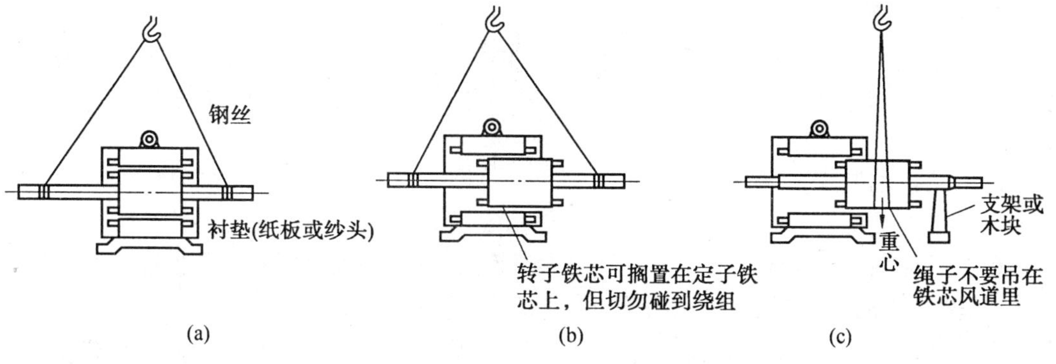

(a)　(b)　(c)

图6.5　用起重设备吊出转子

(4) 拆卸轴承时,常遇到两种情况:一种是在转轴上拆卸,另一种是在端盖内拆卸。下面分述这两种情况下的轴承拆卸工艺。

在转轴上拆卸轴承常用三种方法,一种是用拉具按拆卸皮带轮的方法进行拆卸。拆卸时,钩爪要抓牢轴承内圈,以免损坏轴承,如图6.6(a) 所示。第二种方法是在没有拉具的情况下,用端部呈楔形的铜棒,在倾斜方向顶住轴承内圈,用铁锤头敲打,边敲打铜棒,边把楔形端沿轴承内圈均匀移动,直到敲下轴承,如图 6.6(b) 所示。第三种拆卸法是用两块厚铁板在轴承内圈下夹住转轴。铁板用能容纳转子的圆筒支住,在转轴上端面垫上厚木板或铜板,敲打取下轴承,如图 6.6(c) 所示。

拆卸端盖轴承孔内的轴承,可用图 6.6(d) 所示的方法,要求铁筒外径小于轴承外径 1 ~ 2 mm,垫板内径大于轴承外径,其厚度大于轴承厚度。另外,可采取加热拆卸。因轴承装配过紧或轴承氧化锈蚀不易拆卸时,可将 80 ~ 100 ℃ 的废机油淋浇在轴承内圈上,趁热用上述方法拆卸。为了防止热量过快扩散,可先将轴承用布包好再拆。

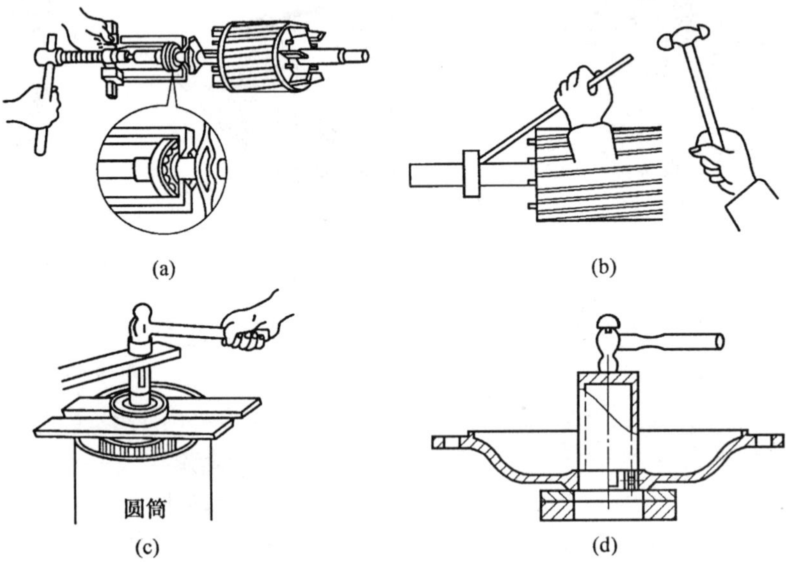

图 6.6　滚动轴承的拆卸

4. 轴承的清洗

将轴承放入煤油桶内浸泡 5 ~ 10 min,待轴承上油膏落入煤油中,再将轴承放入另一桶比较洁净的煤油中,用细软毛刷将轴承边转边洗,最后在汽油中洗一次,用布擦干即可。

5. 电动机的装配方法

电动机在装配前,先将拆卸下的零、部件修复,彻底清洗,准备好更换件等。

(1) 滚动轴承的安装。冷套法是用孔径比轴承内径略大,壁厚不超过轴承内套径向尺寸,长度适当的铁管或套筒,采用锤子敲打套筒或用压力机压而使轴承到位的方法,如图 6.7 所示;热套法是将轴承放入 80 ~ 100 ℃ 的变压器油中预热 30 ~ 40 min,然后用手锤或套筒把轴承推入到位的方法,如图 6.8 所示。轴承到位后,用压缩空气吹净并擦干,装好轴承后,按要求加入润滑脂。注意:在安装轴承前应先套入轴承内盖。

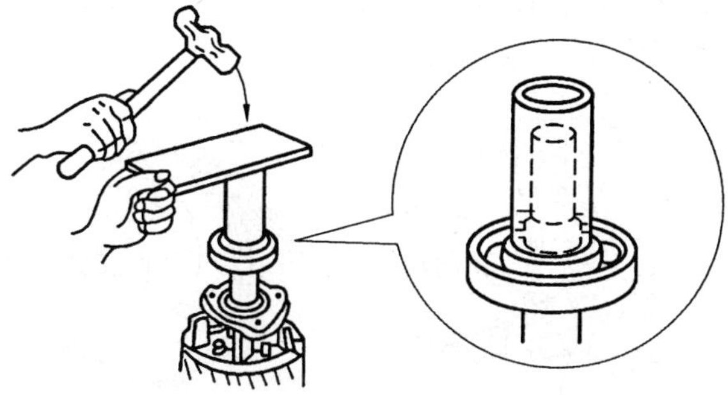

图6.7　冷套法滚动轴承的安装

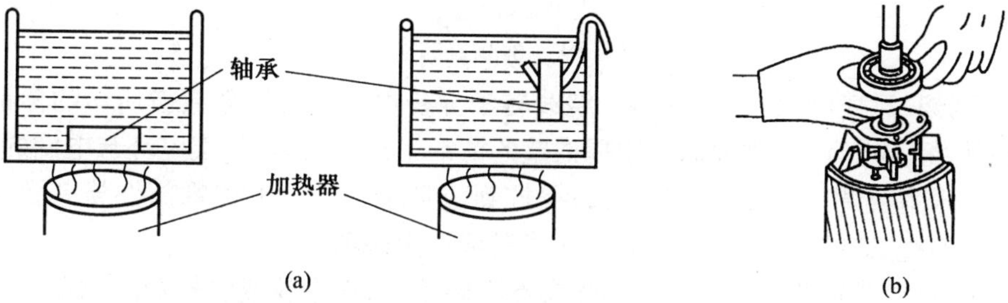

图6.8　热套法滚动轴承的安装

（2）装润滑脂。在轴承内外圈里和轴承盖里装的润滑脂应洁净，塞装要均匀，一般两极电动机装满1/3 ~ 1/2的空间容积；四极及其以上的电动机装满轴承的2/3空间容积。轴承内外盖的润滑脂一般为盖内容积的1/3 ~ 1/2。

（3）后端盖的安装。将转子轴伸出端朝下垂直放于木垫板上，后端盖轴承孔对准轴承，用木槌将后端盖均匀逐步打入到位，装上轴承外盖，紧固内外轴承盖的螺栓时要逐步拧紧，方法如图6.9所示。

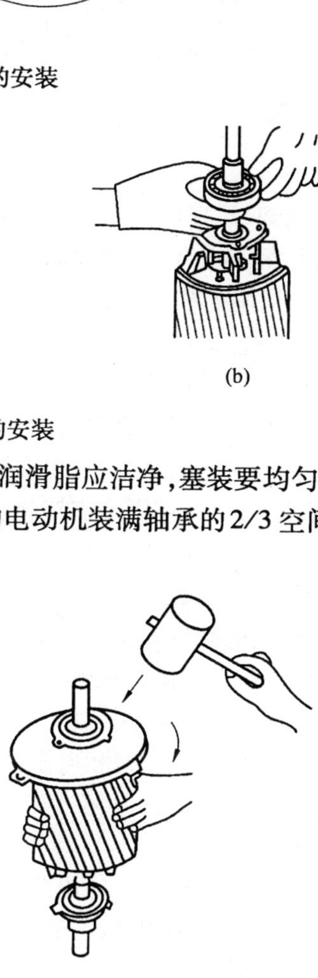

图6.9　后端盖的安装

（4）转子的安装。按照抽出转子的方法装入带后端盖的转子，并使后端盖对准与机座间预先做的记号，上固定螺钉，将端盖打入止口后，再旋好螺钉，但不要拧紧。

（5）前端盖的安装。除去端盖口和机壳口的赃物，将前端盖对准与机座的标记，用木槌均匀敲击端盖四周，不可单边着力，并拧上端盖的紧固螺钉，不要拧紧。拧紧前端盖的紧固螺钉前，要用木槌在前端盖圆周均匀敲打，按对角线上下左右逐步分别拧紧前端盖螺栓。不能先拧紧一个，再拧紧另一个，这样易造成端盖断裂或转子同心度不良等。方法如图6.10所示。

装前轴承外端盖。先在外轴承盖孔内插入一根螺钉，一手顶住螺钉，另一手缓慢转动转轴，轴承内盖也随之转动，当手感觉到轴承内外盖螺孔对齐时，就可以将螺钉拧入内轴承盖的螺孔内，再装另两根螺钉。拧紧时，也应逐步拧紧。按照以上紧螺钉的方法，分别将前后端盖螺栓全部紧到位。

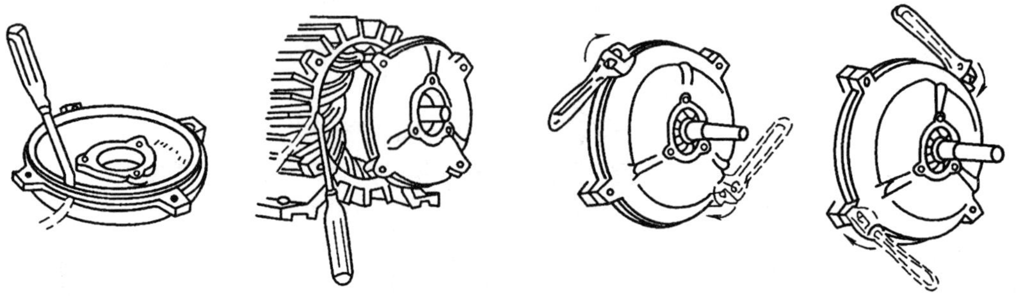

(a) (b) (c) (d)

图 6.10 前端盖的安装

(6) 刷架、风扇叶、风罩的安装。绕线转子异步电动机的刷架要按所做的标记装上，安装前要做好集电环、电刷表面和刷握内壁的清洁工作。安装时，集电环与电刷的吻合要密切，弹簧压力要调匀，风扇的定位螺钉要拧到位且不松动。上述零部件装完后，要用手转动转子，检查其转动是否灵活、均匀、无停滞或偏重现象。

(7) 带轮或联轴器的安装。将抛光布卷在圆木上，把带轮或联轴器的轴孔打磨光滑；用抛光布把转轴的表面打磨光滑；对准键槽把带轮或联轴器套在转轴上；调整好带轮或联轴器与键槽的位置后，将木板垫在键的一端，轻轻敲打，使键慢慢进入槽内。安装大型电动机的带轮时，可先用固定支持物顶住电动机的另一端和千斤顶的底部，再用千斤顶将带轮顶入。

6. 装配后的检验

(1) 检查电动机的转子转动是否轻便灵活，如转子转动比较沉重，可用纯铜棒轻敲端盖，同时调整端盖紧固螺栓的松紧程度，使之转动灵活。检查绕线转子电动机的刷握位置是否正确，电刷与集电环接触是否良好，电刷在刷握内有无卡住，弹簧压力是否均匀等。

(2) 检查电动机的每相电阻值，目的是检验定子绕组在装配过程中是否造成线头断裂、松动、绝缘不良等。具体方法是测三相绕组的直流电阻是否平衡，要求误差不超过平均值的 4% 。

(3) 检查电动机的绝缘电阻值，目的主要是检验绕组对地绝缘和相间绝缘。

① 测量对地绝缘电阻。把绝缘电阻表的 L 极接至电动机绕组的引出线端，把 E 极接在电动机的机座上，以 120 r/min 的速度摇动绝缘电阻表的手柄进行测量。测量时既可分相测量，也可三相并在一起测量。

② 测量相间绝缘电阻。把三相绕组的 6 个引出线端连接头全部拆开，用绝缘电阻表分别测量每两相之间的绝缘电阻。低压电动机可采用 500 V 绝缘电阻表，要求对地绝缘电阻与相间绝缘电阻不小于 0.5 MΩ。

(4) 根据电动机的铭牌与电源电压，正确接线，并在电动机外壳上安装好接地线，试车，用钳形电流表分别检测三相电流是否平衡。

(5) 用转速表测量电动机的转速。

(6) 让电动机空转运行半个小时后，检测机壳和轴承处的温度，观察振动和噪声。绕线转子电动机在空载时，还应检查电刷有无火花及过热现象。

6.2　三相异步电动机典型故障的排除

异步电动机在长期的运行过程中，会发生各种各样的故障，这些故障综合起来可分为电气的和机械的两大类。电气方面主要有定子绕组、转子绕组；机械方面主要有轴承、转轴、风扇、机座、端盖等的故障。及时判断故障原因并进行相应处理，是防止故障扩大、保证设备正常运行的重要工作。

6.2.1　轴承的修理

笼型异步电动机大量使用的是滚子轴承，下面以滚子轴承为例介绍其检查方法。

1. 在电动机运行中检查

使电动机通电运行，仔细倾听轴承部位有无“嚓嚓” 机械杂音。为了听得更加清晰准确，可用螺丝刀或金属杆的一端顶紧轴承部位，另一端抵在耳部细听，如图 6.11 所示。如有异响，说明轴承有故障。

2. 轴承拆下后的直观检查

将轴承从电动机轴上拆下，在柴油或汽油中清洗干净，检查滚珠、内外滚道有无划痕、裂纹或锈斑。然后固定轴承内圈，再用手转动轴承外圈，观察其转动是否灵活、均匀，是否有卡位或过松的现象，小型轴承可用左手的拇指和食指捏住轴承内圈并摆平，用另一只手用力推动外钢圈旋转，如图6.12 所示。也可用推动法检查，如图6.13 所示。如轴承良好，外圈应转动平稳，并逐渐减速至停，转动中没有振动和明显的停滞现象，停止转动后的钢圈没有倒退现象。如果轴承有缺陷，转动时会有杂音和振动，停止时像刹车一样突然，严重的还会倒退反转，均说明轴承不正常，这样的轴承应及时更换。

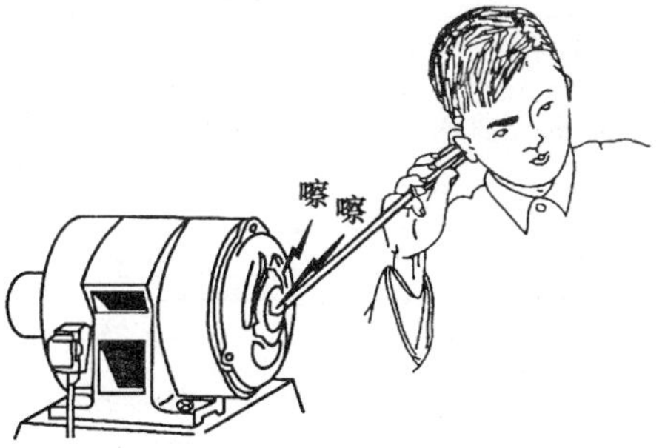

图 6.11　细听轴承故障

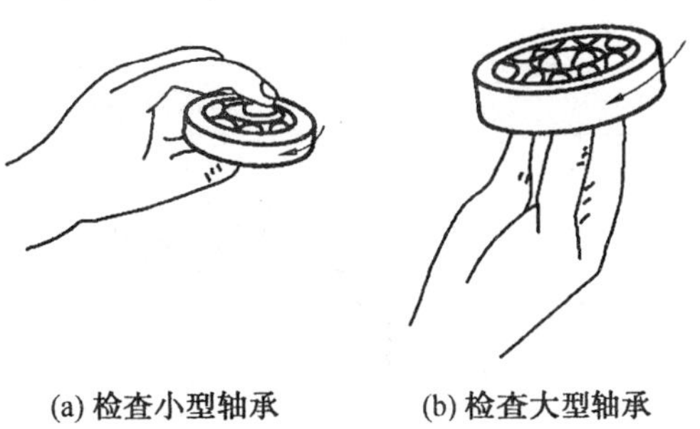

(a) 检查小型轴承　(b) 检查大型轴承

图 6.12　用旋转法检查轴承故障

3. 用塞尺或熔丝检查轴承间隙

将塞尺插入轴承内圈滚珠与滚道间隙内并超过滚珠球心，使塞尺松紧适度，此时塞尺的厚度即为轴承的径向间隙。也可用一根直径为 1 ~ 2 mm 的熔丝将其压扁(压扁的厚度应大于轴承间隙)，将这根熔丝塞入滚珠与滚道的间隙内，转动轴承外圈，将熔丝进一步

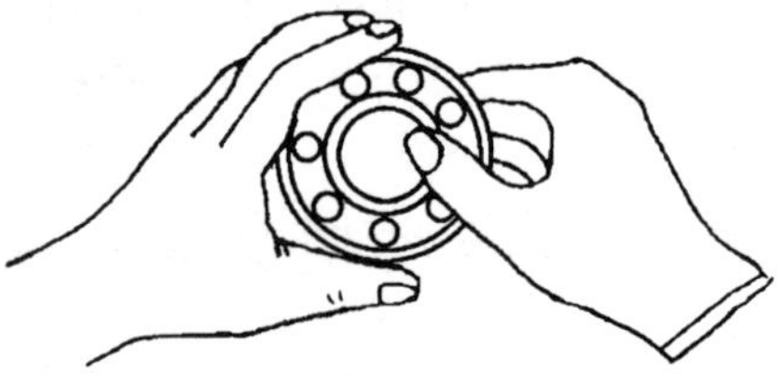

图 6.13　用推动法检查轴承

压扁然后抽出,用千分尺测量熔丝弧形方向的平均厚度,即为该轴承的径向间隙,如图 6.14 所示。

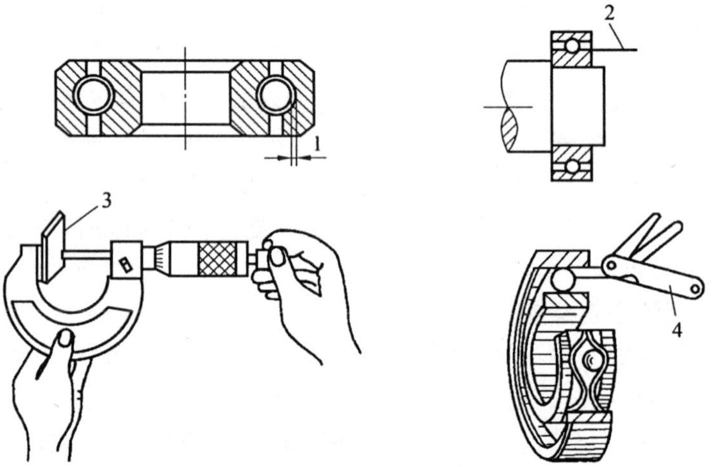

图 6.14　小型轴承的检查方法
1— 径向间隙;2— 熔丝;3— 压扁后的熔丝;4— 塞尺

滚动轴承磨损间隙如超过表 6.1 的许可值,就应更换轴承。

表 6.1　滚动轴承磨损的许可值　　mm

轴承内径	径向间隙		
	新滚珠轴承	新滚柱轴承	磨损最大允许值
20 ~ 30	0.01 ~ 0.02	0.03 ~ 0.05	0.10
35 ~ 50	0.01 ~ 0.02	0.05 ~ 0.06	0.10
55 ~ 80	0.01 ~ 0.02	0.06 ~ 0.08	0.25
85 ~ 120	0.02 ~ 0.04	0.08 ~ 0.10	0.30
130 ~ 150	0.02 ~ 0.05	0.10 ~ 0.12	0.35

通过上述方法,可以判断出轴承的磨损程度,如果磨损程度未超过允许值,可以继续使用。在装配电动机时,可将负荷端与非负荷端轴承交换使用(负荷端轴承磨损更为严重)。

在下列情况下必须更新:轴承外圈或内圈有裂纹、滚珠破碎、滚珠之间的支架断裂、轴承严重变色退火、滚道有深刻划痕或锈坑、轴承磨损超过允许值等。

6.2.2　绕组断路故障的检查与排除

1. 绕组断路的原因及故障现象

导致绕组断路的主要原因有:绕组受机械损伤或碰撞后发生断裂;接头焊接不良在运行中脱落;绕组短路,产生大电流烧断导线;在并绕导线中,由于其他导线断路造成三相电流不平衡、绕组过热,时间稍长,冒烟烧毁。

2. 绕组断路故障的检查

不拆开电动机检查断路绕组。电动机绕组接法不同,检查绕组断路的方法也不一样。对于星形连接且在机内无并联支路和并绕导线的小型电动机,可将万用表置于相应电阻挡,一支表笔接星形连接的中点,另一支表笔分别接三相绕组端头 U_1,V_1,W_1,如果某一相不通,电阻为 ∞,则该相断路。

星形连接中性点未引出到接线盒时,将万用表置于相应电阻挡,分别测量 UV,VW,WU 各对端子,若 UV 通,而 VW 和 WU 不通,说明 W 相两端不通,则断路点在 W 相绕组,如图 6.15 所示。

当电动机绕组为三角形连接时,如果只有三个线端引出到接线盒,如图 6.16 所示,仍用万用表检测每两个线端之间的电阻。设每相绕组实际电阻为 R,万用表测得 UV 间的电阻为 R_{UV}。若三相绕组完好,则 $R_{UV} = (2/3)R$;若 UV 间有开路,则有 $R_{UV} = 2R$;VW 或 WU 任意一相开路,$R_{UV} = R$。

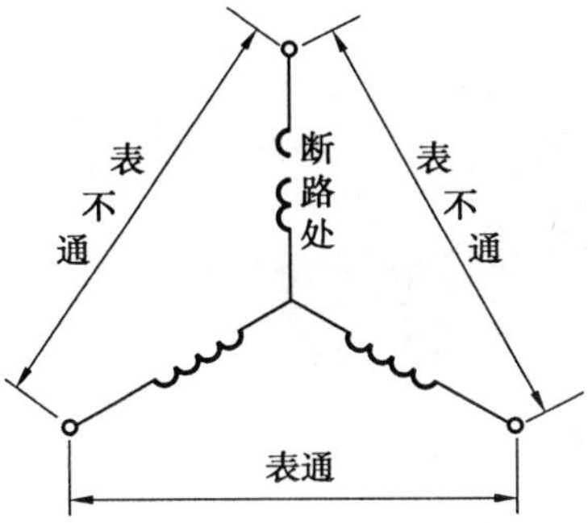

图 6.15　用万用表检查星形连接绕组故障

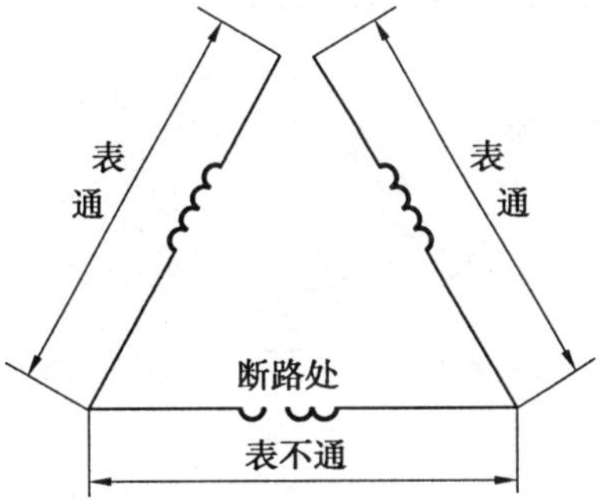

图 6.16　用万用表检查三角形连接绕组故障

三角形连接时,如果有 6 个线端引到接线盒,先拆开三角形连接之间的连接片,使三相绕组互相独立,可直接测各相绕组首尾端电阻,哪相不通,即为断路的一相。

3. 断路的维修方法

断路的维修方法比较简单,对于引出线和过桥线以及并头套的焊接,查出故障点处便可进行补焊;对于线圈端部的断路补焊,需要将绕组加热。局部加热可采用电吹风,使温度达 130 ℃ 左右,将断路点的导线撬起,如果是多根烧断,要分清,不可接错。补焊后,包扎绝缘,涂上环氧胶,室温固化。槽内导线断路的可能性较小,如有断路,要加热后剔除槽楔,趁热取出线圈,进行补焊。由于槽内面积有限,补焊点可移至线圈端部,为此要用同规格导线连接,并把连接点放在槽外,进行补焊。最后垫好绝缘,打入槽楔,涂刷绝缘漆,烘干处理。

6.2.3　绕组短路故障及检修

三相异步电动机绕组短路故障有线圈匝间短路、层间短路、相间短路、对地短路(接地故障)。绕组短路时会很快冒烟,短路的匝数不严重时,电动机有可能坚持运转一段时间,这时电动机会出现发热、噪声、三相电流不平衡以及转速降低等现象。

1. 绕组短路故障的检查方法

(1) 外观检查。将电动机解体,抽出转子,可以看到短路点附近绝缘的烧焦处,用鼻子闻可嗅到绝缘烧焦气味,或用手摸会发现短路区非常烫手。

(2) 使用开口变压器(或叫短路侦察器) 检查时的要求。

① 电动机引出线是三角形连接的要拆开。

② 绕组是多路并联的要将各支路并联线拆开。

③ 使用短路侦察器时,必须先将短路侦察器放在铁芯上,使磁路闭合以后,再接通电源;使用完毕,断开电源后,再移开短路侦察器,否则磁路不闭合,线圈中电流过大,时间稍长,易烧毁侦察器绕组。

具体操作时,将开口变压器放在有短路线圈外的铁芯槽上,在这个线圈的另一边槽口上放置薄钢片(或锯条片)。钢片因短路线圈中电流过大而产生振动,根据钢片振动大小和噪声来判断出短路的线圈,如图 6.17(a) 所示。

为了判别出双层绕组上下层的线圈短路点,需将钢片分别放在距离开口变压器的左右相隔一个线圈节距的槽口上测试,如图 6.17(b) 所示。

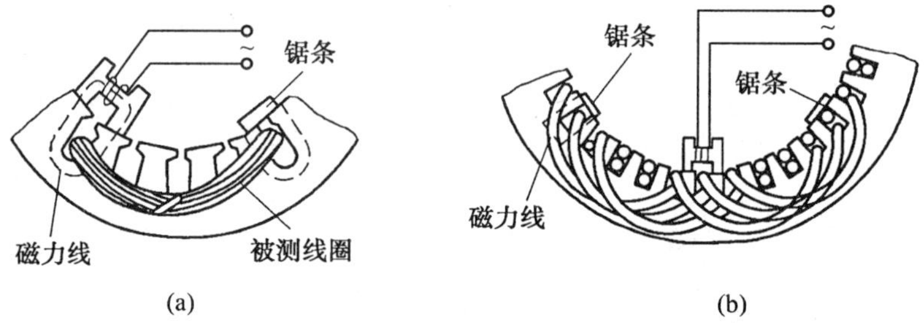

图 6.17　用短路侦察器查找短路故障

2. 绕组短路的原因

在修理过程中引起绕组短路的原因有以下几项,操作者应引起注意。

(1) 电磁线质量不合格,绕线时漆皮剥落。绕线前检查出不合格产品不许用。

(2) 紧线器夹紧力过大,或有机械损伤,使漆皮磨破。要调好夹紧力。

(3) 线径较小,绕制时拉力过大,将漆皮拉出裂纹。拉力要合适。

(4) 嵌线时用金属材料做理线板(也叫划线板),将导线的绝缘划破,应改用绝缘板。

(5) 嵌线时由于槽满率高,用锤子硬砸线圈,尤其嵌入槽内的线匝排列不整齐,有交叉现象时,很容易将导线绝缘破坏。

(6) 槽内层间垫条尺寸小,宽度偏小,或尺寸合适但垫偏,使上、下层线圈之间产生短路。

(7) 线圈端部垫的相间三角垫尺寸不符或垫偏,造成线圈端部层间、匝间短路。

(8) 由于浸漆不良,线圈制作不规则,个别线匝悬空,不互相靠紧,绝缘未能粘结成整体,当电动机发生电磁振动时,因摩擦将绝缘磨破。

(9) 线圈端部整形时,用不适当的工具将线圈匝间压破。

(10) 焊接极相组过桥线时,锡钎料滴落在绝缘上或线匝上,引起匝间短路。

(11) 槽满率过低,浸渍不良,潮气和粉尘进入线匝的空隙内腐蚀导线绝缘,造成匝间短路。

(12) 线圈过长,端部与端盖抵触,运行不久便会产生对地短路。要做好绕线模,尺寸不可过大。

3. 短路的修理方法

线圈端部的短路故障大多数是由于极相组间的三角绝缘垫因锡钎料坠落等原因而遭受破坏,造成绕组端部极相组间短路。修理时可将线圈加热(通电流或入炉加热),使线圈软化,然后用理线板或其他工具撬开线圈端部有故障的地方,重新插入新绝缘。连接线、过桥线绝缘损坏发生短路时,也可用此法进行处理,并增垫或重包新绝缘。在用压降法检查短路线圈时,可用理线板(环氧板或竹板制造)轻轻撬动短路线圈的各线匝,当电压表指针突然上升到正常值时,表明短路点已被隔开,用绝缘垫将此处垫好,再做绝缘处理。处理槽内上、下层间短路或匝间短路故障与处理接地故障相同。

6.2.4　绕组接地故障及检修

电动机机座如果没有很好接地,电动机绕组产生接地故障时,检修人员触及机座会引起人身安全事故。

1. 绕组接地的检查方法

(1) 采用试灯检查。试灯两端头的一端接绕组,另一端接机壳。如果灯亮,表明绕组接地;如果灯光发暗红,表明绝缘受损但未完全接地,如图 6.18 所示。

(2) 采用绝缘电阻表检查。用绝缘电阻表测量各相绕组对地绝缘电阻,有以下情况:

① 绝缘电阻为零。用万用表检查也为零,表明绝缘已击穿,已接地。

② 绝缘电阻为零。用万用表检查,还有一定电阻值,说明绕组没有实实在在的接地,绝缘可能受潮、污染。

③ 绝缘电阻表指零摇摆,说明绕组接地不实,造成虚接的原因可能是炭粉不固定,影响绝缘电阻值变化。

图 6.18　用试灯检查绕组接地故障

④ 为了确定接地点,可采用淘汰法。先分相,测每相绕组,查出某相绝缘电阻小,再将此相绕组断开各极相组,检查每个极相组线圈接地情况,查出某极相组有接地现象时,再断开此极相组中每个线圈,最后可查出某线圈接地点。

⑤ 有时接地点很难确定,为了查明故障点,可将较高电压(500 ~ 1 000 V) 施加给绕

组和接地端，当电压升至一定值时，会发现接地处有冒烟和火花发生，从而可查出接地点。一般接地点在槽口、通风口处居多。

2. 绕组接地的原因

由于操作者操作不当造成的接地原因如下：

(1) 绕线模过大。虽然嵌线方便，但由于端部过长，顶碰电动机端盖，通电后线圈对端盖击穿而造成接地故障。解决办法是重绕线圈，使用尺寸合适的绕线模。

(2) 槽绝缘宽度不够，不能在槽口处包住导线，造成上层导线经过槽楔或槽口侧面与铁芯相接发生接地故障。解决办法是打出槽楔，清理槽内的残余绝缘或灰尘，然后垫入绝缘垫条或注入环氧树脂绝缘漆。

(3) 槽内层间垫条和楔下垫条垫偏，或剪裁时绝缘条宽度不够，均会造成线圈对地故障。这种故障首先发生在上下层间短路，然后对铁芯击穿。至于楔下垫条垫偏所产生的故障与槽绝缘宽度不够所产生的故障是相同的。

(4) 焊接头有毛刺、焊瘤、尖刺等，刺破绝缘，造成线圈接地故障。

(5) 绕组连接不正确，三相绕组标志不清楚，造成绕组接地故障。应仔细检查后正确接线，使三相绕组标志正确。

(6) 焊渣或杂物落入槽内或端部。因此，要求施焊时位置正确，一般是在铁芯外的水平位置施焊，焊前要用纸板隔离不施焊的部位。

(7) 端部线圈的上下层之间接触，或线圈端部异相之间接触。应检查端部层间绝缘垫尺寸和厚度是否正确，要求绝缘垫突出线圈边缘 5 mm 左右，以隔离上下层线圈和异相线圈。另外，检查有无漏电现象，如有问题要纠正。

3. 接地的检修方法

(1) 如果绝缘已老化，就不要采取局部修理，应采用对质量有保证的重绕大修。只有绝缘质量尚好，或因受潮、受脏污以及局部绝缘破裂，才进行局部加强绝缘处理。

(2) 槽口部位绝缘破裂时，可将绕组加热软化，用绝缘板撬开接地点处的槽绝缘部分，清除烧焦的旧绝缘，垫入新绝缘。为了插入槽口方便，最好采用强度较高的0.2 mm环氧板。

(3) 对于受潮绝缘只能烘干处理，烘干之前一定要清理电动机粉尘和脏污。

(4) 槽内线圈接地处理比较困难，应加热后取出槽楔，然后再取出线圈，垫好槽内绝缘，再将线圈放回，打入槽楔。

6.2.5 笼型转子绕组的故障及检修

笼型转子的常见故障是导条断裂。断条会使电动机启动困难，带不动负载；运行中的电动机转速变慢，定子电流时大时小，电流表指针呈周期性摆动，电机过热、机身振动，还可能产生周期性的“嗡嗡”声。造成笼型转子断条的原因通常是铸铝或铸铜鼠笼材质不良，制造工艺粗糙，结构设计不佳，或者是运行启动频繁，操作不当，急促的正反转造成剧烈冲击等。

1. 转子断条的检查方法

检查转子断条方法有多种，这里只介绍常用的两种方法。

（1）铁粉检查法。这种检查方法是根据磁场能吸引铁粉的原理。如图 6.19 所示，在转子端环两端通入低压交流电，逐渐升高电压，使转子磁场不断增强，这时在转子上均匀地撒上铁粉，从铁粉的分布情况即可判断转子导条有无断裂。如果没有断条，则铁芯表面的铁粉就整齐地按槽的方向排列；若转子某槽不能吸附铁粉或吸附的铁粉很少，则说明该槽导条断裂。

（2）短路侦察器法。短路侦察器的铁芯开口外缘形状呈凹弧形，恰与转子圆周表面相吻合，如图 6.20 所示。检查时，将短路侦察器的铁芯凹面压在转子槽上，给侦察器励磁线圈通入 36 V 交流电后，使其沿转子圆周逐槽移动。如导条完好，电流表指示的是正常短路电流；若某一槽口处的电流有明显下降，则该槽导条断裂。

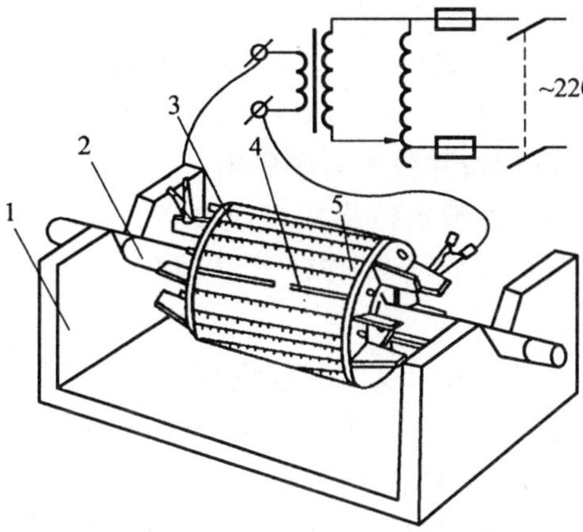

图 6.19　用铁粉检查转子断条

1— 转子支架；2— 转轴；3— 铁粉；4— 断条；5— 转子

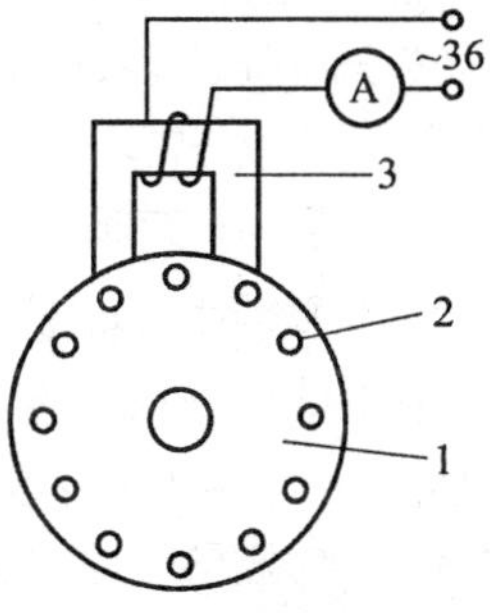

图 6.20　用短路侦察器检查转子断条

1— 转子；2— 导条；3— 短路侦察器

用上述两种方法查出转子某槽有断条后，还必须找出导条断裂点。通常断裂时间较长的地方有黄黑斑点，用肉眼即可直接看出。若不能直接发现，可用图 6.21 所示的方法寻找断点。在转子一端的端环上（如左端）焊一根较粗的软导线，将短路侦察器的铁芯凹面置于断条两侧的槽齿上，在断条的另一端（如右端）放上一段薄铁片（或锯条）。给短路侦察器励磁线圈接通 36 V 交流电源，然后把软导线的自由端从左端开始沿断条向右移动，当薄铁片开始振动时，软导线自由端左侧的位置即为导条断裂点。

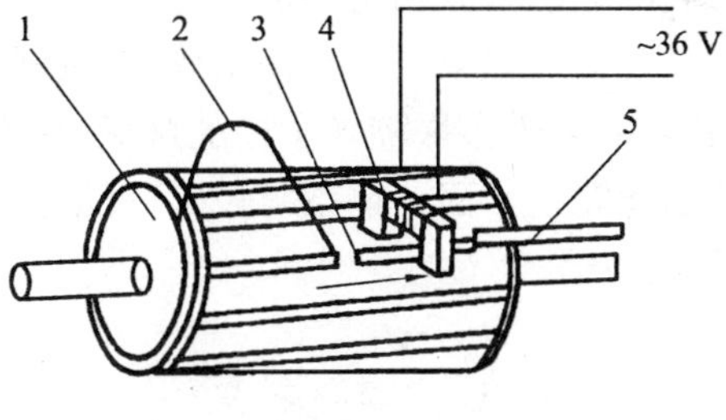

图 6.21　用短路侦察器寻找导条断点

1— 转子；2— 软导线；3— 导条断点；4— 短路侦察器；5— 薄铁片

2. 转子断条的修理工艺

转子断条常用以下几种方法予以修复。

（1）局部补焊法。在有裂纹的端环或导条两边用尖凿剔出 V 形或梯形槽，用喷灯或氧炔焰将转子加热到 450 ℃ 左右，再用气焊进行补焊，最后将修补处多余的焊料车去或铲平。补焊时，一般使用含锡 63%、含锌 33% 和含铝 4% 的焊料。

（2）冷接法。在断条的裂口处用与槽宽相近的钻头钻孔并攻丝，深度以钻到槽底为止，然后拧进一只与之相配的铝螺钉，再用车刀或凿子除去螺钉的多余部分。如果导条裂纹或裂口较长，单靠拧进一颗螺钉还不能接好断条时，可用尖凿将裂口处凿一矩形槽，并将四壁和槽底修理整齐。然后用一块形状、体积与矩形槽相似但尺寸略大的铝块强行嵌入槽里，同时在铝块两端与原导条结合部钻孔攻丝，拧紧铝质螺钉并除去多余部分。这样即使转子高速运转，铝块也不会脱出。

（3）换条法。当导条断裂严重或断条较多时，可用换条法更换新导条。

① 个别铸铝导条断裂时，可用钻头沿转子斜槽将断条钻掉，除去槽内的铝屑并擦拭干净。做一根与槽形相同的铝导条插入槽内，用气焊把铝条与端环焊牢，修整焊口后校正转子平衡。

② 个别铜导条断裂时，可把断条的端环两端开一缺口，凿去一边端环部分，把断条敲出，换上一根与原导条截面相同的新铜条，并要长出端环 15 ~ 20 mm，将伸出部分敲弯紧贴在端环上，然后用气焊把铜条与端环焊牢，修整焊口并校正转子平衡。

③ 铸铝转子断条较多时，应先将铝条熔化后，再重新铸铝或者改换铜条笼型绕组。在熔化铸铝前，应车去转子两端的端环，再用夹具将转子铁芯夹紧，以防熔铝后铁芯松散。熔铝的方法有以下两种。

a. 化学熔铝。将铸铝转子垂直地浸入30% ~60% 浓度的工业烧碱溶液中，然后将溶液加热到 80 ~ 100 ℃ 左右，直到铸铝熔化为止。一般转子需要加热7 ~ 8 h，小型转子需 3 ~ 4 h，大型转子可达 1 ~ 2 天。熔铝后，要用清水将转子冲洗干净，再投入浓度为 25% 的工业冰醋酸中煮沸 15 min 左右，中和残余烧碱，最后再放入开水中煮沸 1 ~ 2 h，取出冲洗干净并烘干。因烧碱具有强烈的腐蚀性，在操作过程中应注意劳动保护。

b. 加热熔铝。将转子加热到 700 ℃ 左右，使铸铝全部熔化。熔铝后，必须清除槽内及铁芯两端的残余铝层和油污等。

在现场一般采用改换铜条鼠笼。因铜条导电性能好，电流密度比铸铝的大，用铜条换铝条时，只要铜条嵌满转子槽的60% ~70% 即可。穿好铜条后，两端用短路环焊牢，再将铜条鼠笼安装牢固。铜条与短路环的焊接一般采用银焊。换好鼠笼绕组后，应进行转子静平衡校验。

6.3　三相异步电动机定子绕组的下线方法

异步电动机定子绕组损坏严重或烧毁，无法用检修方法进行局部修理时，就需重绕绕组。定子绕组重绕的主要工序是：记录原始数据；拆除旧绕组；绕制线圈；嵌线；接线；检查试验；浸漆与烘干。

6.3.1　原始数据记录

拆除旧绕组之前，必须详细记录有关电动机的原始数据，否则，将给重绕定子绕组造成困难。电动机的原始数据包括铭牌数据、绕组数据和铁芯数据及其运行和检查内容，见表6.2。有些数据可直接从电动机上查出，而有的数据则必须通过测定和计算才能得出。

下面介绍几种原始数据的查测方法。

表6.2　异步电动机原始数据记录卡

铭牌数据	型号		容量/kW		相数	
	电压/V		电流/A		接法	
	效率		转速/($r \cdot min^{-1}$)		绝缘等级	
绕组数据	绕组形式		并联支路数		并绕根数	
	节距		线圈数		线圈匝数	
	导线规格/mm		端部长度/mm		槽楔尺寸/mm	
	端部绝缘		槽绝缘		绕组质量/kg	
	线圈周长/mm		线圈形状			
铁芯数据	外径/mm		内径/mm		铁芯总长/mm	
	总槽数		气隙/mm		铁芯净长/mm	
	通风槽数		通风槽宽/mm		槽形尺寸/mm	
故障原因						
备注						

1. 查测极数

有铭牌的电动机，可从型号的规格代号中直接得出极数，也可由额定转速 n_N 推算出电动机的极数。如果铭牌失落或铭牌数据已看不出，就要根据绕组的结构尺寸来判断极数。

对于单层绕组，可数出一个线圈所跨的槽数即节距 y，并数出总槽数 z，计算出 z/y 的值。考虑到 y 接近且小于极距 τ，可知 z/y 必定大于 z/τ。同时，电动机的极数必定为偶数。故可取小于 z/y 且接近于它的偶数，即为所求极数。例如：$y=7$，$z=36$，则 $z/y=5.1$，电动机的极数应取4。

对于双层绕组，上述方法不一定适用。如总槽数 $z=36$，节距 $y=6$ 的双层绕组，可能是4极，也可能是6极。这就要从每极相组的线圈数和槽数来推导。每极相组的线圈数就是相邻两层隔相纸间所夹的线圈数，查明每极相组的线圈数后，根据 $q=z/(2pm)$，就能推导出极数。例如：$z=36$ 的双层绕组，查出相邻两层隔相纸之间夹着2个线圈，即 $q=2$，则极数 $2p=z/mq=36/(3\times2)=6$(极)。如果查出相邻两层隔相纸间夹着3个线圈，即 $q=3$，则极数 $2p=36/(3\times3)=4$(极)。

2. 绕组数据的查测

(1) 查看绕组的并绕根数。将同一极相组内的两线圈间跨接线的套管划破，或剪断跨接线，数得里面的导线根数即为并绕根数。但必须注意，此时每个线圈的匝数应等于每个线圈导线根数除以并绕根数。

(2) 查看绕组的并联支路数。功率在4 kW以上的电动机绕组常采用多路并联，拆除绕组时，务必查清并联支路数。

将绕组连接电源引出线的端线剪断，数出端线里面的导线根数，再除以并绕根数即为并联支路数。有些小型电动机只有三根向外的电源引出线，另外三根引线在机壳内接头。这时可将机壳内接头处的绑扎带解开，查看是否有三根引出线连在一起的接头。如有，则说明绕组是 Y 连接，再看每相引线是否有并联支路，若直接观察不出，仍可剪断引线，数出里面的导线根数除以并绕根数，即可得出并联支路数。如没有三根引出线连在一起的接头，则说明绕组是 △ 连接，其并联支路数应等于连接引出线的端线里的导线总根数除以 2，再除以并绕根数。

(3) 查看绕组的节距。绕组的节距可在拆除绕组前直接数出，但要注意绕组有等节距和不等节距之分。如单层交叉式绕组和单层同心式绕组就不是等节距，应仔细查看清楚，最好在线圈拆去一半时复查一次，既明显又可靠。

(4) 查测线圈匝数和导线直径。在拆除绕组时，最好能有几个线圈整股地拆下来，以便核查线圈匝数，如图 6.22 所示。通常应保留 1 ~ 2 个比较完整的样品线圈，并选出样品线圈内层最短的几匝，测取其周长平均值，作为选用或制作绕线模板的参考数据。

导线直径可用游标尺或千分尺测量。测量时，先用微火烧掉导线表面的绝缘漆，再用纱布擦净。禁止使用粗砂布擦或刀片刮，以免线径减小。测量线径时，应多测几点，取其平均值。

3. 铁芯数据的查测

(1) 铁芯长度和内、外径的测量。定子铁芯总长度是包括通风槽在内的长度，铁芯净长则是总长度减去通风槽的长度。测铁芯长度时，应注意两端槽齿的散张现象，一般应从铁芯槽底量起，并多测几点，取其平均值。铁芯长度及铁芯内、外径的测量尺寸如图 6.23 所示。

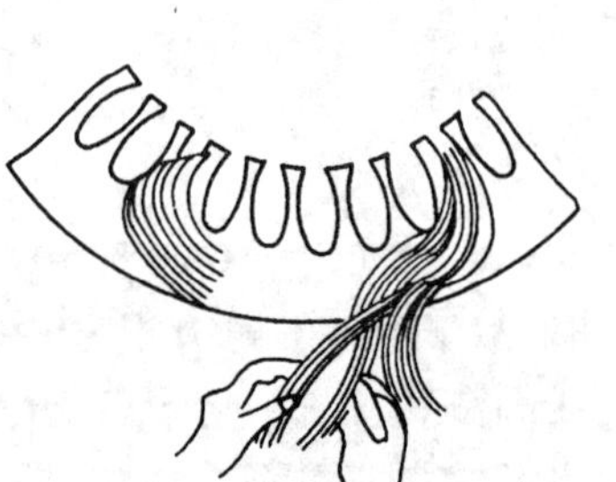

图 6.22　核查线圈匝数

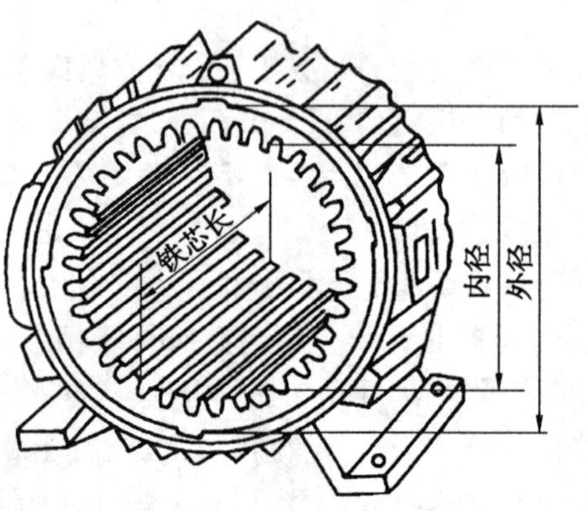

图 6.23　铁芯尺寸的测量

(2) 槽形尺寸的查取。槽形尺寸可根据电动机的型号、规格从手册中查取。也可用一张较厚的白纸在拆除绕组后的槽口端部按贴，取下槽形痕迹，再绘出槽形，标注出各部分的尺寸。

6.3.2　定子绕组的拆除

电动机的定子绕组经过浸漆与烘干，已经固化成一个质地坚硬的整体，拆除比较困难。通常采用冷拆和热拆两种方法来拆除旧绕组。冷拆能保证定子铁芯的电磁性能不变，但比较费力。热拆虽比较容易，但铁芯受热后会影响电磁性能。在具体应用时就根据实际条件选择。

1. 冷拆法

冷拆法可分为冷拉法、冷冲法和溶剂法三种。

(1) 冷拉法。先用废锯条制成的刀片或其他刀具将槽楔破开，将槽楔从槽中取出。如果槽楔比较坚实，可用扁铁棒顶住槽楔的一端，用铁锤敲打铁棒使槽楔从另一端被敲出。再将导线分成数组，一缕一缕地从槽口拉出。若是闭口槽或半开口槽，可用斜口钳将线圈端部逐根剪断，或用钢凿沿铁芯端面将导线凿断，在另一端用螺丝刀配合用钢丝钳逐根拉出导线。如果线圈嵌得太紧，用钢丝钳不易拉出，可将定子竖直放置，线圈不剪断的一端朝上。在定子膛口上横一根铁棒，用一根一端有弯钩的撬棍将弯钩勾住线圈的端部，以铁棒作为支点，利用杠杆作用把整股线圈从槽里撬出来。如果有专用的电动拉线机，拆除绕组就更为方便，效率可提高几十倍。

(2) 冷冲法。对导线较细的绕组，其机械强度较低，容易拉断。可先用钢凿在槽口两端把整个线圈逐槽凿断，然后用一根横截面与槽形相似，但尺寸比槽口截面略小的铁棒，在被凿断线圈的断面上顶住，用铁锤用力敲打铁棒，逐槽将线圈从另一端槽口处冲出。对槽满率高、线圈嵌得特别紧的绕组，用此法拆除更为有效，可节省较多的时间。有时还可将槽绝缘一齐冲出，减少了清槽工作量。

(3) 溶剂法。此法一般用于拆除 1 kW 及以下小型电动机的定子绕组。常用的溶剂配方为丙酮 50%、甲苯 45%、石蜡 5% 配制溶液时，先将石蜡加热熔化，再注入甲苯，最后加进丙酮搅拌。溶解绕组绝缘时，把电动机定子放在有盖的铁箱内，用毛刷将溶剂刷在绕组上，然后加盖密封，保持 2 ~ 3 min，待绝缘软化后，即可拆除绕组。

使用溶剂法拆除旧绕组时，要注意防止火灾，防止苯中毒。最好在通风的场地进行施工。

2. 热拆法

热拆法即是将绕组绝缘加热软化后，再拆除旧绕组。一般采用通电加热和烘箱加热，切忌采用火烧绕组的方法。加热前必须将接线板等易损件拆下，以防烤坏。

(1) 通电加热法。用三相调压器或电焊变压器次级给定子绕组通入低压大电流。电流的大小可调到额定电流的三倍左右，使绕组温度逐渐升高，待绕组绝缘软化时，停止通电，迅速退出槽楔，拆除旧绕组。这种方法最适宜大、中型电动机的绕组拆除，小型电动机也可采用。但对绕组内部断路或严重短路的电动机，不能采用此法。

(2) 烘箱加热法。用电烘箱对定子绕组加热，待绝缘软化后迅速拆除旧绕组。在加热过程中，应注意掌握火候，防止烤坏铁芯，使硅钢片性能变坏。

无论是冷拆或热拆，在拆除旧绕组的过程中，都应力求保留 1 ~ 2 个完整的样品线圈。绕组拆完后，必须把槽内残存的绝缘物、漆瘤、锈斑等杂物清除干净。检查铁芯硅钢片是否有受损缺口、凸片、弯片，并予以修整。将铁芯槽、齿清理整形后，用压缩空气吹扫干净。

6.3.3 定子绕组的线圈绕制和嵌线

1. 绕制线圈

绕制线圈之前,应按旧线圈的实际周长设计制作绕线模。做好绕线模(也可按线圈尺寸选用合适的绕线模)后,才能在绕线模上绕制线圈。

(1)绕线模的确定。绕线模的尺寸和形状对嵌线工艺以及电机的性能都有较大影响。若绕线模不合适,使线圈绕得太大,不仅浪费铜线,而且会增加绕组的端部漏抗,影响电气性能,还可能造成绕组与端盖相碰产生对地短路。如果线圈绕得太小,会造成嵌线困难,甚至嵌不进去。因此要求绕线模的尺寸做得比较准确。

如果在拆除旧绕组时,留有完整的样品线圈,可直接测取线圈内侧的几匝导线的周长,取其平均值作为制作绕线模的周长尺寸。若样品线圈不完好或根本没有,可用旧导线在铁芯槽中按线圈形状、尺寸,弯出一个线圈作为确定绕线模的依据,也可按电动机型号从有关手册中查出绕线模的尺寸。绕线模形状分圆形和梭形两种,如图6.24所示。

(2)绕制线圈。小型三相异步电动机采用的散嵌式线圈都是在绕线机上利用绕线模绕制的,如图6.25所示。绕制线圈时,应尽可能充分运用绕线模将一个极相组或属于一相的所有线圈连续绕完,这样可以减少线圈之间的接头和接线的错误,并可达到提高工效、节省原材料的目的。

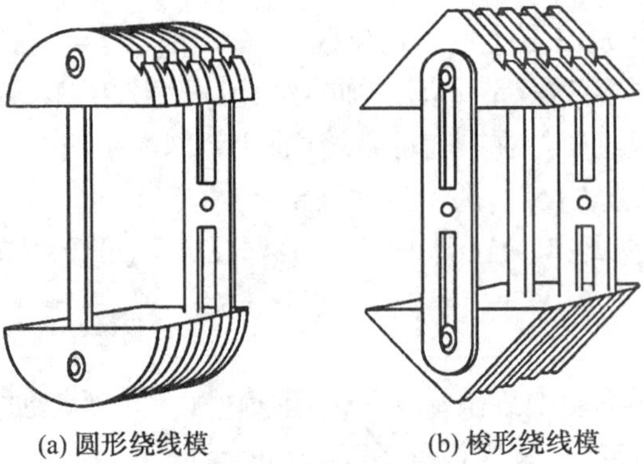

(a) 圆形绕线模　　(b) 梭形绕线模

图6.24　绕线模的形状

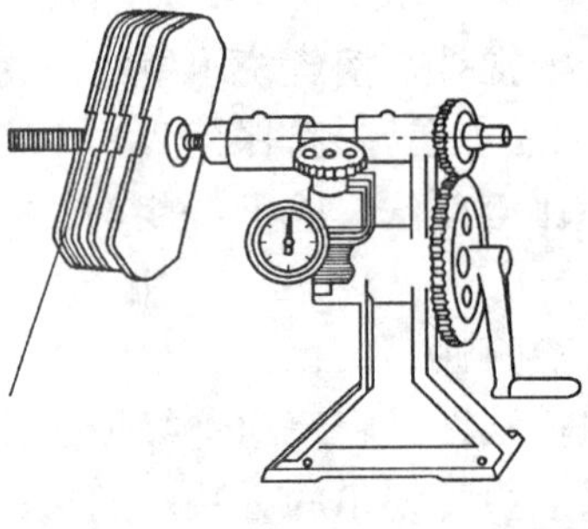

图6.25　绕制线圈的示意图

绕制线圈的过程中,应注意以下几点:

① 导线漆皮应均匀光滑,无气泡、漆瘤、霉点和漆皮脱落现象。用游标尺或千分尺检查导线直径和绝缘漆皮厚度应符合要求。

② 绕制时导线必须排列整齐,避免交叉混乱。一般应使导线在模槽中从左至右一匝一匝地排绕,绕完一层后再绕一层,直到绕够规定匝数。

③ 绕好一只线圈后,应在过桥线上套上黄蜡管,再绕下一只线圈。每个极相组之间的连接线应留有适当长度。

④ 导线长度不够绕完一只线圈,需要另接导线时,接头必须留在线圈端部,严禁把接头留在线圈的直线部分,以免造成嵌线困难。

⑤ 绕制线圈时,必须保护导线绝缘不受损伤。

⑥ 绕制好的线圈必须用绑扎带将两个直线部分扎紧，以防松散。

⑦ 绕完线圈后，应对每个极相组或相绕组进行直流电阻的测定和匝数检查。测直流电阻时，大于10 Ω的可用单臂电桥或万用表低阻挡，小于10 Ω的用双臂电桥测量。一般要求各极相组之间的直流电阻相差不应超过 ±4%。

2. 嵌线步骤

嵌线是重绕定子绕组时的一道重要工序。嵌线质量的好坏，直接影响电动机的电气性能和使用寿命。

(1) 嵌线专用工具的准备。手工嵌线工具包括划线板、压线板、划针、刮线刀、手术用弯头长柄剪刀、木槌或橡皮槌、钢丝钳、尖嘴钳等。有些专用工具，如划线板、压线板、划针、刮线刀等，若在市场上买不到，可以参考下述的形状尺寸自行制作。

① 划线板。它是在嵌线时将导线划进铁芯槽，又可将已嵌进槽里的导线划直理顺的工具，其形状如图6.26所示。划线板常用楠竹、胶绸板、不锈钢等磨制而成，其尺寸一般长为150 ~ 200 mm，宽为10 ~ 15 mm，厚为2 ~ 3 mm。划线板应制成前端略呈尖形的形状，一边偏薄，表面务须光滑。

② 压线板。它是把已嵌入铁芯槽的导线压紧使其平整的工具。其形状如图6.27所示，尺寸可根据槽宽制成不同规格，一般要求压脚宽度应比槽宽小0.6 ~ 0.7 mm。压线板可用不锈钢或黄铜制成，并装上手柄。压线板表面应光滑、无毛刺，以免压线时损伤导线绝缘。

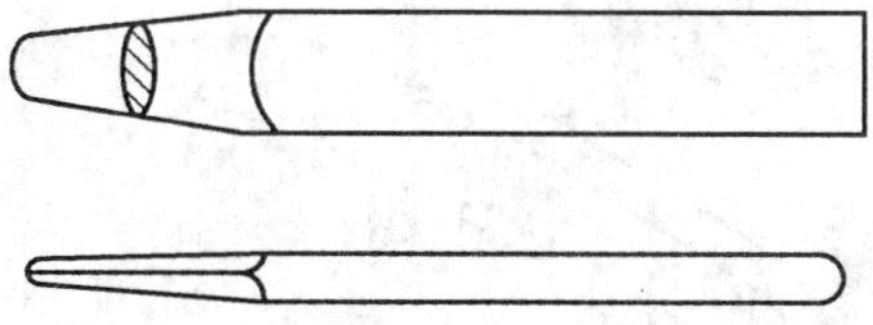

图6.26　划线板

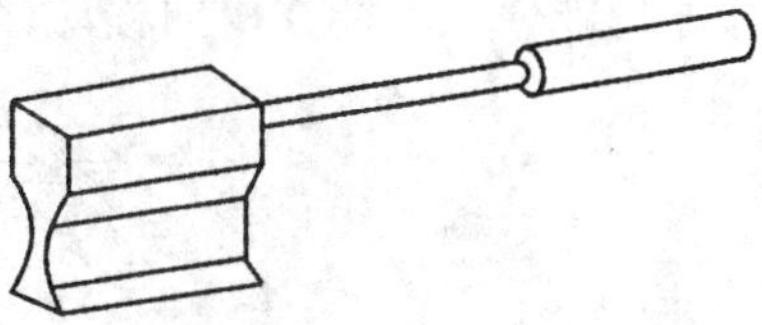

图6.27　压线板

③ 划针。在一个槽里的导线嵌完以后，可用划针来包卷绝缘纸，也可用它来清理槽内残存的绝缘物、漆瘤或锈斑。划针一般用不锈钢制成如图6.28所示的形状，尖端部分略薄而尖，表面光滑。划针的尺寸一般是直线部分长为200 ~ 250 mm，粗为3 ~ 4 mm。

④ 刮线刀。刮线刀是用来刮除导线焊接头上绝缘漆的专用工具。它的刀片可用铅笔刀片或另制，刀架用1.5 mm厚的铁片对折而成，将刀片用螺丝钉紧固在刀架上。刮线刀的形状如图6.29所示。

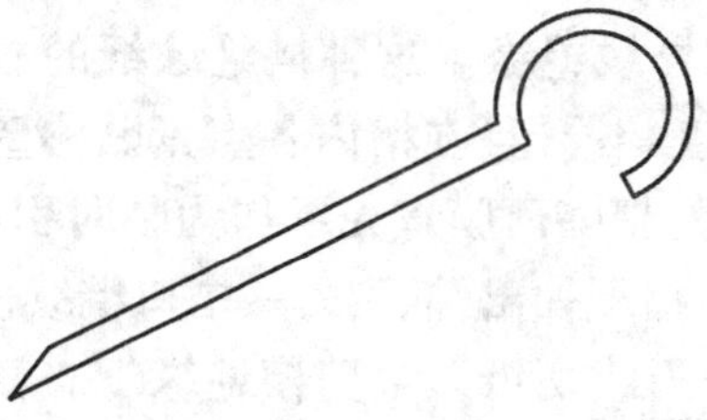

图6.28　划针

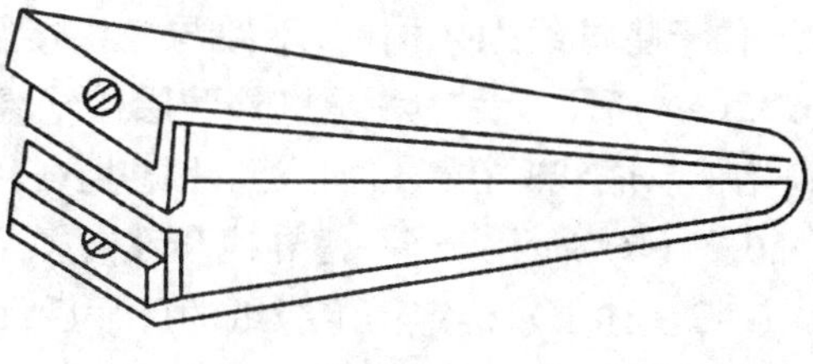

图6.29　刮线刀

(2) 削制槽楔。槽楔通常用楠竹、胶绸板或环氧板削制而成。槽楔的横截面呈梯形或圆冠形，形状和大小应正好适合槽口，长度比槽绝缘纸略短。槽楔的一端底面应削薄且呈斜口状,以利于插入嵌好线圈的槽口顶侧,如图6.30所示。若是楠竹槽楔,其青篾面应朝下。槽楔表面应光滑,无毛刺。削制槽楔的数量应比电动机的定子槽数多几个,以作为槽楔打入时折断或损坏后的备用。

(3) 裁剪和安放槽绝缘纸。槽绝缘纸用来隔在线圈与铁芯槽之间,使它们相互绝缘。槽绝缘的质量好坏直接影响着电动机的运行性能,因此,槽绝缘纸的用料、裁剪尺寸以及安放位置,应在嵌线前处理好。

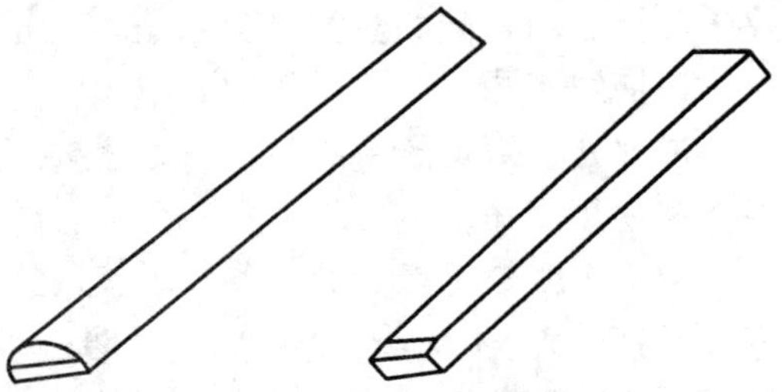

图6.30　槽楔的形状

① 槽绝缘纸的用料。根据电动机的不同类型和现有绝缘纸的情况,可按下述选择适当的槽绝缘。

a. 较大功率电动机的槽绝缘一般分里外两层,紧贴槽的外层用一层0.15 mm厚的黄壳绝缘纸,或一层黄蜡布,或两者兼用。里层用一层0.15 mm厚的薄膜青壳纸。

b. 功率较小的电动机可只用一层0.20 mm或0.25 mm厚的薄膜青壳纸作为槽绝缘。

c. 槽绝缘的最新工艺是外层用一层0.15 ~ 0.25 mm厚的薄膜纸,里层用两层聚酯薄膜。

② 槽绝缘纸的裁剪尺寸和放置。槽绝缘纸长度应使它两端各伸出槽外5 ~ 10 mm。较大功率电动机伸出槽外部分的绝缘纸、膜、布还应放长尺寸并折叠成双层,如图6.31所示。这样既能使它不能在槽内移动,同时又加强了槽口绝缘。

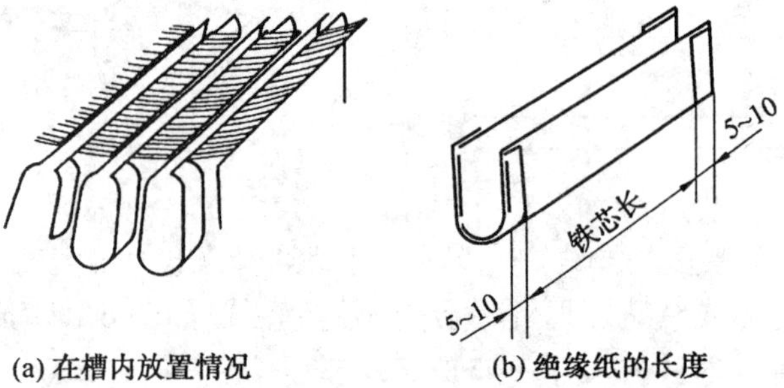

(a) 在槽内放置情况　　(b) 绝缘纸的长度

图6.31　两端折成双层的槽绝缘纸

对槽绝缘纸的宽度要求,因电动机容量大小和类型不同而异,一般有两种。一种是里层宽度除在槽内紧贴槽壁外,上面要高出槽口5 ~ 10 mm并向两边分开,嵌线时作为引槽纸,便于将导线划入槽内,不致与槽口接触而擦伤导线绝缘。这种槽绝缘纸的放置如图6.32(a)所示。另一种是里外两层槽绝缘纸的宽度相同,且在槽内各点紧贴槽壁但比槽口略低。嵌线时在槽口插入两片宽度约为20 mm的聚酯薄膜青壳纸作为临时引槽纸,如图6.32(b)所示。当一槽导线全部嵌好后,可将引槽纸抽出,插到另一槽口继续使用。

按上述要求确定槽绝缘纸的尺寸后,即可用剪刀或切纸刀裁剪槽绝缘纸。裁剪青壳纸时,应使纸张的纤维方向与槽绝缘的宽度方向相同,这样便于线圈嵌完后折叠封口。

放置槽绝缘纸时,纸的左、右、下三面必须紧贴槽壁,以便最大限度地增加嵌线的空间。如果槽呈方角形,须先将纸按槽形折好转角处的折痕后再插入槽内。如有时绝缘纸

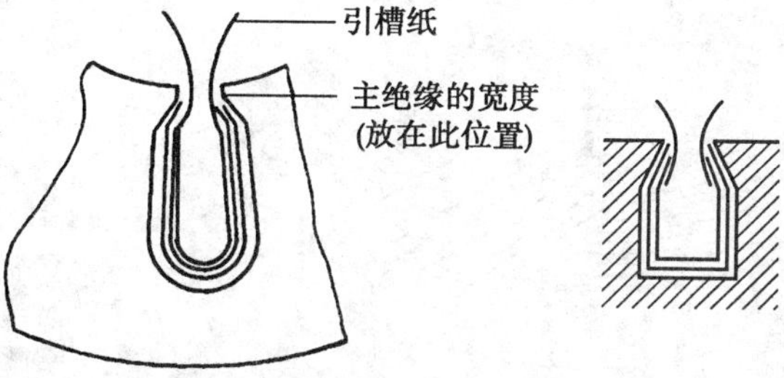

(a) 里层作为引槽纸的槽绝缘　　(b) 用临时引槽纸的槽绝缘

图6.32　槽绝缘纸的放置

不能紧贴槽壁,可用与槽形相适的铁棍插入槽内,将绝缘纸撑开,使之紧贴于槽壁。

在双层绕组中,因每个槽里嵌有属于不同线圈组或不同相的两个线圈有效边,还应在嵌线前裁剪好层间绝缘纸。层间绝缘纸通常采用厚度为0.2 ~ 0.25 mm的聚酯薄膜青壳纸,其宽度要比槽宽大5 ~ 10 mm,以便折成“门” 字形,包住下层的导线。层间绝缘纸长度要使两端各伸出槽外10 ~ 20 mm,以利于“隔相” 绝缘。

(4) 熟悉技术资料。在做好上述工作以后,嵌线前还要对待嵌绕组的技术资料及数据进行核查和熟悉。特别是对电动机极数、线圈节距、绕组排列、嵌线规律、并联支路数、引线方向等要心中有数,以利于嵌线工作的顺利进行,避免嵌错返工造成工时和材料的损失。

(5) 嵌线。单只线圈嵌线较简单,但对连续绕制的线圈组,嵌线时稍不注意就会嵌反,应特别注意。

嵌线翻转线圈时,先用右手把要嵌的一个线圈捏扁,并用左手捏住线圈另一端反向扭转,然后将导线的左端从槽口右侧倾斜着嵌进槽里,如图6.33所示。嵌入线圈时,最好能使全部导线都嵌入槽口的右端,两手捏住线圈逐渐向左移动,边移边压,来回拉动,把全部导线都嵌进槽里。如果有一小部分导线剩在槽外,可用划线板逐根划入槽内,如图6.34所示。划入导线时,划线板必须从槽的一端直划到另一端,并注意用力要适当,不可损伤导线绝缘。切忌随意乱划或局部掀压,以免几根导线交叉地轧在槽口而无法嵌入。

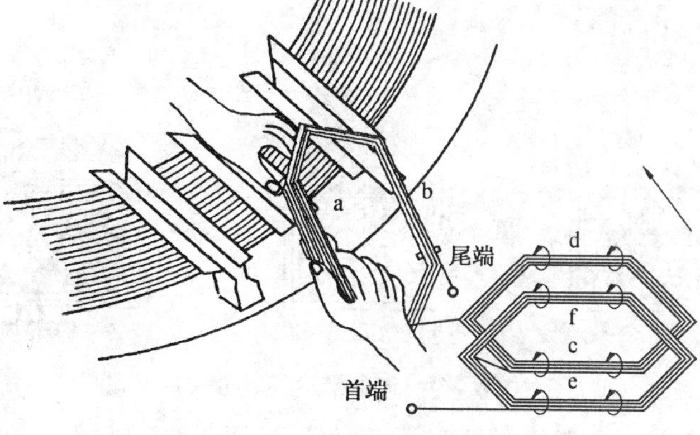

图6.33　嵌线

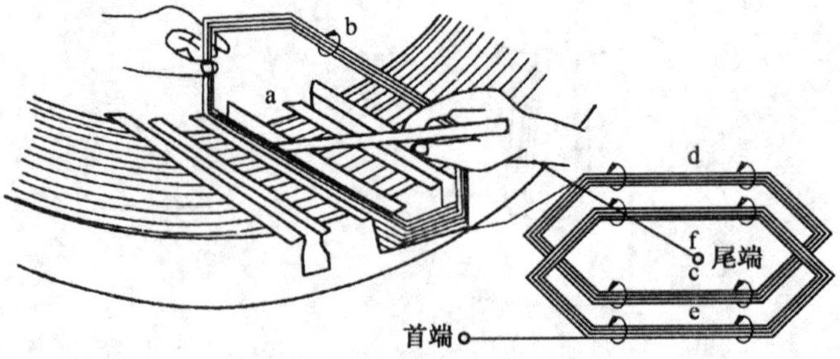

图 6.34　用划线板嵌线

如果槽内导线高低不平,可用压线板下衬聚酯薄膜,从槽口的一端插进槽里,用小铁锤轻轻敲打压线板背面,边敲边移动,直到把槽内导线压平、压实为止,如图 6.35 所示。

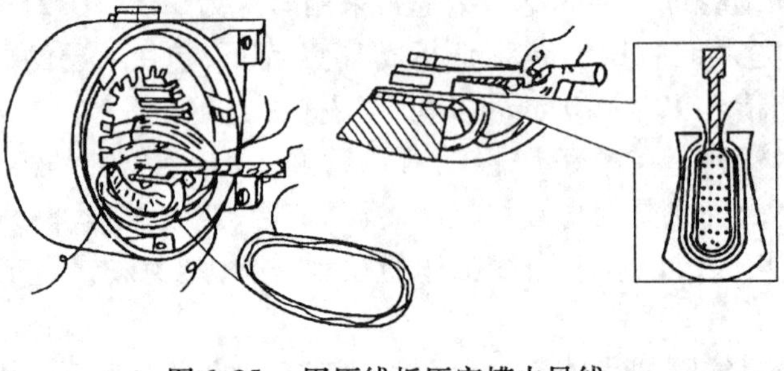

图 6.35　用压线板压实槽内导线

(6) 包裹槽绝缘纸。一槽导线全部嵌好后,要包裹槽绝缘纸和插槽楔。包裹方法有以下两种。

① 把高出槽口的槽绝缘纸用长柄弯头剪刀齐槽口剪平,用划针从槽的一端插入其中一边的两层槽绝缘之间,把这一边的里层绝缘纸包在导线上面,如图 6.36(a) 所示。再用另一根划针从另一边插入内外层绝缘纸之间,在第二根划针逐渐插入时,第一根划针随着慢慢退出,这样就把另一边的里层绝缘纸包裹在对面的绝缘纸上面,如图 6.36(b) 所示。再用同样的方法将外层绝缘纸包裹在里层绝缘纸上,并用划针压紧绝缘纸,将槽楔慢慢打进槽里。随着槽楔不断打入,划针也要不断退出,直到槽楔全部插入为止,如图 6.36(c) 所示。

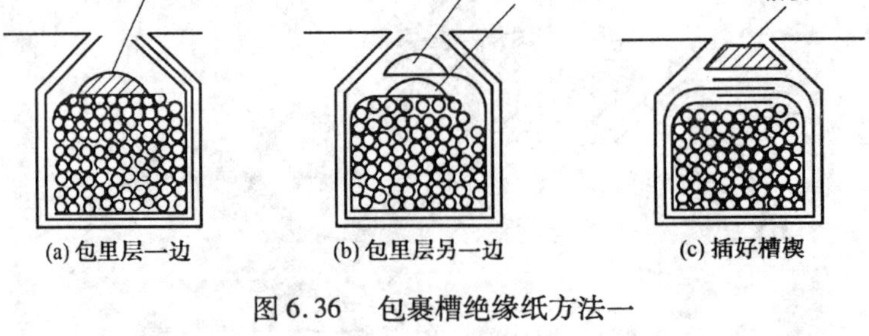

图 6.36　包裹槽绝缘纸方法一

② 把高出槽口的多余槽绝缘纸齐槽口剪平后,用一块适当宽度的 0.25 mm 厚的薄膜青壳纸(可与双层绕组的层间绝缘相同) 弯成“门” 字形,沿槽口插入槽里,将导线全部包

住，如图6.37(a)所示。青壳纸的长度应比槽绝缘纸长一些，并用划针压紧，然后插入槽楔，如图6.37(b)所示。

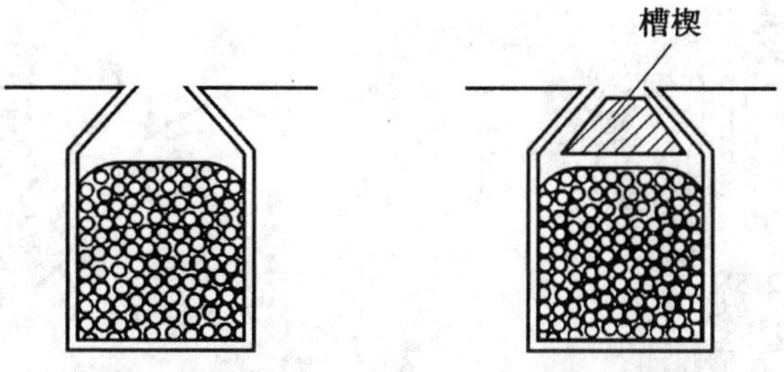

图6.37　包裹槽绝缘纸方法二

(7) 隔相。相邻两组线圈属于不同相时，必须在这两组线圈的端部之间安放相间绝缘纸，进行隔相。隔相一般采用0.25 mm厚的薄膜青壳纸。大功率电动机可用一层薄膜青壳纸和一层黄壳绝缘纸，中间再夹一层黄蜡布。隔相纸的形状和尺寸根据线圈端部的形状、大小而定。一般双层绕组隔相纸的形状为半圆形或半菱环形；单层绕组隔相纸的形状为半圆环形的3/4。

插隔相纸的方法：将定子圆周两端旋入端盖螺栓作为支点将定子竖直放置，若端盖螺栓长度不够，为防止压坏线圈，可将定子放在端盖上。用划线板插入两相线圈组的端部之间，撬开一个缝隙，将隔相纸插进缝隙里，如图6.38所示。隔相时应注意把隔相纸插到底，压住层间绝缘或槽绝缘，务必使两个线圈组完全隔开。

大功率电动机的绕组导线粗、硬度大，撬开隔相比较困难，可采用每嵌好一组线圈就垫一层隔相纸的办法来解决。多路并联又是△形连接的绕组，由于线圈之间的电压较高，最好在线圈与线圈之间也隔一层绝缘纸。

隔相后，最好用兆欧表测试三相绕组间的绝缘电阻，以便及时发现并排除故障隐患。新嵌绕组的冷态相间绝缘电阻一般应在50 ~ 100 MΩ之间。

(8) 端部整形。为了防止绕组端部与端盖相碰和与转子相擦，在完成上述工序后，应对绕组端部进行整形，将两侧端部排列整齐、紧实，并敲成喇叭口。端部整形的方法是将一块竹板或木板垫在绕组端部，用木槌或橡皮槌敲打垫板使绕组端部向外扩张，边敲边在端部圆周内侧移动垫板，将绕组端部扩成一个合适的喇叭口，如图6.39所示。绕组两端都整形后，应重新检查隔相纸有无错位或导线有无损坏。必要时应再用兆欧表复测绕组相间绝缘和对地绝缘电阻。

3. 几种常见绕组的嵌线规律

三相异步电动机的定子绕组主要分为单层和双层两大类。常见的单层绕组有同心式、链式、交叉式；双层绕组常采用叠式。下面以实例分别介绍它们的嵌线规律。

(1) 单层同心式绕组。其结构特点是：各相绕组均由不同节距的同心线圈经适当连接而成。现以三相二极24槽的电动机为例，分析其定子绕组的嵌线规律。

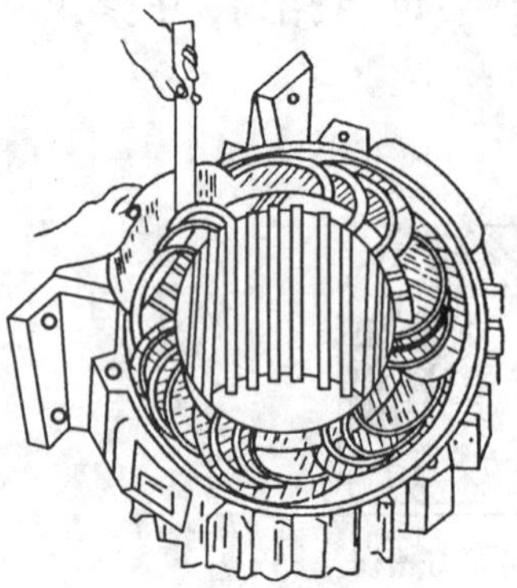

图 6.38　插入隔相纸

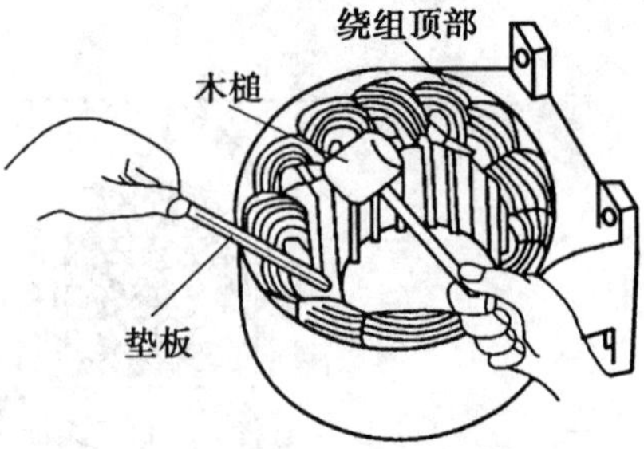

图 6.39　端部整形

三相二极 24 槽,大线圈节距为 11(1 ~ 12) 槽,小线圈节距为 9(2 ~ 11) 槽的定子绕组展开图,如图 6.40 所示。从图中可以看出,每相共有两个线圈组,各线圈组之间的连接采用反串联方法,即线圈组之间“首首相连,尾尾相连”。这种绕组嵌线时,可嵌成三平面同心式和同心链式两种形式。

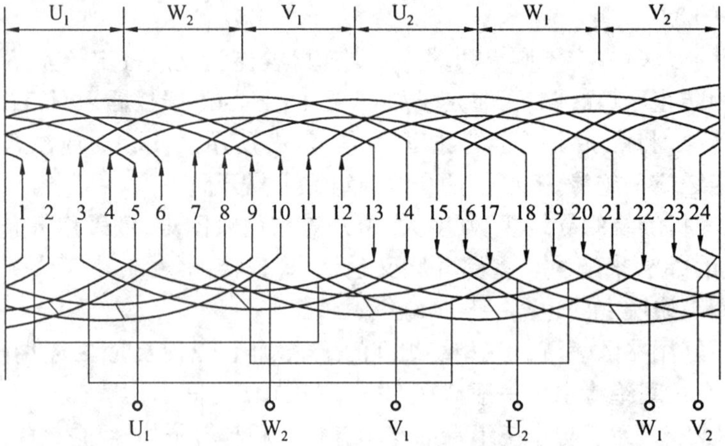

图 6.40　三相二极 24 槽单层同心式绕组展开图

① 三平面同心式。每个平面上分布同一相的两个线圈组,三相共六个线圈组,分布在三个平面上。它的嵌线顺序如下:

先嵌 U 相第一个线圈组到 3,4,14,13 槽。因两个有效边在同一平面内,可以嵌完,不需吊把。接着嵌 U 相第二个线圈组入 15,16,2,1 槽,完成最外层平面的嵌线。再嵌 V 相的第一个线圈组进 11,12,22,21 槽,该相第二个线圈组嵌入第 23,24 和 10,9 槽,由此完成中间一个平面的嵌线。按同样道理,可将 W 相绕组的两个线圈组分别嵌入 19,20 和 6,5 及 7,8 和 18,17 槽,完成内层平面的嵌线。

上述嵌线顺序只是举例,实际上一个平面上的两个线圈组,无论先嵌哪个都可以。至于哪一个平面该嵌哪一相绕组也是随意的,关键在于各相绕组之间相距的电角度在接线时不要搞错。

三平面同心式绕组的嵌线规律是:

a. 不需吊把,可一次性将一相绕组的两个线圈组嵌入槽内。

b. 每个平面内各嵌一相绕组。

② 同心链式。这种绕组形式中的"同心"是指一个线圈组内部同轴对称,"链式"是指每个线圈组之间在端部一组压一组,呈链形。下面仍以图 6.40 所示为例,介绍同心链式绕组的嵌线顺序和嵌线规律。

把 U 相第一个线圈组的小线圈的有效边 4 嵌入第 4 槽,另一有效边 13 暂不嵌入第 13 槽而作吊把,接着将该相第一个线圈组的大线圈有效边 3 嵌入第 3 槽,另一有效边 14 暂不嵌入第 14 槽作吊把。空两槽,把 V 相第二个线圈组的小线圈有效边 24 嵌入 24 槽,大线圈有效边 23 嵌入 23 槽,另外两个有效边暂不嵌入 9,10 槽也作吊把,到此共吊四把。再空两槽,将 W 相第一个线圈组的小线圈有效边 20 和大线圈有效边 19 依次嵌入 20,19 两槽,此时因 3,4 两槽已嵌好线,故另两个有效边 5,6 可直接嵌入 5,6 两槽。以此类推,每嵌完一个线圈组的两槽,就空两槽,再嵌两槽,直到最后对第 13,14 槽和 9,10 槽收把为止。

由此可总结出同心链式绕组的嵌线规律为"嵌二、空二、吊四"。即:

a. 嵌两槽,空两槽;再嵌两槽,再空两槽;……。

b. 吊把数等于每极每相槽数,$q = 4$。

(2) 单层链式绕组。链式绕组是由相同节距的线圈组成的,其结构特点是"一圈压一圈,一圈又被别圈压",绕组端部像链条一样,一环套一环。如图 6.41 所示,就是一台三相四极 24 槽电动机的定子单层链式绕组展开图。从图中可看出单层链式绕组同相各线圈组的连接规律是"首首相连,尾尾相连"。从图 6.41 中还可找出这种绕组的嵌线顺序和嵌线规律,现说明如下。

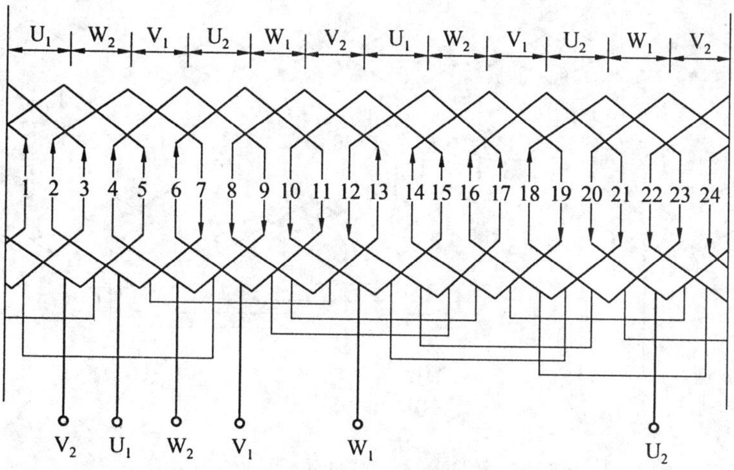

图 6.41　三相四极 24 槽单层链式绕组展开图

将 U 相第一个线圈的有效边 7 嵌入第 7 槽,因另一有效边 2 要压在第 3,5 槽线圈的上面,暂不嵌入作为吊把。然后空一槽(第 8 槽),将 W 相第一个线圈的有效边 9 嵌入第 9 槽,该线圈的另一有效边 4 要压在第 5 槽线圈的上面,也要暂不嵌入作为吊把。再空一槽(第 10 槽),将 V 相第一个线圈的有效边 11 嵌入第 11 槽,此时因 7,9 槽中的线圈边已嵌好,故将 V 相第一个线圈的另一有效边 6 直接嵌入第 6 槽,不再作为吊把。接着再空一槽,将U相第二个线圈的两个有效边13,8分别嵌入第13,8槽。以后各线圈均按此规律嵌一槽,空一槽。最后,在线圈边3,5嵌入后,再将吊把2,4两线圈边依次嵌入第2,4槽收把。

通过分析上面的嵌线过程,可得出单层链式绕组的嵌线规律为“嵌一、空一、吊二”。即:

① 嵌一槽,空一槽;再嵌一槽,再空一槽;……。

② 吊把数等于每极每相槽数,$q=2$。

(3)单层交叉式绕组。单层交叉式绕组常用于每极每相槽数$q=3$的小型异步电动机中。这种绕组实质上是同心式和链式绕组的一个综合。由于采用了不等距线圈,它比同心式绕组的端部短,且便于布置。下面以三相四极36槽电动机的定子绕组为例分析其嵌线规律。

图6.42所示为单层交叉式绕组的展开图。其每相绕组的各线圈组之间仍采用“首首相连,尾尾相连”的反串连接法。嵌线时,先将U相第一个线圈组的两个大线圈的10,11两边嵌入第10,11槽,它们的另一边暂不嵌入2,3槽,作为吊把。接着空一槽,将W相的第一个小线圈边13嵌入第13槽,另一边6也暂不嵌入第6槽,作为吊把。然后再空两槽,将V相的第一个大线圈组的两边16,17嵌入,因另两边8,9压着的10,11和13槽中已嵌好线圈,可将8,9两边按节距$y=8$嵌入第8,9槽。接着空一槽,将U相第一个小线圈的两边按节距$y=7$分别嵌入第19,12两槽。以后仍按上述规则往后嵌。待第4,5槽和第7槽中的线圈嵌完后,再将第2,3槽和第6槽的吊把“收把”入槽。

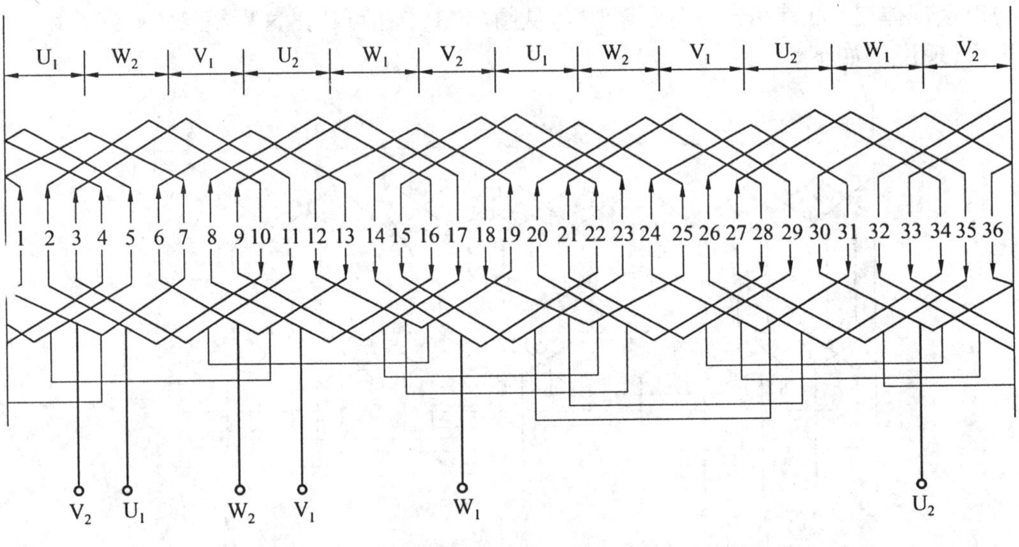

图6.42 三相四极36槽单层交叉式绕组展开图

由上述可总结出单层交叉式绕组的嵌线规律为“嵌二、空一;嵌一、空二;吊三”。即:

① 嵌入两槽大线圈,空一槽;再嵌一槽小线圈,空两槽;又嵌两槽大线圈,再空一槽;……。

② 吊把数等于每极每相槽数,$q=3$。

以上介绍了单层绕组的嵌线规律。可以看出,单层绕组具有结构简单、嵌线比较方便、槽利用率高(无层间绝缘)的优点。但其最大的缺点是产生的磁场和电动势波形较差,从而使电机铁损耗和噪声都较大,启动性能不良。故单层绕组多用于小型三相异步电动机。较大容量的三相异步电动机多采用双层叠绕组,下面就来分析双层叠绕组的嵌线规律。

(4) 双层叠绕组。双层叠绕组与单层绕组比较具有下列优点:

① 可以选择最有利的节距(如选 $y=5\tau/6$),来改善磁动势或电动势的波形,使其更接近于正弦波。

② 所有线圈具有同样的形状和尺寸,便于绕制线圈和嵌线。

③ 绕组端部排列整齐,便于整形,有利于散热和增加机械强度。

④ 可以组成较多的并联支路。为了便于嵌线和端部整形,容量较大的电动机常采用多根并绕或多路并联的方法来减小导线直径。

双层叠绕组的嵌线特点是,每槽分上下两层,下层放入一个线圈的有效边,上层放入另一个线圈的有效边,中间用层间绝缘隔开。每个线圈的一个有效边嵌在某一槽的下层,另一有效边则嵌在另一槽的上层。现以三相四极36槽双层叠绕组($y=7$)为例,说明它的嵌线顺序。

如图6.43所示,先将U相第一个线圈组的三个下层边($q=3$)8,9,10依次嵌入第8,9,10槽,它们的上层边本应按节距 $y=7$ 依次嵌入第1,2,3槽,但因为它们所压的其他线圈都还未入槽,所以只能吊把。接着嵌入W相第一个线圈组的三个下层边到第11,12,13槽,同样地将这三个线圈的上层边4,5,6也作为吊把。然后将V相第一个线圈组的第一个线圈的下层边嵌入第14槽,其上层边仍作为吊把。此时,一个节距内的7个线圈的上层边均作为吊把。接着再将V相第一线圈组的第二个线圈的下层边嵌入第15槽,因该线圈的上层边所占的第8槽中已嵌好下层边,故在第8槽放好层间绝缘后即可将这个槽的上层边嵌入。此后,就可依次将各线圈的下层边和上层边分别嵌入相应的槽里,一直到最后对第1至7槽收把为止。

由上述嵌线过程可总结出双层叠绕组的嵌线规律为“一槽挨着一槽下,吊把等于节距数”。即:

① 先嵌下层边,后嵌上层边,各线圈的嵌线方向按顺时针转。

② 一槽挨着一槽嵌入,中间不空槽。

③ 嵌入下层边后,若绕组另一边所对应的槽内已嵌入下层边,则把该边嵌入槽内,若为空槽,应吊把。

④ 吊把数等于节距数。本例节距 $y=7$,故吊把数为7。

4. 接线

嵌线工序完成后,电动机定子铁芯槽内就嵌好了一个个的线圈或线圈组。这些线圈或线圈组都有其首尾端,接线工序就需要把它们按绕组的接线规律连接成三相对称绕组。接线操作时,可按以下步骤进行。

(1) 把同一极相组的线圈连接成极相组。对单个线圈独立绕制的绕组,应把属于同一极相组的 q 个线圈串联成一个极相组。串联时先把各线圈的首尾端暂时绞接在一起,然后顺着极相组的首端查看各线圈应按电势相加的原则串联,检查无误后,再逐个松开绞接点,进行刮漆、焊接,并处理好接头绝缘。对 q 个线圈一次绕制的绕组,不需要进行极相

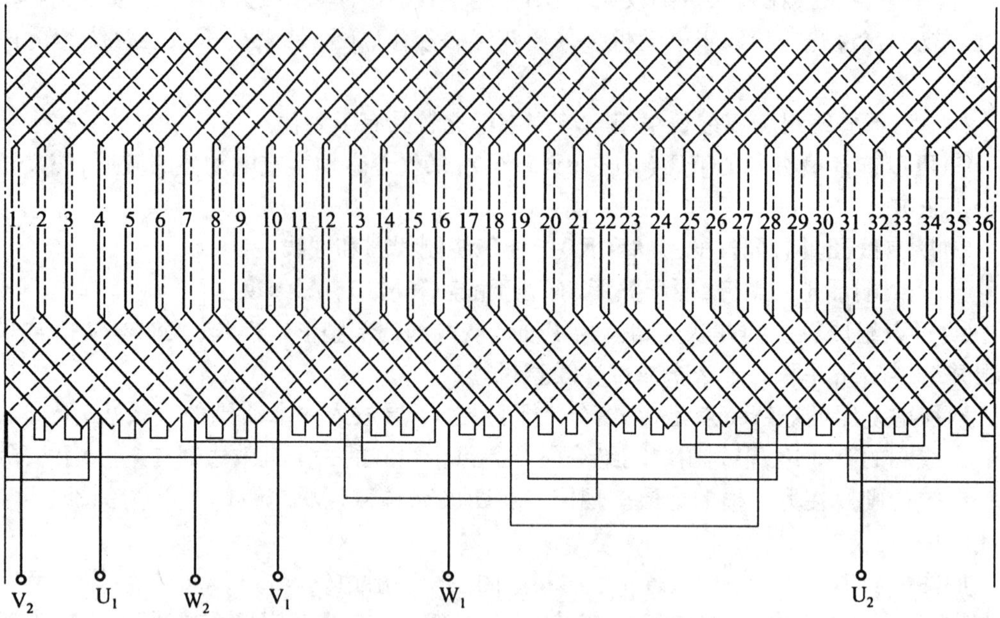

图 6.43　三相四极 36 槽双层叠绕组展开图

组内的连接,可直接进行下一步。

(2) 把同相的各极相组连接成相绕组。把一相的几个极相组连成一相绕组的方案很多,可能是串联,也可能是多路并联。为了防止接错和清楚地进行接线,一般应以拆除绕组时的原始数据为准,按三相对称绕组的要求,画出绕组展开图和绕组接线简图。利用绕组展开图进行嵌线和接线都很方便,而利用绕组接线简图进行接线更为简捷、清楚。下面以三相四极 36 槽双层叠绕组(对应图 6.43 所示的展开图)为例,说明绕组接线简图的画法。

① 如图 6.44 所示,将定子圆周按极相组数均匀分成 $2pm$ 段,每段圆弧表示一个极相组。对本例来说,三相共有 $2pm = 2 \times 2 \times 3 = 12$(个)极相组,故图中有 12 根圆弧短线。

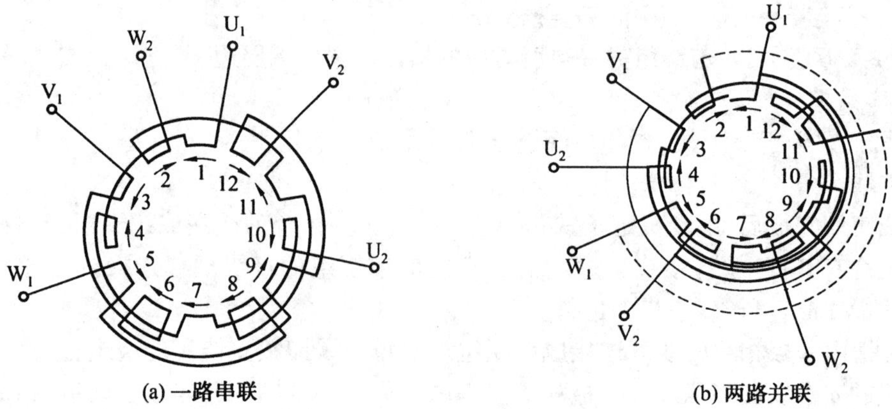

图 6.44　三相四极绕组接线简图

②极相组的排列次序应与展开图一致。顺次给每个极相组编号，如第一个极相组（本例中由1,2,3三个线圈串联而成）编号为1，第二个极相组编号为2，以此类推，共有12个极相组。根据60°相带原则，U相的极相组编号分别为1,4,7,10；V相的极相组编号为3,6,9,12；W相的极相组编号为2,5,8,11。

③三相绕组的首端应相隔120°电角度，因而可确定U相的首端U_1是极相组1的首；V相的首端V_1是极相组3的首；W相的首端W_1是极相组5的首。

④根据各极相组之间应采用“首首相连，尾尾相连”的反串连接线规律（一般都采用这种接法），连接同相的各极相组为相绕组。若设三相电流是由三根电源引出线U_1，V_1，W_1通入各相绕组，则各极相组内的电流方向将如图6.44中的箭头所示，由图中可见，相邻极相组中的电流方向恰巧相反。

如果绕组是几路并联的，可以将每个支路各自串联后再并联起来，如图6.44(b)所示为两路并联的绕组接线简图。

根据画好的绕组接线简图，在定子铁芯的槽齿上用粉笔或石笔把已连好的各极相组标以相带$U_1-W_2-V_1-U_2-W_1-V_2$，并按相邻相带电流方向应相反的原则标出各极相组的电流方向。然后根据同相各极相组间“首首相连，尾尾相连”的接线规律，暂时把各极相组的首端或尾端绞接在一起。对照绕组接线简图核查无误后，再逐个松开绞接点，穿好绝缘套管后，进行刮漆、焊接并处理接头绝缘。

(3)把三相绕组连接成Y或△接法。三相绕组共引出六根引线端，应根据绕组的原始数据中的接法要求连接成Y或△接法。一般需用专门的电源引出线将三相绕组的六个端子接到接线盒的接线板上，利用短接铜片进行三相绕组的连接。有的电动机只有三根引出线，则需按要求在内部接成Y或△。

电源引出线应采用橡皮绝缘软导线或其他多股绝缘软铜线、蜡壳线等。其线径、规格可根据电动机的额定功率或额定电流再加一定裕量在表6.3中选用。

表6.3 三相电动机电源引出线规格

功率/kW	额定电流/A	引出线截面/mm^2	可选用引出线规格/(根·mm^{-1})
0.35以下	1.2以下	0.3	16/0.15
0.6～1.1	1.6～2.7	0.7～0.8	40/0.15,19/0.23
1.5～2.2	3.6～5	1～1.2	7/0.43,19/0.26,32/0.2,40/0.19
2.8～4.5	6～10	1.7～2	32/0.26,37/0.26,40/0.25
5.5～7	11～15	2.5～3	19/0.41.48/0.26,7/0.7,56/0.26
7.5～10	15～20	4～5	49/0.32,19/0.52,63/0.32,7/0.9
13～20	25～40	10	19/0.82,7/1.33
22～30	44～47	15	49/0.64,133/0.39
40	77	23～25	19/1.28,98/0.58
55～75	105～145	35～40	19/1.51,133/0.58,19/1.68

5. 测试

(1) 三相绕组接线的测试检测。三相绕组的连接是否正确,磁极数是否正确,可用三相调压器给三相定子绕组通入60 ~ 80 V的三相交流电压,在定子铁芯内圆放粒钢珠,如钢珠能沿内圆旋转,表明绕组接线正确,如钢珠被吸住不动,表明绕组接线错误,或有短路、断路等故障。

(2) 直流电阻的测定用单臂电桥分别测量三相绕组的直流电阻值,应接近相等要求,其不平衡度不超过 ±5%,即:

(最大值 - 平均值) × 100/ 平均值 ≤ 5%

(平均值 - 最小值) × 100/ 平均值 ≤ 5%

如三相绕组的直流电阻不平衡度超过5%,则可能有短路或匝数不对等故障,如是多根导线并绕的话,也可能由某一根断路所致,此时必须检查其原因所在,并予排除。

(3) 绝缘电阻的测量用绝缘电阻表(一般采用500 V绝缘电阻表) 分别测量每相绕组对地的绝缘电阻及相与相之间的绝缘电阻,均应大于0.5 MΩ。

6.3.4　浸漆与烘干方法

三相异步电动机定子绕组进行浸漆处理的目的,是提高绕组的绝缘强度、耐热性、耐潮性及散热能力,同时也增加了绕组的机械强度和耐腐蚀能力。

常用的E级及B级绝缘为1031牌号的酚醛醇酸漆及1032牌号的三聚氰胺醇酸漆,常用的F级及H级绝缘为1053牌号的有机硅浸渍漆。

整个浸漆工艺包括预烘、浸漆和烘干三个过程,简述如下:

1. 预烘

电动机绕组在浸漆前应先进行预烘,预烘的目的是使绕组加热以驱除分布在绕组内的潮气和低温分子挥发物,以便于使绕组被绝缘漆浸透。

预烘温度可按绝缘材料允许的最高温度来确定,一般稍低于该温度。预烘温度应逐步上升,升温速度为20 ~ 30 ℃/h,一般约烘8 h。预烘时要定时测量绕组的绝缘电阻,当绝缘电阻稳定时,预烘结束。

2. 浸漆

电动机预烘后,待温度降到60 ~ 70 ℃,即可开始浸漆(注意浸漆前温度太高或太低都会影响浸漆质量)。定子绕组的浸漆方法通常有两种,一种是沉浸法,另一种是浇漆法。选用哪种方法应视修理单位的现有条件、电动机体积的大小及质量要求而定。

(1) 沉浸法。将电动机定子绕组全部浸于绝缘漆内,使绝缘漆浸透到所有绝缘孔隙内,填满绕组各匝间间隙及槽内所有空隙,浸漆时间10 ~ 15 min,到不冒气泡为止。然后把电动机垂直搁置,滴干余漆,待余漆滴干后,再用抹布将铁芯、机座上的余漆抹去,并用松节油抹擦干净,特别是机座与端盖接合的止口处。

(2) 浇漆法。先将电动机垂直放在滴漆盘上,用储漆壶将绝缘漆(绝缘漆事先应加温到50 ~ 60℃) 从定子绕组上端往下慢慢浇,要浇得均匀且应全部浇到,再将电动机倒转浇另一端,最好重复几次使其浇透。待余漆滴干后将铁芯、机座抹擦干净。

3. 烘干

绕组浸漆后要进行烘干处理，烘干的目的是为了使漆中的溶剂和水分挥发掉，使绕组表面形成较为坚固的漆膜。烘干一般分两个阶段：第一个阶段是低温阶段，主要是使漆中的溶剂挥发，此阶段温度应控制在略高于漆内溶剂的挥发温度为宜，一般在 70 ~ 80 ℃，时间为 2 ~ 4 h。此阶段温度不能过高，否则绕组表面很快形成漆膜，将使内部气体无法排出。第二阶段是高温阶段，其目的是使漆固化在绕组表面，形成坚固的漆膜，温度可控制在稍低于绝缘材料与绝缘漆的最高温度（取最小的一个），时间为 8 ~ 16 h。

在烘干过程中，要定时用绝缘电阻表测量定子绕组对地的绝缘电阻，开始时绝缘电阻将下降，慢慢逐步上升，最后稳定在某数值，一般应在 5 MΩ 以上。

常用的烘干设备与方法：

(1) 烘房烘干法。它主要用于批量生产的单位，如图 6.45(a) 所示。它的热源有电热丝、蒸气或煤气散热管等。用鼓风机将热空气吹入烘房进行加热。室内有温度控制装置，以测量和控制烘干室内的温度。操作时应避免明火直接与烘房的溶剂挥发物接触，以防引起爆炸或火灾。

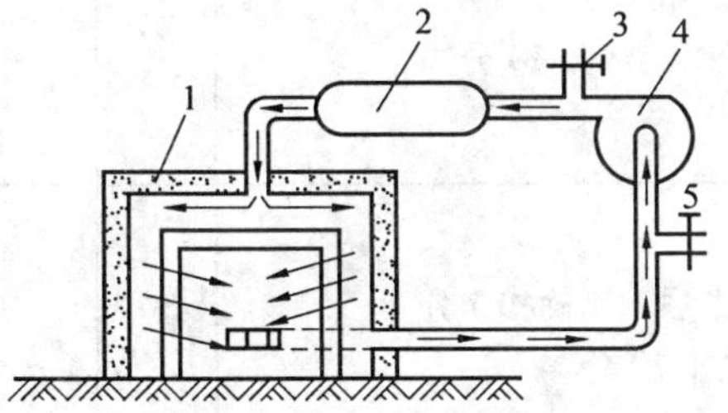

(a) 烘房烘干

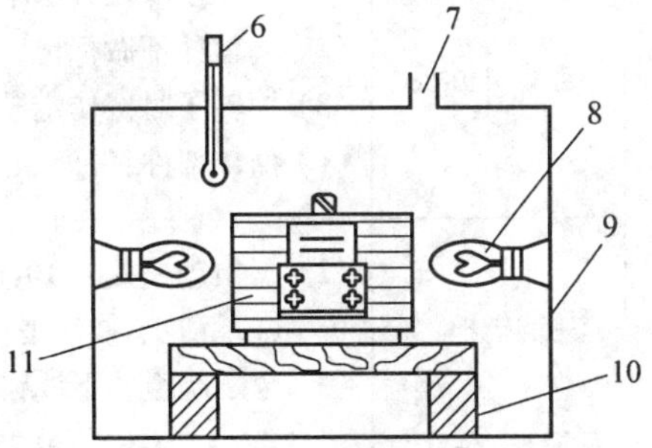

(b) 灯泡烘干

图 6.45　烘房烘干及灯泡烘干

1— 绝缘层；2— 空气预热器；3— 排气口；4— 鼓风机；5— 进气口；6— 温度计；7— 出气口；8— 灯泡；9— 木箱；10— 木座

(2) 红外线灯泡或白炽灯泡烘干法。用红外线灯泡或白炽灯泡直接照射到电动机绕组上进行烘干，改变灯泡个数及瓦数即可改变烘干温度，如图 6.45(b) 所示。

(3) 电热烘箱加热烘干法。用电热烘箱时，必须注意应有自动温度控制装置及测温装置。

(4) 电流加热烘干法。每相绕组通以 60% 左右的电机额定电流加热进行内部烘干。对于烘烤容量较大的电机，还可采用涡流干燥法，即在定子铁芯上临时加一交流励磁线圈，利用涡流进行内部烘干。

技能训练　三相异步电动机拆装

一、训练目的

掌握三相异步电动机的拆装、检修与试验方法。

二、实训内容

(1) 拆卸电动机,并对各部分进行清洗检修。

(2) 电动机定子绕组的下线。

(3) 装配电动机。

(4) 接线与测试。用兆欧表测试电动机定子绕组各相及相与地之间的电阻,用钳形电流表和转速表测量电动机空载下的平衡电流和转速。

三、实训器材

三相异步电动机1台,常用电工工具1套,万用表、钳形电流表、兆欧表、转速表,拆装、调试专用工具,汽油、刷子、干布、绝缘胶布等。

四、考核配分及评分标准

考核配分及评分标准见表6.4。

表6.4 考核配分及评分标准

序号	项目内容	评分标准	配分	扣分	得分
1	电动机拆装	(1) 拆卸步骤及方法不正确,每处扣5分 (2) 端盖处不做标记,每处扣3分 (3) 抽转子时擦伤定子绕组绝缘扣10分 (4) 损坏部件,每处扣5分	20		
2	电动机检修	(1) 漏检查一处扣10分 (2) 轴承清洗、换润滑脂方法不正确扣5分 (3) 定子绕组的下线错误扣10分	30		
3	电动机装配	(1) 装配前,电动机内部未清理扣3分 (2) 装端盖时不按标记就位扣3分 (3) 装配时擦伤定子绕组绝缘扣3分 (4) 装配后转子转动不灵活扣10分 (5) 紧固件未拧紧,每处扣3分 (6) 损坏部件,每处扣5分	20		
4	电气测量	(1) 使用仪表不正确每次扣2分 (2) 绝缘电阻测量方法不正确扣3分 (3) 定子绕组首、尾端判断不正确扣5分	20		
5	安全文明生产	违反操作规程、工作场地不整洁,扣10分	10		
6	工时( )	不准超时			
合计			100		

参 考 文 献

[1] 梁强.维修电工[M].北京:中国电力出版社,2012.
[2] 辛长平.维修电工技能实战[M].北京:中国电力出版社,2014.
[3] 胡家富,朱雨舟.维修电工实训课堂[M].北京:中国电力出版社,2013.
[4] 黄海平.电工电路实战布线[M].北京:科学出版社,2013.
[5] 殷佳琳.电工技能与工艺[M].北京:电子工业出版社,2011.
[6] 李洋,赵厚玉.新编维修电工手册[M].北京:机械工业出版社,2009.
[7] 贾智勇.电工操作技能[M].北京:中国电力出版社,2012.
[8] 阳鸿钧.维修电工操作技巧[M].北京:中国电力出版社,2009.
[9] 魏素珍.常用电工电路280例解析[M].北京:中国电力出版社,2004.
[10] 王建,雷云涛.电工维修技能[M].北京:中国电力出版社,2014.
[11] 许金海,谭政.电工实用技术[M].北京:中国电力出版社,2012.
[12] 黄北刚.电工识图与操作[M].上海:上海科学技术出版社,2007.
[13] 曹孟州.室内配线与照明工程[M].北京:中国电力出版社,2014.
[14] 刘景峰.电机检修[M].北京:中国电力出版社,2005.
[15] 刘法治.新编维修电工操作技术[M].北京:机械工业出版社,2010.
[16] 王小宇.电工实训教程[M].北京:机械工业出版社,2013.
[17] 白玉岷.照明电路及单相电气装置的安装[M].北京:机械工业出版社,2012.
[18] 王春生.全程图解电工维修技法[M].北京:人民邮电出版社,2011.